工业和信息化普通高等教育"十二五"规划教材立项项目
21世纪高等学校计算机规划教材

大学计算机基础实用教程

◎ 于彬 王家福 邱学军 主编

◎ 张明遥 谢磊 副主编

人民邮电出版社
北京

图书在版编目（CIP）数据

大学计算机基础实用教程 / 干彬，王家福，邱学军
主编. -- 北京 : 人民邮电出版社，2014.9 （2019.9重印）
21世纪高等学校计算机规划教材. 高校系列
ISBN 978-7-115-36562-0

Ⅰ. ①大… Ⅱ. ①干… ②王… ③邱… Ⅲ. ①电子计
算机－高等学校－教材 Ⅳ. ①TP3

中国版本图书馆CIP数据核字(2014)第190200号

内 容 提 要

本书是计算机公共基础课教材。全书内容共分为 10 章：计算机基础知识、中文 Windows 7 操作系统基础、Word 2010、Excel 2010、PowerPoint 2010、Access 2010、计算机多媒体技术基础、计算机网络与 Internet 应用基础、信息安全、新媒体常用软件介绍。

本书内容丰富，知识面广，理论与实践紧密结合，注重实用性和可操作性。通过书中的知识讲解和案例示范，读者可以快速掌握计算机基础实践的方法和技巧。

本书适合作为高等院校本、专科计算机基础课的教材，也可供广大计算机爱好者自学使用。

◆ 主　编　干　彬　王家福　邱学军
　　副主编　张明遥　谢　磊
　　责任编辑　刘　博
　　责任印制　彭志环　焦志炜

◆ 人民邮电出版社出版发行　　北京市丰台区成寿寺路 11 号
　　邮编　100164　电子邮件　315@ptpress.com.cn
　　网址　http://www.ptpress.com.cn
　　涿州市京南印刷厂印刷

◆ 开本：787×1092　1/16
　　印张：21.5　　　　　　　　　　2014 年 9 月第 1 版
　　字数：524 千字　　　　　　　　2019 年 9 月河北第 10 次印刷

定价：42.50 元
读者服务热线：(010)81055256　印装质量热线：(010)81055316
反盗版热线：(010)81055315

21世纪高等学校计算机规划教材
编审委员会

计算机应用能力已经成为社会各行业从业人员最重要的工作技能要求之一，而计算机教材质量的好坏会直接影响人才素质的培养。目前，计算机教材出版市场百花争艳，品种急剧增多，要从林林总总的教材中挑选一本适合课程设置要求、满足教学实际需要的教材，难度越来越大。

人民邮电出版社作为一家以计算机、通信、电子信息类图书与教材出版为主的科技教育类出版社，在计算机教材领域已经出版了多套计算机系列教材。在各套系列教材中涌现出了一批被广大一线授课教师选用、深受广大师生好评的优秀教材。老师们希望我社能有更多的优秀教材集中地呈现在老师和读者面前，为此我社组织了这套"21世纪高等学校计算机规划教材"。

本套教材具有下列特点。

（1）前期调研充分，适合实际教学需要。本套教材主要面向普通本科院校的学生编写，在内容深度、系统结构、案例选择、编写方法等方面进行了深入细致的调研，目的是在教材编写之前充分了解实际教学的需要。

（2）编写目标明确，读者对象针对性强。每一本教材在编写之前都明确了该教材的读者对象和适用范围，即明确面向的读者是计算机专业、非计算机理工类专业还是文科类专业的学生，尽量符合目前普通高等教育计算机课程的教学计划、教学大纲以及发展趋势。

（3）精选作者，保证质量。本套教材的作者，既有来自院校的一线授课老师，也有来自IT企业、科研机构等单位的资深技术人员。通过他们的合作使老师丰富的实际教学经验与技术人员丰富的实践工程经验相融合，为广大师生编写出适合目前教学实际需求、满足学校新时期人才培养模式的高质量教材。

（4）一纲多本，适应面宽。在本套教材中，我们根据目前教学的实际情况，做到"一纲多本"，即根据院校已学课程和后续课程的不同开设情况，为同一科目提供不同类型的教材。

（5）突出能力培养，适应人才市场要求。本套教材贴近市场对于计算机人才的能力要求，注重理论知识与实际应用的结合，注重实际操作和实践动手能力的培养，为学生快速适应企业实际需求做好准备。

（6）配套服务完善。对于每一本教材，我们在教材出版的同时，都将提供完备的PPT课件，并根据需要提供书中的源程序代码、习题答案、教学大纲等内容，部分教材还将在作者的配合下，提供疑难解答、教学交流等服务。

在本套教材的策划组织过程中，我们获得了来自清华大学、北京大学、中国人民大学、浙江大学、吉林大学、武汉大学、哈尔滨工业大学、东南大学、四川大学、上海交通大学、西安交通大学、电子科技大学、西安电子科技大学、北京邮电大学、北京林业大学等院校老师的大力支持和帮助，同时获得了来自信息产业部电信研究院、联想、华为、中兴、同方、爱立信、摩托罗拉等企业和科研单位的领导或技术人员的积极配合。在此，向他们表示衷心的感谢。

我们相信，"21世纪高等学校计算机规划教材"一定能够为我国高等院校计算机教学做出应有的贡献。同时，对于工作欠缺和不妥之处，欢迎老师和读者提出宝贵的意见和建议。

前　言

随着计算机技术及互联网行业的飞速发展，信息技术、数字技术、新媒体技术得到各行各业的广泛应用。根据计算机科学发展迅速的学科特点，计算机教育应面向社会，面向市场，与社会接轨，与时代同行。特别是当前国家将文化产业和互联网行业列为国民经济支柱产业来发展，急需一大批既懂科学技术又熟悉文化创意设计的复合型人才，基于此，人民邮电出版社组织了计算机科学和文化传媒艺术领域高校的专家、学者组成教材编审委员会对教材内容进行编审。

根据"教育部非计算机专业计算机基础课程教学指导分委会"提出的《关于进一步加强高校计算机基础教学的意见》中有关"大学计算机基础"课程教学要求，在人民邮电出版社的大力支持下，编委会组织编写了本书，本书获得工业和信息化普通高等教育"十二五"规划教材立项项目，主要面向既有计算机相关专业又有文化传媒艺术相关专业的高校特色教材。本教材可针对的专业学科包括：广播电视编导、播音与主持、艺术设计、数字媒体技术、数字媒体艺术、动画、广播电视学、艺术与科技、表演、音乐与舞蹈等专业学生在专业课程安排之前了解各专业应用软件，为以后专业课程打下坚实基础和掌握计算机基础操作技能。

在本书编写过程中，我们注意到以下几个方面。

1. 前期调研充分，适合实际教学需要。本教材在内容深度、系统结构、案例选择、编写方法等方面进行了深入细致的调研，目的是在教材编写之前充分了解实际教学的需要。

2. 编写目标明确，读者对象针对性强。明确面向的读者是各类综合性的传媒大学，尽量符合目前高等教育计算机课程的教学计划、教学大纲以及发展趋势。

3. 精选作者，保证质量。本教材作者，既有来自院校的一线授课教师，也有来自 IT 企业、科研机构等单位的资深技术人员。通过他们的合作使老师丰富的实际教学经验与技术人员丰富的实践工程经验相融合，为广大师生编写出适合目前教学实践需求、满足学校新时期人才培养模式的高质量教材。

4. 在讲授的方式上，能够既注重计算机基础知识的传授，又注重面向计算机的实际应用技能的培训。

本书内容密切结合该课程的基本教学要求，兼顾计算机软件和硬件的最新发展，结构严谨，层次分明，叙述准确，为教师发挥个人特长留有较大的余地。在教学内容上，各高校可根据教学学时、学生的基础进行选取。

本书由干彬、王家福、邱学军担任主编，张明遥、谢磊担任副主编，董孝璧、王家福和解居海主审。按照目录顺序参编的老师有：第 1 章由李朝林编写；第 2 章由雷鹏和李海东编写；第 3 章由杨洲、张原、吴科旭和龚皓编写；第 4 章由朱奕奕、房利和郭娜编写；第 5 章由李浩峰和编写查勇；第 6 章由谢磊、王美入编写；

第 7 章由干彬和刘佳奇编写；第 8、9 章由杨帅强编写；第 10 章刘红梅、张明遥、陈晨编写。此外，参与本书编写与资料收集工作的还有周行、马建明、黄丹红、章兵、赵芬、付涵玉、金苗等，在此表示诚挚的谢意。

由于时间仓促，编者水平有限，书中不足和疏漏之处，敬请读者批评指正。

编　者

2014 年 5 月

目 录

第 1 章
计算机基础知识

1.1　计算机概述

计算机（Computer）俗称电脑，是 20 世纪最伟大的科学技术发明之一。

计算机是一种能够按照程序运行，自动、高速处理海量数据的现代化智能电子设备，由硬件系统和软件系统所组成，没有安装任何软件的计算机称为裸机。计算机从用途上可分为超级计算机、工业控制计算机、网络计算机、个人计算机、嵌入式计算机 5 类，较先进的计算机有生物计算机、光子计算机、量子计算机等。

1.1.1　计算机的发展

1946 年 2 月 14 日，由美国军方定制的世界上第一台电子计算机"电子数字积分计算机"（Electronic Numerical And Calculator，ENIAC）在美国宾夕法尼亚大学问世，如图 1.1 所示。ENIAC（中文名：埃尼阿克）是美国奥伯丁武器试验场为了满足计算弹道需要而研制成的，这台计算器使用了 17 840 支电子管，占地面积为 170m^2，重达 28t，功耗为 170kW，其运算速度为每秒5 000 次的加法运算，造价约为 487 000 美元。ENIAC 的问世具有划时代的意义，表明电子计算机时代的到来。在以后 60 多年里，计算机技术以惊人的速度发展，没有任何一门技术的性能价格比能在 30 年内增长 6 个数量级。

图 1.1　世界上第一台计算机

计算机发展大致经历 4 个阶段。

1．第一阶段：电子管数字计算机（1946—1958 年）

硬件方面，逻辑元件采用真空电子管，主存储器采用汞延迟线、阴极射线示波管静电存储器、磁鼓、磁芯，外存储器采用磁带。软件方面采用机器语言、汇编语言。应用领域以军事和科学计算为主。特点是体积大、功耗高、可靠性差、速度慢（一般为每秒数千次至数万次）、价格昂贵，但为以后的计算机发展奠定了基础。

2．第二阶段：晶体管数字计算机（1958—1964 年）

硬件方面，逻辑元件采用晶体管，主存储器采用磁芯，外存储器采用磁盘。软件方面出现了以批处理为主的操作系统、高级语言及其编译程序。应用领域以科学计算和事务处理为主，并开始进入工业控制领域。特点是体积缩小、能耗降低、可靠性提高、运算速度提高（一般为每秒数10 万次，可高达 300 万次），性能比第一代计算机有很大的提高。

3. 第三阶段：集成电路数字计算机（1964—1970 年）

硬件方面，逻辑元件采用中、小规模集成电路（MSI、SSI），主存储器仍采用磁芯。软件方面出现了分时操作系统以及结构化、规模化程序设计方法。特点是速度更快（一般为每秒数百万次至数千万次），而且可靠性有了显著提高，价格进一步下降，产品走向了通用化、系列化和标准化。其应用开始进入文字处理和图形图像处理领域。

4. 第四阶段：大规模集成电路计算机（1970 年至今）

硬件方面，逻辑元件采用大规模和超大规模集成电路（LSI 和 VLSI）。软件方面出现了数据库管理系统、网络管理系统、面向对象语言等。特点是 1971 年世界上第一台微处理器在美国硅谷诞生，开创了微型计算机的新时代，应用领域从科学计算、事务管理、过程控制逐步走向家庭。

计算机从出现至今，经历了机器语言、程序语言、简单操作系统和 Linux、Macos、BSD、Windows 等四代现代操作系统，运行速度也得到了极大的提升，近代计算机的运算速度已经达到每秒几十亿次。计算机也由原来的仅供军事科研使用发展到人人拥有，计算机强大的应用功能，产生了巨大的市场需要，未来计算机性能应向着巨型化、微型化、网络化、人工智能化和多媒体化的方向发展。

（1）巨型化。巨型化是指为了适应尖端科学技术的需要，发展高速度、大存储容量和功能强大的超级计算机。随着人们对计算机的依赖性越来越强，军事和科研教育方面对计算机的存储空间、运行速度等要求会越来越高。

（2）微型化。随着微型处理器（CPU）的产生，计算机中开始使用微型处理器，使计算机体积缩小了，成本降低了。另一方面，软件行业的飞速发展提高了计算机内部操作系统的便捷度，计算机外部设备也趋于完善。计算机理论和技术上的不断完善促使微型计算机很快渗透到全社会的各个行业和部门中，并成为人们生活和学习的必需品。40 年来，计算机的体积不断的缩小，台式计算机、笔记本计算机、掌上电脑和平板电脑的体积逐步微型化，为人们提供便捷的服务。因此，未来计算机仍会不断趋于微型化，体积将越来越小。

（3）网络化。互联网将世界各地的计算机连接在一起，从此进入了互联网时代。计算机网络化彻底改变了人类世界，人们通过互联网进行沟通、交流（如 QQ、微博等），教育资源共享（如文献查阅、远程教育等）、信息查阅共享（如百度、谷歌）等，特别是无线网络的出现，极大地提高了人们使用网络的便捷性，未来计算机将会进一步向网络化方面发展。

（4）人工智能化。计算机人工智能化是未来发展的必然趋势。现代计算机具有强大的功能和运行速度，但与人脑相比，其智能化和逻辑能力仍有待提高。人类不断地在探索如何让计算机能够更好地反映人类思维，使计算机能够具有人类的逻辑思维判断能力，可以通过思考与人类沟通交流，抛弃以往依靠编码程序来运行计算机的方法，直接对计算机发出指令。

（5）多媒体化。传统的计算机处理的信息主要是字符和数字。事实上，人们更习惯的是图片、文字、声音、图像等多种形式的多媒体信息。多媒体技术可以集图形、图像、音频、视频、文字为一体，使信息处理的对象和内容更加接近真实世界。

1.1.2 计算机的特点与性能指标

1. 计算机的特点

（1）运算速度快

计算机内部的运算是由数字逻辑电路组成的，可以高速准确地完成各种算术运算。当今计算机系统的运算速度已达到每秒万亿次，微机也可达每秒亿次以上，使大量复杂的科学计算问题得以解决。例如，卫星轨道的计算、大型水坝的计算、24 小时天气预报的计算等，过去人工计算需要几年、几十年，而在现代社会里，用计算机只需几天甚至几分钟就可完成。

（2）计算精确度高

科学技术的发展特别是尖端科学技术的发展，需要高度精确的计算。计算机控制的导弹之所以能准确地击中预定的目标，是与计算机的精确计算分不开的。一般计算机可以有十几位甚至几十位（二进制）有效数字，计算精度可由千分之几到百万分之几，是任何计算工具所望尘莫及的。

（3）逻辑运算能力强

计算机不仅能进行精确计算，还具有逻辑运算功能，能对信息进行比较和判断。计算机能把参加运算的数据、程序以及中间结果和最后结果保存起来，并能根据判断的结果自动执行下一条指令以供用户随时调用。

（4）存储容量大

计算机内部的存储器具有记忆特性，可以存储大量的信息。这些信息不仅包括各类数据信息，还包括加工这些数据的程序。

（5）自动化程度高

由于计算机具有存储记忆能力和逻辑判断能力，所以人们可以将预先编好的程序纳入计算机内存，在程序控制下，计算机可以连续、自动地工作，不需要人工干预。

2．计算机的性能指标

计算机功能的强弱或性能的好坏，不是由某项指标决定的，而是由它的系统结构、指令系统、硬件组成、软件配置等多方面的因素综合决定的。对于大多数普通用户来说，可以从以下几个指标来大体评价计算机的性能。

（1）运算速度

运算速度是衡量计算机性能的一项重要指标。通常所说的计算机运算速度（平均运算速度），是指每秒钟所能执行的指令条数，一般用"百万条指令／秒"（Million Instruction Per Second，MIPS）来描述。同一台计算机，执行不同的运算所需时间可能不同，因而对运算速度的描述常采用不同的方法。常用的有 CPU 时钟频率（主频）、每秒平均执行指令数（i/s）等。微型计算机一般采用主频来描述运算速度，如酷睿 i7/990X 的主频为 3.46GHz，一般说来，主频越高，运算速度就越快。

（2）字长

计算机在同一时间内处理的一组二进制数称为一个计算机的"字"，而这组二进制数的位数就是"字长"。在其他指标相同时，字长越大计算机处理数据的速度就越快。早期的微型计算机的字长一般是 8 位和 16 位，586（Pentium，Pentium Pro，Pentium Ⅱ，Pentium Ⅲ，Pentium 4）大多是 32 位，现在的微型计算机大多数是 64 位的。

（3）内存储器的容量

内存储器也简称主存，是 CPU 可以直接访问的存储器，需要执行的程序与需要处理的数据就是存放在主存中的。内存储器容量的大小反映了计算机即时存储信息的能力。随着操作系统的升级，应用软件的不断丰富及其功能的不断扩展，人们对计算机内存容量的需求也不断提高。目前，运行 Windows XP 需要 128MB 以上的内存容量，运行 Windows 7 需要 512MB 以上的内存容量。内存容量越大，系统功能就越强大，能处理的数据量就越庞大。

（4）外存储器的容量

外存储器也简称辅存，外存容量通常是指硬盘容量（包括内置硬盘和移动硬盘）。外存储器容量越大，可存储的信息就越多，可安装的应用软件就越丰富。目前，硬盘容量一般为 500G～1TB。

除了上述这些主要性能指标外，微型计算机还有其他一些指标，如所配置外围设备的性能指标，所配置系统软件的情况等。另外，各项指标之间也不是彼此孤立的，在实际应用时，应该把它们综合起来考虑。

1.1.3　计算机在现代社会的用途与应用领域

1．计算机在现代社会中的用途

在现代社会，计算机已广泛应用到军事、科研、经济、文化等各个领域，成为人们不可或缺的好帮手。在科研领域，人们使用计算机进行各种复杂的运算及大量数据的处理，如卫星飞行的轨迹、天气预报中的数据处理等；在学校和政府机关，每天都涉及大量数据的统计与分析，有了计算机，工作效率就大大提高了；在工厂，计算机为工程师们在设计产品时提供了有效的辅助手段。现在，人们在进行建筑设计时，只要输入有关的原始数据，计算机就能自动处理并绘出各种设计图纸；在生产中，用计算机控制生产过程的自动化操作，如温度控制、电压电流控制等，从而实现自动进料、自动加工产品、自动包装产品等。

2．计算机的应用领域

计算机的应用已渗透到社会的各个领域，正在日益改变着传统的工作、学习和生活的方式，推动着社会的发展。主要应用领域如下。

（1）科学计算。科学计算是计算机最早的应用领域，是指利用计算机来完成科学研究和工程技术中提出的数值计算问题。在现代科学技术工作中，科学计算的任务是大量的和复杂的。利用计算机的运算速度高、存储容量大和连续运算的能力，可以解决人工无法完成的各种科学计算问题。例如，工程设计、地震预测、气象预报、火箭发射等都需要由计算机承担庞大而复杂的计算量。

（2）数据处理。数据处理是指对各种数据进行收集、存储、整理、分类、统计、加工、利用、传播等一系列活动的统称。据统计，80%以上的计算机主要用于数据处理，这类工作量大面宽，决定了计算机应用的主导方向。

（3）过程控制。过程控制是利用计算机实时采集数据、分析数据，按最优值迅速地对控制对象进行自动调节或自动控制。采用计算机进行过程控制，不仅可以大大提高控制的自动化水平，而且可以提高控制的时效性和准确性，从而改善劳动条件、提高产量及合格率。因此，计算机过程控制已在机械、冶金、石油、化工、电力等部门得到广泛的应用。

（4）辅助技术。计算机辅助技术是近几年来迅速发展的应用领域，包括计算机辅助设计（Computer Aided Design，CAD）、计算机辅助制造（Computer Aided Manufacturing，CAM）和计算机辅助教学（Computer Aided Instruction，CAI）等。

（5）人工智能。人工智能（Artificial Intelligence，AI）是指计算机模拟人类某些智力行为的理论、技术和应用，诸如感知、判断、理解、学习、问题的求解、图像识别等。人工智能是计算机应用的一个新的领域，这方面的研究和应用正处于发展阶段，在医疗诊断、定理证明、模式识别、智能检索、语言翻译、机器人等方面，已有了显著的成效。例如，用计算机模拟人脑的部分功能进行思维学习、推理、联想和决策，使计算机具有一定"思维能力"。

（6）多媒体应用。随着电子技术特别是通信和计算机技术的发展，人们已经有能力把文本、音频、视频、动画、图形、图像等各种媒体综合起来，构成一种全新的概念——"多媒体"（Multimedia）。在医疗、教育、商业、银行、保险、行政管理、军事、工业、广播、出版等领域中，多媒体的应用发展很快。

1.1.4　现代计算机的主要类型

目前国内外多数书刊采用国际上通用的分类方法，根据美国电气和电子工程师协会（IEEE）

1989 年提出的标准来划分，即把计算机分成巨型机、小巨型机、大型主机、小型主机、工作站和个人计算机 6 类。

（1）巨型机（Supercomputer）。巨型机也称为超级计算机（见图 1.2），在所有计算机类型中其占地最大，价格最贵，功能最强，其浮点运算速度最快（1998 年达到3.9TELOPS，即每秒 3.9 万亿次）。只有少数国家的几家公司能够生产巨型机。目前，巨型机多用于战略武器的设计，空间技术，石油勘探，中、长期天气预报以及社会模拟等领域。

图 1.2　超级计算机

（2）小巨型机（Minisupercomputer）。这种小型超级计算机或称桌上型超级计算机，出现于 20 世纪 80 年代中期。其功能低于巨型机，速度能达到1TELOPS，即每秒 10 亿次，价格也只有巨型机的十分之一。

（3）大型主机（Mainframe）。大型主机或称作大型电脑，覆盖国内通常所说的大中型机。其特点是大型、通用，整机处理速度高达 300～750MIPS，具有很强的处理和管理能力。大型主机主要用于大银行、大公司、规模较大的高校和科研院所。在计算机向网络化发展的当前，大型主机仍有其生存空间。

（4）小型机（Minicomputer 或 Minis）。小型机结构简单，可靠性高，成本较低，方便维护和使用，对广大中、小用户较为适用。

（5）工作站（Workstation）。工作站是介于 PC 和小型机之间的一种高档微机，运算速度快，具有较强的联网功能，常用于特殊领域，如图像处理、计算机辅助设计等。它与网络系统中的"工作站"在用词上相同，而含义不同。网络上的"工作站"泛指联网用户的结点，以区别于网络服务器，常常由一般的 PC 担当。

（6）个人计算机（Personal Computer，PC）。我们通常说的电脑、微机或计算机，一般就指的是 PC。它出现于 20 世纪 70 年代，以其设计先进（总是率先采用高性能的微处理器）、软件丰富、功能齐全、价格便宜等优势而拥有广大的用户，因而大大推动了计算机的普及应用。PC 的主流是 IBM 公司在 1981 年推出的 PC 系列及其众多的兼容机。PC 无所不在，无所不用，除了台式的，还有膝上型、笔记本、掌上型、手表型等。

1.1.5　计算机的常见名词解析

1．数据单位

（1）位（bit）。音译为"比特"，是计算机内信息的最小单位，如 1010 为 4 位制数（4bit）。

（2）字节（Byte）。一个字节等于 8 个二进制位，即 1Byte=8bit。

（3）字和字长。计算机处理数据时，一次存取、加工和传送的数据称为字。一个字通常由一个或若干个字节组成。

目前微型计算机的字长有 8 位、16 位、32 位和 64 位几种。IBMPC/XT 字长 16 位，称为 16 位机。486 与 Pentium 微型机字长 32 位，称为 32 位机。目前，微型计算机的字长已达到 64 位。

2．存储容量

计算机存储容量大小以字节数来度量，经常使用 KB、MB、GB 等度量单位。其中 K 代表"千"，M 代表"兆"（百万），G 代表"吉"（十亿），B 是字节的意思。

$1KB=2^{10}B=1024B$

$1MB=2^{20}B=2^{10}×2^{10}B=1024×1024B$

$1GB=2^{30}B=2^{10}×2^{10}×2^{10}B=1024×1024×1024B$

3. 运算速度

（1）CPU 时钟频率。计算机的操作在时钟信号的控制下分步执行，每个时钟信号周期完成一步操作，时钟频率的高低在很大程度上反映了 CPU 速度的快慢。以目前 Pentium CPU 的微型计算机为例，其主频一般有 1.7GHz，2GHz，2.4GHz，3GHz 等档次。

（2）每秒平均执行指令数（i/s）。通常用 1s 内能执行的定点加减运算指令的条数作为 i/s 的值。目前，高档微机每秒平均执行指令数可达数亿条，而大规模并行处理系统（MPP）的 i/s 值已能达到几十亿。

由于 i/s 单位太小，使用不便，实际中常用 MIPS 表示，即每秒执行百万条指令作为 CPU 的速度指标。

1.2 计算机系统的组成

一个完整的计算机系统包括硬件和软件两大部分。硬件是指计算机系统中的各种物理装置，包括控制器、运算器、内存储器、I/O 设备以及外存储器等，它是计算机系统的物质基础。软件是相对于硬件而言的，它是指计算机运行所需的各种程序和文档，主要解决如何管理和使用机器的问题。没有硬件，谈不上应用计算机，但是，光有硬件而没有软件，计算机也不能工作。我们通常把不装备任何软件的计算机称为"裸机"。硬件和软件是相辅相成的，只有配上软件的计算机才成为完整的计算机系统，如图 1.3 所示。

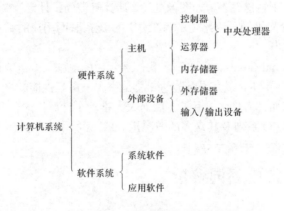

图 1.3 计算机系统组成结构图

1.2.1 计算机硬件系统

到目前为止，所有计算机是根据数学家冯·诺依曼提出的程序存储和程序控件的思想设计的，人们称其为冯·诺依曼计算机。它规定计算机的硬件主要由输入设备、输出设备、存储器、控制器、运算器五大组成部分。

（1）运算器

也称算术逻辑单元（ALU），是计算机进行算术运算和逻辑运算的部件。算术运算有加、减、乘、除等。逻辑运算有比较、移位、与运算、或运算、非运算等。在控制器的控制下，运算器从存储器中取出数据进行运算，然后将运算结果写回存储器中。

（2）控制器

主要用来控制程序和数据的输入/输出，以及各个部件之间的协调运行。控制器由程序计数器、指令寄存器、指令译码器和其他控制单元组成。控制器工作时，它根据程序计数器中的地址，从存储器中取出指令，送到指令寄存器中，经译码单元译码后，再由控制器发出一系列命令信号，送到有关硬件部位，引起相应动作，完成指令所规定操作。

（3）存储器

主要功能是存放运行中的程序和数据。在冯·诺伊曼计算机模型中，存储器是指内存单元。存储器中有成千上万个存储单元，每个存储单元存放一组二进制信息。对存储器的基本操作是数据的写入或读出，这个过程称为"内存访问"。为了便于存入或取出数据，存储器中所有单元均按顺序依次编号，每个单元的编号称为"内存地址"，当运算器需要从存储器某单元读取或写入数据时，控制器必须提供存储单元的地址。

（4）输入设备

第一个功能是用来将现实世界中的数据输入到计算机，如输入数字、文字、图形、电信号等，并且转换成为计算机熟悉的二进制码。它的第二个功能是由用户对计算机进行操作控制。常见的输入设备有：键盘、鼠标、数码相机等设备。还有一些设备既可以作为输入设备，也可以用作输出设备，如：软盘、硬盘、网卡等。

（5）输出设备

将计算机处理的结果转换成为用户熟悉的形式，如数字、文字、图形、声音等。常见的输出设备有：显示器、打印机、硬盘、音箱、网卡等。

在现代计算机中，往往将运算器和控制器集成在一个集成电路芯片内，这个芯片称为 CPU（中央控制单元）。CPU 的主要工作是与内存系统或 I/O 设备之间传输数据；进行简单的算术和逻辑运算；通过简单的判定，控制程序的流向。CPU 性能的高低，往往决定了一台计算机性能的高低。

1.2.2 微型计算机系统的硬件配置

1. 中央处理器

中央处理器（Central Processing Unit），简称 CPU。它是计算机的核心，由极其复杂的电子线路组成。它的作用是完成各种运算，并控制计算机各部件协调地工作。

随着计算机技术的进步，CPU 的水平飞速提高，最具代表性的产品是美国的 Intel 公司的 CPU 系列，其功能越来越强，工作速度越来越高，时钟频率从 16MHz 发展到超过 500MHz，内部结构也越来越复杂，很大程度上决定了整个微机的性能水平，当然，CPU 不是微机性能水平的唯一标志。

目前市场上流行的 CPU 产品主要有 Intel 公司的 Pentium 和 Core 系列以及 AMD 公司的 Athlon 和 APU 系列（如图 1.4 所示），比如酷睿 i5、i7，A8、A10 就是比较流行的 CPU。

2. 存储器

存储器又分为内存储器（简称内存，又称主存）、外存储器（简称外存）和快速缓冲存储器（Cache）。

（1）内存储器。内存储器（如图 1.5 所示）分为读写存储器（RAM）、只读存储器（ROM）。内存是继 CPU 之后能影响整个系统性能的又一个重要因素。内存容量的大小、存取速度、稳定性等都是内存性能的重要指标。内存中的几千万个基本存储单元，每一个都被赋予一个唯一的序号，称为地址（Address）。CPU 凭借地址，准确地控制每一个单元。目前使用的微机，内存容量一般在 1GB～4GB。

图 1.4　CPU

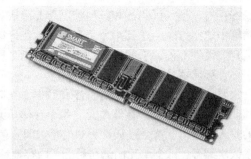

图 1.5　内存储器

①　只读存储器（ROM）。ROM 的特点是能读不能写。但是断电后，ROM 中的内容仍然存在。在系统主板上的 ROM-BPS，主要是包括了引导程序，系统自检程序等。

常用的 ROM 是可擦除可编程的只读存储器，称为 EPROM。用户可以通过编程器将数据或程序写入 EPROM，也可以用过紫外灯照射将 EPROM 中的信息删除。还有一种 EEP-ROM，它可以像 RAM 那样写入时就擦除了原有的信息。

②　读写存储器（RAM）。RAM 的特点是其中的内容可随时读写，但断电后 RAM 中的内容全部丢失。在 RAM 中主要存放要运行的数据和程序，RAM 是仅次于 CPU 的宝贵资源。

（2）高速缓冲存储器（Cache）简称高速缓存。它是指内存与 CPU 之间设立的一种高速缓冲器，它有 CPU 内部和外部两种，完成 CPU 与内存之间信息的自动调度，保存计算机运行过程中重复访问的数据或程序代码。这样，高速运行部件和指令部件就与它建立了直接联系，从而避免了直接到速度较慢的内存中访问信息，实现了内存与 CPU 在速度上的匹配。一级高速缓存（Primary Cache）设置在微处理器芯片内部，二级高速缓存（Secondary Cache）安装在主板上。

（3）外存储器（Secondary Storage）。内存虽有不小的容量，而且存取速度又快，但相对于计算机所面对的任务而言，仍远远不足以存放所有的数据；另一方面，内存不能在断电时保存数据。因此需要更大容量、能永久保存数据的存储器，这就是外存储器。

目前计算机上最常用的外存储器是磁盘和光盘两种。

①　磁盘和磁盘驱动器。磁盘（magnetic disk）是一种外存储器。磁盘分为两种类型：硬磁盘和软磁盘，简称硬盘（见图 1.6）和软盘（见图 1.7）。无论是软盘还是硬盘，存取数据都是通过一种称为磁盘驱动器的机械装置对磁盘的盘片进行读写而实现的。工作时，通过专门的电子电路和读写磁头，把计算机中的数据录到盘上（称为写入）或从盘上把数据传回到计算机（称为读出）。

图 1.6　硬盘

图 1.7　软盘

②　光盘和光盘驱动器。只读光盘存储器（compact disk read-only memory，CD-ROM），它具有体积小、容量大（1 张 CD-ROM 的容量可达 650MB）、易于长期保存等优点，很受用户欢迎。

③　DVD 和 DVD–ROM。它利用 MPEG2 的压缩技术来存储影像，集计算机技术、光学记录技术和影视技术为一体，成为一种容量大、性能高的存储媒体。外观上一张 DVD 盘与一张 CD 盘相似，直径都是 120mm，厚度为 1.2m 的圆盘，DVD 盘与 CD 盘一样便于携带，但更节约空间。

④ 光盘刻录机。光盘可分为只读光盘（CD-ROM）和可读写光盘，若要在光盘上写入信息需光盘刻录机。光盘刻录机的外观和光驱几乎一样。可供写入的盘片有 CD-R（CD-Recorder）和 CD-RW（CD-Rewritable）两种。CD-R 是一种将数据一次性写入光盘的技术，一般用 CD-R 刻录机为 CD-R 盘写入信息。CD-WR 是指可以多次写入的光盘，利用一种"重复写入"技术可以在 CD-RW 盘片上相同的位置重复写入数据。具有在 CD-RW 盘上写入信息的刻录机称为 CD-RW 刻录机。CD-RW 刻录机除了可以刻录 CD-RW 盘片外，也能刻录 CD-R 盘片。目前 DVD 刻录机已经被广泛使用，它可以实现对 DVD+R 盘写入信息。

3. 主板

CPU、内存储器及数据输入输出端口等均安装在微机机箱内一块称为主板的印制电路板上（如图 1.8 所示），主板又称系统板或母板。在主板上还有一系列扩展槽（Expansion Slot），供内存储器扩展板和各种适配卡插入。这些扩展槽与系统主板的系统总线相连。

图 1.8 主板

4. 总线

总线是连接计算机中 CPU 内部及 CPU 与内存、外存和 I/O 设备的一组物理信号线。它是计算机中用于在各部件之间传输信号的公共通道，通常它也决定扩展槽的形式。

系统总线上有三类信号：数据信号、地址信号和控制信号。因此，系统总线又分为数据总线（Data Bus）、地址总线（Address Bus）和控制总线（Control Bus）3 类。数据总线上传输数据、地址总线上传输数据存放的存储位置、控制总线上传输控制信号。

5. 机箱及电源

① 机箱。目前，机箱主要有立式机箱和卧式机箱。不论卧式机箱还是立式机箱都应该选稍大一些的，因为大机箱内部空间大，通风散热好，可保持机箱内温度不致过高，有利延长各种配件的寿命，还可方便地增加新的硬件，为今后主机升级作好准备。

② 电源。电源有内部电源和外部电源之分，内部电源安装在机箱内部，外部电源指 UPS 电源。

内部电源的选择标准是输出功率大者为好，可选 230W 以上，现在微机上的电源标称功率大多是 200W 以上，一般情况下已经够用，但是有不少电源达不到这个标准，所以在挂接双硬盘、接 CD-ROM 时可能会出现电源功率不够，微机不能启动的现象。

1.2.3 计算机软件系统

软件是指为方便使用计算机和提高使用效率而组织的程序以及用于开发、使用和维护的有关文档。软件系统可分为系统软件和应用软件两大类。

1. 系统软件

系统软件（System Software）由一组控制计算机系统并管理其资源的程序组成，其主要功能包括启动计算机，存储、加载和执行应用程序，对文件进行排序、检索，将程序语言翻译成机器语言等。实际上，系统软件可以看做用户与计算机的接口，它为应用软件和用户提供了控制、访问硬件的手段，这些功能主要由操作系统完成。

（1）操作系统（Operating System，OS）。操作系统是管理、控制和监督计算机软、硬件资源协调运行的程序系统，由一系列具有不同控制和管理功能的程序组成，它是直接运行在计算机硬件上的、最基本的系统软件，是系统软件的核心。

（2）语言处理系统（翻译程序）。人和计算机交流信息使用的语言称为计算机语言或程序设计语言。计算机语言通常分为机器语言、汇编语言和高级语言 3 类。如果要在计算机上运行高级语言程序就必须配备程序语言翻译程序（下简称翻译程序）。翻译程序本身是一组程序，不同的高级语言都有相应的翻译程序。翻译的方法有以下两种。一种称为"解释"。早期的 BASIC 源程序的执行都采用这种方式。它调用机器配备的 BASIC "解释程序"，在运行 BASIC 源程序时，逐条把 BASIC 的源程序语句进行解释和执行，边解释边执行。另一种称为"编译"。它调用相应语言的编译程序，把源程序变成目标程序，然后再用连接程序，把目标程序与库文件相连接形成可执行文件。尽管编译的过程复杂一些，但它形成的可执行文件可以反复执行，速度较快。

（3）服务程序。服务程序能够提供一些常用的服务性功能，它们为用户开发程序和使用计算机提供了方便，像微机上经常使用的诊断程序、调试程序、编辑程序均属此类。

（4）数据库管理系统。数据库是指按照一定联系存储的数据集合，可为多种应用共享。数据库管理系统（Data Base Management System，DBMS）则是能够对数据库进行加工、管理的系统软件。其主要功能是建立、消除、维护数据库及对库中数据进行各种操作。数据库系统主要由数据库（DB）、数据库管理系统（DBMS）以及相应的应用程序组成。数据库系统不但能够存放大量的数据，更重要的是能迅速、自动地对数据进行检索、修改、统计、排序、合并等操作，以得到所需的信息。这一点是传统的文件柜无法作到的。

2. 应用软件

应用软件（application softwar）为解决各类实际问题而设计的程序系统称为应用软件。它可以是一个特定的程序，如一个图像浏览器；也可以是一组功能联系紧密，可以互相协作的程序的集合，如微软的 Office 软件；还可以是一个由众多独立程序组成的庞大的软件系统，如数据库管理系统。

从其服务对象的角度，应用软件又可分为通用软件和专用软件两类。

1.3　计算机的基本工作原理

1.3.1　冯·诺依曼体系结构

数学家冯·诺依曼于 1946 年提出了数字计算机设计的基本思想，概括起来有以下几点：

1. 冯·诺伊曼计算机结构模型

冯·诺伊曼结构计算机硬件系统主要包括：输入设备、输出设备、存储器、控制器、运算器五大组成部分。

2. 采用二进制形式表示数据和指令

指令是人们对计算机发出的用来完成一个最基本操作的工作命令，它由计算机硬件来执行。指令和数据在代码形式上并无区别，都是由"O"和"1"组成的二进制代码序列，只是各自约定的含义不同。在计算机中采用二进制，使信息数字化容易实现，并可用二值逻辑元件进行表示和处理。

3. 存储程序

存储程序是冯·诺依曼思想的核心内容。存储程序意味着事先将编制好的程序（包含指令和数据）存入计算机存储器中，计算机在运行程序时就能自动地、连续地从存储器中依次取出指令并执行。计算机的功能很大程度上体现为程序所具有的功能，或者说，计算机程序越多，计算机功能越多。

1.3.2　计算机的工作原理

计算机之所以能脱离人的直接干预，自动地进行计算，是由于人把实现整个计算的一步步操作用命令的形式（即一条条指令）预先输入到存储器中，在执行时，机器把这些指令一条一条地取出来，加以分析和执行。

1. 指令和程序

指令是能被计算机识别并执行的二进制代码，它规定了计算机能完成的某一种操作。一条指令通常由两个部分组成：操作码和操作数

① 操作码：指明该指令要完成的操作的类型或性质，如取数、做加法或输出数据等。

② 操作数：指明参加操作的数的内容或操作数所在的存储单元地址（地址码），操作数在大多数情况下是地址码，从地址码得到的仅是数据所在的地址，可以是源操作数的存放地址，也可以是操作结果的存放地址。

程序是用指令描述的解题步骤。它是由一串 CPU 能够执行的基本指令组成的序列，每一条指令规定了计算机应进行什么操作（如加、减、乘、判断等）及操作需要的有关数据。

2. 计算机的工作原理

在冯·诺依曼的思想中，计算机的工作过程为人们预先编制程序，利用输入设备将程序输入到计算机内，同时转换成二进制代码，计算机在控制器的控制下，从内存中逐条取出程序中的每一指令交给运算器去执行，并将运算结果送回存储器指定的单元中，当所有的运算任务完成后，程序执行结果利用输出设备输出。计算机的工作原理如图 1.9 所示。

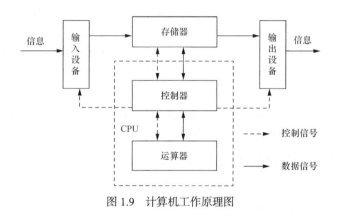

图 1.9　计算机工作原理图

1.4　计算机中信息的表示

1.4.1　计数制

数制也称计数制，是指用一组固定的符号和统一的规则来表示数值的方法。编码是采用少量的基本符号，选用一定的组合原则，以表示大量复杂多样的信息的技术。计算机是信息处理的工具，任何信息必须转换成二进制形式数据后才能由计算机进行处理、存储和传输。

先看一个十进制数的例子，如 6489.25 可表示成：

$6 \times 1000 + 4 \times 100 + 8 \times 10 + 9 \times 1 + 2 \times 0.1 + 5 \times 0.01 = 6 \times 10^3 + 4 \times 10^2 + 8 \times 10^1 + 9 \times 10^0 + 2 \times 10^{-1} + 5 \times 10^{-2}$

从上面的式中我们看到，每个数字符号的位置不同，它所代表的数值也不同，这就是经常所说的个位、十位、百位、千位、……一种进位计数制包含一组数码符号和两个基本因素：

一组数码用来表示某种数制的符号。如：1、2、3、A、B。

基数数制所用的数码个数，用 R 表示，称 R 进制，其进位规律是"逢 R 进一"。如：十进制的基数是 10，逢 10 进 1。

权数码表示在不同位置上的权值。在某进位制中，处于不同数位的数码，代表不同的数值，某一个数位的数值是由这位数码的值乘以这个位置的固定常数构成。这个固定常数称为"位权"。如：十进制的个位的位权是"1"，百位的位权是"100"。

在计算机学科中，通常使用的进位制是十进制、二进制、八进制和十六进制数据。

（1）十进制数

十进制数由 0、1、2、3、4、5、6、7、8、9，10 个不同的符号组成，其基数为 10，权为 10^n，十进制数的运算规则是逢 10 进 1。

（2）二进制数

计算机中的所有数据是以二进制形式存储的，二进制数的数码是用"0"和"1"来表示的，其基数为 2，权为 2^n，二进制数的运算规则是逢 2 进 1。

（3）八进制数

具有 8 个不同的数码符号 0、1、2、3、4、5、6、7，其基数为 8，权为 8^n，八进制数的运算规则是逢 8 进 1。

（4）十六进制

具有 16 个不同的数码符号 0、1、2、3、4、5、6、7、8、9、A、B、C、D、E、F，其基数为 16，权为 16^n，十六进制数的运算规则是逢 16 进 1。

通常我们用（ ）$_r$ 表示不同进制的数。例如：十进制用（ ）$_{10}$ 表示，二进制数用（ ）$_2$ 表示，也可以在数字的后面用特定字母表示该数的进制。

例如：

B——二进制，D——十进制（D 可省略），O——八进制，H——十六进制

例：100111O、1011D、1011001BH、1011DH、1011B。

1.4.2　二进制数的特点及其运算

1．二进制数的特点

在计算机内部采用二进制表示数据，而不是十进制数。这主要是因为采用二进制数具有其他进制所不具备的优点。

（1）易于表示。二进制数只有"0"和"1"两个数符，电子元器件只要具备两种稳定状态就可表示"0"和"1"这两个二进制数。十进制数使用 10 个数符，每一位需要用一个具有 10 种稳定状态的器件来表示，这要用电子元器件实现就比较困难，而表示两种状态的电子器件在技术上更容易实现，例如氖灯的亮与灭、二极管的导通与截止等。

（2）节约设备。假设要求计算机处理的数值范围为 0～999，采用十进制数需要 3 位，共有 30 个（10×3）稳定状态；若采用二进制数，则需要 10 位（2^{10}=1024），整个设备仅需要 20 个（2×10）稳定状态。可见采用二进制数更节省设备的使用量。

（3）运算简单。二进制数的运算法则少，运算简单，使计算机运算器的硬件结构大大简化（十进制的乘法九九口诀表有 55 条公式，而二进制乘法只有 4 条规则）。

（4）可靠性强。电子元件只有两种稳定状态，电路状态不易发生变化，运行时出错的概率较小，传送数据时，两种状态也比十种状态容易分辨，因而可提高运行的可靠性和稳定性。

2．计算机中的算术运算

二进制数的算术运算与十进制的算术运算类似，但其运算规则更为简单，其规则见表 1.1。

| 表 1-1 | | 二进制数的算术运算规则 | | |

加法	乘法	减法	除法
0+0=0	0×0=0	0-0=0	0÷0=0
0+1=1	0×1=0	1-0=1	0÷1=0
1+0=1	1×0=0	1-1=0	1÷0=（没有意义）
1+1=10（逢二进一）	1×1=1	0-1=1（借一当二）	1÷1=1

（1）二进制数的加法运算

例：二进制数 1001 与 1011 相加

算式：被加数（1001）$_2$ …… （9）$_{10}$

　　　加数（1011）$_2$ …… （11）$_{10}$

　　进位+）1 11

　　　和数（10100）$_2$

结果：（1001）$_2$ +（1011）$_2$=（10100）$_2$

由算式可以看出，两个二进制数相加时，每一位最多有 3 个数（本位被加数、加数和来自低位的进位）相加，按二进制数的加法运算法则得到本位相加的和及向高位的进位。

（2）二进制数的减法运算

例：二进制数 11000001 与 00101101 相减

算式：被减数（11000001）$_2$ …… （193）$_{10}$

　　　减数（00101101）$_2$ …… （45）$_{10}$

　　借位 −）1111

　　　差数（10010100）$_2$ …… （148）$_{10}$

结果：（11000001）$_2$ −（11000001）$_2$ =（10010100）$_2$

由算式可以看出，两个二进制数相减时，每一位最多有 3 个数（本位被减数、减数和向高位的借位）相减，按二进制数的减法运算法则得到本位相减的差数和向高位的借位。

3. 计算机中的逻辑运算

计算机中的逻辑关系是一种二值逻辑，逻辑运算的结果只有"真"或"假"两个值。二值逻辑很容易用二进制的"0"和"1"来表示。一般用"1"表示真，用"0"表示假。逻辑值的每一位表示一个逻辑值，逻辑运算是按对应位进行的，每位之间相互独立，不存在进位和借位关系，运算结果也是逻辑值。

逻辑运算有"或"、"与"和"非"三种。其他复杂的逻辑关系都可以由这三个基本逻辑关系组合而成。

（1）逻辑"或"。用于表示逻辑"或"关系的运算，"或"运算符可用+，OR，∪或∨表示。逻辑"或"的运算规则如下：

　　0+0=0　　　　　　0+1=1　　　　1+0=1　　　　　1+1=1

即两个逻辑位进行"或"运算，只要有一个为"真"，逻辑运算的结果为"真"。

例：如果 A=1001111，B=（1011101）；求 A+B

步骤如下：　　　1001111

　　　　　　　+ 1011101

　　　　　　　　1011111

结果：A+B=1001111+1011101=1011111

（2）逻辑"与"。用于表示逻辑与关系的运算，称为"与"运算，与运算符可用 AND，·，×，∩或∧表示。

逻辑"与"的运算规则如下：

0×0=0   0×1=0   1×0=0   1×1=1

即两个逻辑位进行"与"运算，只要有一个为"假"，逻辑运算的结果为"假"。

例：如果 A=1001111，B=（1011101），求 A×B

步骤如下：   1001111

        ×1011101

        1001101

结果：A·B=1001111×101101=1001101

（3）逻辑"非"。用于表示逻辑非关系的运算，该运算常在逻辑变量上加一横线或"!"表示。

逻辑"非"的运算规则：! 1=0，! 0=1，即对逻辑位求反。

1.4.3　不同进制数之间的转换

1．R 进制数转换为十进制数

按权展开法：把一个任意 R 进制数转换成十进制数，其十进制数值为每一位数字与其位权之积的和。

$a_n……a_1a_0.a_{-1}……a_m(r)=a \times R^n+...+a \times r^1+a \times R^0+a \times R^{-1}+...a \times R^{-m}$

例如：$10101.11B=1 \times 2^4+0 \times 2^3+1 \times 2^2+0 \times 2^1+1 \times 2^0+1 \times 2^{-1}+1 \times 2^{-2}=16+4+1+0.5+0.25=21.75$

$6101.2(0)=6 \times 8^3+1 \times 8^2+0 \times 8^1+1 \times 8^0+2 \times 8^{-1}=3137.2525$

$101AH=1 \times 16^3+O \times 16^2+1 \times 16^1+10 \times 16^0=4122$

2．十进制数转换成 R 进制数

（1）整数部分：除以 R 取余数，直到商为 0，得到的余数即为二进制数各位的数码，余数从右到左排列。

（2）小数部分：乘以 R 取整数，直到小数部分为 0 或满足精度要求为止，将所取得的整数从左到右排列，即为其在 R 进制中的小数部分数码。

例如，将一个十进制数 108.375 转换为二进制数。

方法如下：把整数 108 反复除以 2，直到商为 0，所得的余数（从末位读起）就是这个数的二进制表示。简单地说，就是"除 2 取余法"。通常我们采用如图 1.9（a）来进行演算。

把小数 0.375 连续乘以 2，选取进位整数，直到满足精度要求为止，简称"乘 2 取整法"。

通常我们采用如图 1.9（b）所示的方法进行演算。

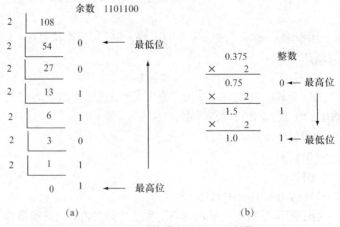

（a）   （b）

图 1.10　十进制数转换为二进制数

所以有：108.375=1101100.011B

同理，将十进制整数转换成八进制整数的方法是"除 8 取余法"，十进制整数转换成十六进制整数的方法是"除 16 取余法"。例如，将十进数 108 转换为八进制整数和十六进制整数的演算过程分别如图 1.10（a）和图 1.10（b）所示。

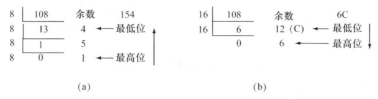

图 1.11　十进制转换为八进制和十进制转换为十六进制

十进制小数转换成八进制小数的方法是"乘 8 取整法"。十进制小数转换成十六进制小数的方法是"乘 16 取整法"，请读者自己演算将十进制小数 0.375 转换为八进制小数和十六进制小数。

将十进制小数转换成二进制小数，可能出现取整后小数部分始终不为零或出现循环，这就取有限位即可。实际上，实数在计算机中的表示一般是个近似数。

例如，十进制小数 $0.2 \cong 0.00110011 \cdots$ B，请读者自己按图 1.9（b）的方法演算。

3. 二进制数与八进制数之间的转换

由于二进制数和八进制数之间存在特殊关系，即 $8^1=2^3$，他们之间的对应关系是八进制数的每一位对应二进制数的三位。

（1）二进制数转换成八进制数

二进制数转换成八进制数的方法是：先将二进制数从小数点开始；整数部分从右向左 3 位一组，小数部分从左向右 3 位一组，若不足三位用 0 补足，再转换成八进制数。

例如，将 1100101110.1101B 转换为八进制数的方法如图 1.11 所示。

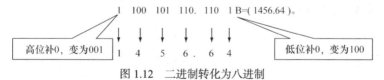

图 1.12　二进制转化为八进制

所以，1100101110.1101B=（1456.64）$_8$

（2）八进制数转换成二进制数

方法为以小数点为界，向左或向右每一位八进制数用相应的三位二进制数取代，然后将其连在一起即可。若中间位不足 3 位在前面用 0 足。

例如，将（3216.42）$_8$ 转换为二进制数的方法如图 1.12 所示。

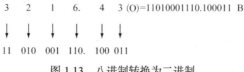

图 1.13　八进制转换为二进制

所以，（3216.43）$_8$=11010001110.100011B

4. 二进制数与十六进制数之间的转换

（1）二进制数转换成十六进制数

二进制数的每 4 位刚好对应于十六进制数的 1 位（$16^1=2^4$），其转换方法是，将二进制数从小数点开始，整数部分从右向左 4 位一组：小数部分从左向右 4 位一组，不足 4 位用 0 补足，每组对应一位十六进制数即可得到十六进制数。

例如，将二进制数 1101101110110101B 转换为十六进制数，如图 1.13 所示。

图 1.14　二进制转换为十六进制

所以，1101101110.110101B=36E.D4H

（2）十六进制数转换成二进制数

方法为以小数点为界，向左或向右每一位十六进制数用相应的四位二进制数取代，然后将其连在一起即可。

5. 八进制数与十六进制数之间的相互转换

八进制数与十六进制数之间的转换，一般通过二进制数作为桥梁，即先将八进制数或十六进制数转换为二进制数，再将二进制数转换成十六进制数或八进制数。

1.5　计算机中常见的信息编码

信息是包含在数据里面，数据要以规定好的二进制形式表示才能被计算机处理。这些规定的形式就是数据的编码。数据的类型有很多，数字和文字是最简单的类型，表格、声音、图形和图像则是复杂的类型，编码要考虑数据的特性和便于计算机的存储和处理，所以也是一件非常重要的工作。下面介绍几种常用的数据编码。

1.5.1　BCD 编码

因为二进制数不直观，于是在计算机输入和输出时通常还是用十进制数。但是计算机只能使用二进制数编码，所以另外规定了一种用二进制编码表示十进制数的方式，即每 1 位十进制数数字对应 4 位二进制编码，称 BCD 码（Binary Coded Decimal，二进制编码的十进制数），又称 8421 码。表 1.2 是十进制数 0 到 9 与其 BCD 码的对应关系。

表 1.2　　　　　　　　　　　　　BCD 编码表

十进制数	BCD 码	十进制数	BCD 码
0	0000	5	0101
1	0001	6	0110
2	0010	7	0111
3	0011	8	1000
4	0100	9	1001

1.5.2　ASCII 编码

字符是计算机中最多的信息形式之一，是人与计算机进行通信、交互的重要媒介。在计算机中，要为每个字符指定一个确定的编码，作为识别与使用这些字符的依据。

各种字母和符号也必须按规定好的二进制码表示，计算机才能处理。在西文领域，目前普遍采用的是 ASCII 码（American Standard Code for Information Interchange—美国标准信息交换码），

ASCII 码虽然是美国国家标准，但它已被国际标准化组织（ISO）认定为国际标准。ASCII 码已为世界公认，并在世界范围内通用。

标准的 ASCII 码是 7 位码，用一个字节表示，最高位总是 0，可以表示 128 个字符。前 32 个码和最后一个码通常是计算机系统专用的，代表一个不可见的控制字符。数字字符 0 到 9 的 ASCII 码是连续的，从 30H 到 39H（H 表示是十六进制数）；大写字母 A 到 Z 和小写英文字母 a 到 z 的 ASCII 码也是连续的，分别从 41H 到 54H 和从 61H 到 74H。因此在知道一个字母或数字的编码后，很容易推算出其它字母和数字的编码。

表 1-3　　　　　　　　　　　　　　　7 位 ASCII 码表

$D_6D_5D_4$ / $D_3D_2D_1D_0$	000	001	010	011	100	101	110	111
0000	NUL	DLE	SP	0	@	P	、	p
0001	SOH	DC1	!	1	A	Q	a	q
0010	STX	DC2	"	2	B	R	b	r
0011	ETX	DC3	#	3	C	S	c	s
0100	EOT	DC4	$	4	D	T	d	t
0101	ENQ	NAK	%	5	E	U	e	u
0110	ACK	SYN	&	6	F	V	f	v
0111	BEL	ETB	'	7	G	W	g	w
1000	BS	CAN	(	8	H	X	h	x
1001	HT	EM	)	9	I	Y	i	y
1010	LF	SUB	*	:	J	Z	j	z
1011	VT	ESC	+	;	K	[	k	{
1100	FF	FS	,	<	L	\	l		
1101	CR	GS	−	=	M	]	m	}
1110	SO	RS	.	>	N	^	m	~
1111	SI	US	/	?	O	_	o	DEL

例如：大写字母 A，其 ASCII 码为 1000001，即 ASC(A)=65

小写字母 a，其 ASCII 码为 1100001，即 ASC(a)=97

扩展的 ASCII 码是 8 位码，也是一个字节表示，其前 128 个码与标准的 ASCII 码是一样的，后 128 个码（最高位为 1）则有不同的标准，并且与汉字的编码有冲突。为了查阅方便，表中列出了 ASCII 码字符编码。

1.5.3　汉字编码

计算机处理汉字信息时，由于汉字具有特殊性，因此汉字的输入、存贮、处理及输出过程中所使用的汉字代码不相同，其中，用于汉字输入的输入码，用于机内存贮和处理的机内码，用于输出显示和打印的字模点阵码（或称字形码）。

1.《信息交换用汉字编码字符集·基本集》

《信息交换用汉字编码字符集·基本集》是我国于 1980 年制定的国家标准 GB2312-80，代号为国标码，是国家规定的用于汉字信息处理使用的代码的依据。GB2312-80 中规定了信息交换用的 6763 个汉字和 682 个非汉字图形符号（包括几种外文字母、数字和符号）的代码。6763 个汉字又按其使用频度、组词能力以及用途大小分成一级常用汉字 3755 个，二级常用汉字 3008 个。

在此标准中，每个汉字（图形符号）采用 2 个字节表示，每个字节只用低 7 位。由于低 7 位中有 34 种状态是用于控制字符，因此，只用 94（128-34=94）种状态可用于汉字编码。这样，双字节的低 7 位只能表示 94×94=8836 种状态。此标准的汉字编码表有 94 行、94 列。其行号称为区号，列号称为位号。双字节中，用高字节表示区号，低字节表示位号。非汉字图形符号置于第 1～11 区，一级汉字 3755 个置于第 16～55 区，二级汉字 3008 个置于第 56～87 区。

2. 汉字的输入码（外码）

汉字输入码是为了利用现有的计算机键盘，将形态各异的汉字输入计算机而编制的代码。目前在我国推出的汉字输入编码方案很多，其表示形式大多用字母、数字或符号。编码方案大致可以分为：以汉字发音进行编码的音码，例如全拼码、简拼码、双拼码等；按汉字书写的形式进行编码的形码，例如五笔字型码。也有音形结合的编码，例如自然码。

3. 汉字的机内码

汉字的机内码是供计算机系统内部进行存储、加工处理、传输统一使用的代码，又称为汉字内部码或汉字内码。不同的系统使用的汉字机内码有可能不同。目前使用最广泛的一种为两个字节的机内码，俗称变形的国标码。这种格式的机内码是将国标 GB2312-80 交换码的两个字节的最高位分别置为 1 而得到的。其最大优点是机内码表示简单，且与交换码之间有明显的对应关系，同时也解决了中西文机内码存在二义性的问题。例如"中"的国标码为十六进制 5650（01010110 01010000），其对应的机内码为十六进制 D6D0（11010110 11010000），同样，"国"字的国标码为 397A，其对应的机内码为 B9FA。

4. 汉字的字形码

汉字字形码是汉字字库中存储的汉字字形的数字化信息，用于汉字的显示和打印。目前汉字字形的产生方式大多是数字式，即以点阵方式形成汉字。因此，汉字字形码主要是指汉字字形点阵的代码。汉字字形点阵有 16×16 点阵、24×24 点阵、32×32 点阵、64×64 点阵、96×96 点阵、128×128 点阵、256×256 点阵等。一个汉字方块中行数、列数分得越多，描绘的汉字也就越细微，但占用的存储空间也就越多。汉字字形点阵中每个点的信息要用一位二进制码来表示。对 16×16 点阵的字表码，需要用 32 个字节（16×16÷8=32）表示；24×24 点阵的字形码需要用 72 个字节（24×24÷8=72）表示。

汉字字库是汉字字形数字化后，以二进制文件形式存储在存储器中而形成的汉字字模库。汉字字模库亦称汉字字形库，简称汉字字库。

5. 汉字信息处理流程

汉字处理方法包括汉字输入，通过汉字输入设备输入汉字外码，并通过其输入法程序把它转化为汉字机内码，存入存储器中；汉字信息加工处理，对汉字内码进行加工处理，汉字输出，把汉字的机内码转换成汉字字形码后通过输出设备输出。汉字信息处理的流程图如图 1.15 所示。

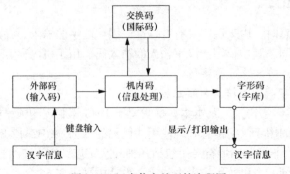

图 1.15　汉字信息处理的流程图

本章习题

一、选择题

1. 鼠标是一种（　　）。
   A. 输出设备　　　B. 储蓄器　　　C. 寄存器　　　D. 输入设备

2. 通常所说的 PC 指的是（　　）。
   A. 中型计算机　　B. 大型计算机　C. 小型计算机　D. 微型计算机

3. 计算机的发展方向是微型化、巨型化、多媒体化、智能化和（　　）。
   A. 功能化　　　　B. 系列化　　　C. 模块化　　　D. 网络化

4. 光盘驱动器是一种利用（　　）技术存储信息的设备。
   A. 激光　　　　　B. 电子　　　　C. 半导体　　　D. 磁效应

5. 一个完整的计算机系统应包括（　　）。
   A. 硬件系统和软件系统　　　　　B. 系统硬件和系统软件
   C. 主机、键盘、显示器和辅助存储器　D. 主机和外部设备

6. 计算机直接执行的语言（　　）。
   A. C 语言　　　　B. 汇编语言　　C. 高级语言　　D. 机器语言

7. 计算机的 cpu 能够直接访问的部件是（　　）。
   A. U 盘　　　　　B. 硬盘　　　　C. 内存　　　　D. 辅存

8. 外存中的信息必须调入（　　）后才能供 CPU 使用。
   A. 硬盘　　　　　B. 运算器　　　C. ROM　　　　D. RAM

9. 主频是指微机（　　）的时钟频率。
   A. CPU　　　　　B. 主机　　　　C. 前沿总线　　D. 系统总线

10. 通常根据所传递的内容不同，可将系统总线分为 3 类：数据总线、地址总线和（　　）。
    A. 内部总线　　　B. 系统总线　　C. I/O 总线　　D. 控制总线

11. 在计算机中，既可作为输入设备又可作为输出设备的是（　　）。
    A. 磁盘驱动器　　B. 磁盘扫描仪　C. 键盘　　　　D. 显示器

12. 断电后使得（　　）中所存储的数据丢失。
    A. ROM　　　　　B. RAM　　　　C. 磁盘　　　　D. 光盘

13. "8" 的 ASCII 码值（十进制）为 56，"4" 的 ASCII 码（十进制）值为（　　）。
    A. 51　　　　　　B. 52　　　　　C. 53　　　　　D. 60

14. 下列语句中，（　　）是正确的。
    A. 1KB=1024*1024*1024Byte　　　B. 1KB=1024MB
    C. 1KB=1024*1024Byte　　　　　D. 1KB=1024Byte

15. 二进制数 1011+101 等于（　　）。
    A. 10000　　　　B. 10110　　　C. 10001　　　D. 10111

16. 世界上首先实现存储程序的电子数字计算机是（　　）。
    A. ENIAC　　　　B. UNIVAC　　C. EDVAC　　　D. EDSAC

17. CPU 是由组成的（　　）。
    A. 控制器和存储器　　　　　　　B. 运算器和控制器
    C. 存储器、运算器和控制器　　　D. 运算器和存储器

18. 1946年第一台计算机问世以来，计算机的发展经历了4个时代，它们是（　　）。
　　A. 低档计算机、中档计算机、高档计算机、手提计算机
　　B. 微型计算机、小型计算机、中型计算机、大型计算机
　　C. 组装机、兼容机、品牌机、原装机
　　D. 电子管计算机、晶体管计算机、小规模集成电路计算机、大规模及超大规模集成
电路计算机

19. CAD是计算机的主要应用领域，它的含义是（　　）。
　　A. 计算机辅助教育　　　　　　　　B. 计算机辅助测试
　　C. 计算机辅助设计　　　　　　　　D. 计算机辅助管理

20. 计算机存储和处理数据的基本单位是（　　）。
　　A. bit　　　　　B. Byte　　　　　C. GB　　　　　D. KB

二、多项选择题（有两个或两个以上正确答案）

1. 冯·诺依曼计算机结构规定计算机的硬件系统由运算器、存储器、（　　）部分组成。
　　A. 键盘　　　　B. 显示器　　　　C. 控制器　　　　D. 输入／输出设备

2. 计算机存储容量的基本单位是"字节"，一般用大写字母B表示，常用的单位还有KB，MB和GB，他们之间的换算关系正确的是（　　）
　　A. 1KB=1024B　　　　　　　　B. 1MB=1024×1024B
　　C. 1MB=1000×1000B　　　　　　D. 1GB=1000×1000KB

3. 输入设备是微型计算机必不可少的组成部分，常见的输入设备有（　　）。
　　A. 激光打印机　　B. 键盘　　　　C. 鼠标　　　　D. 显示器

4. 组成多媒体计算机一般具备的硬件有（　　）。
　　A. 声卡　　　　B. CD-ROM　　　C. 音箱　　　　D. 扫描仪

5. 微机总线有（　　）。
　　A. 地址总线　　B. 数据总线　　　C. 通信总线　　　D. 控制总线

6. 微型计算机的硬件组成包括（　　）。
　　A. CPU　　　　B. 存储器　　　　C. 输入设备　　　D. 输出设备

7. 关于几个名词的概念，下列叙述正确的是（　　）。
　　A. 指令通常由操作数和操作码组成
　　B. 通常使用"字节"表示计算机存储器的长度
　　C. 计算机"字"的长度等于两个字节
　　D. 完成某一任务的指令集合称为语言

8. 计算机的运行速度有以下（　　）因素决定。
　　A. CPU　　　　B. 显示器　　　　C. 键盘　　　　D. 内存

9. 下列四种设备中，属于计算机输出设备的是（　　）。
　　A. 打印机　　　B. 鼠标器　　　　C. 显示器　　　D. 键盘

10. 以下几个数中，相等的数有（　　）。
　　A. (A)16　　　　B. (10)10　　　　C. (14)8　　　　D. (1010)2

三、判断题

1. 一个存储器中存储单元的总和称为该存储器的存储容量。（　　）
2. 显示器是输出设备，鼠标是输入设备。（　　）
3. 计算机的字长即为一个字节的长度。（　　）
4. CPU的主要任务是取出指令，解释指令和执行指令。（　　）

5. 内存可以长期保存数据，硬盘在关机后数据就会丢失。　　　　　　　（　　　）

6. 第二代电子计算机的主要元件是晶体管。　　　　　　　　　　　　　（　　　）

7. 计算机软件一般包括系统软件和编辑软件。　　　　　　　　　　　　（　　　）

8. 衡量计算机存储容量的单位通常是字节。　　　　　　　　　　　　　（　　　）

9. 通常把控制器、运算器、存储器和输入输出设备合称为计算机系统。　（　　　）

10. 计算机机内数据可以采用二进制、八进制或十六进制形式表示。　　　（　　　）

11. 计算机掉电后，ROM 中的信息会丢失。　　　　　　　　　　　　　（　　　）

12. 操作系统的功能之一是提高计算机的运行速度。　　　　　　　　　　（　　　）

13. 一个完整的计算机系统通常是由硬件系统和软件系统两大部分组成的。（　　　）

14. 第三代计算机的逻辑部件采用的是小规模集成电路。　　　　　　　　（　　　）

15. 字节是计算机中常用的数据单位之一，它的英文名字是 byte。　　　 （　　　）

16. CPU 是由控制器和运算器组成的。　　　　　　　　　　　　　　　　（　　　）

17. 1GB 等于 1000MB，又等于 1000000KB。　　　　　　　　　　　　（　　　）

18. 键盘和显示器都是计算机的 I/O 设备，键盘是输入设备，显示器是输出设备。（　　　）

19. 中央处理器和主存储器构成计算机的主体，称为主机。　　　　　　　（　　　）

20. 运算器是进行算术和逻辑运算的部件，通常称它为 CPU。　　　　　 （　　　）

四、填空题

1. 世界上第一台数字式电子计算机诞生于（　　　）年，其英文名字缩写为（　　　）。

2. CPU 和内存和在一起合称为（　　　）。

3. 软盘，硬盘和光盘都属于（　　　）存储器。

4. 所谓"裸机"是指（　　　）。

5. CPU 与其他部件之间交换数据是通过（　　　）总线实现的。

6. 微处理器把（　　　）和（　　　）集成在一块很小的硅片上，是一个独立的部件。

7. 计算机硬件的 5 大基本部件包括（　　　）、（　　　）、（　　　）、（　　　）、（　　　）。

8. 微型计算机中最大最重要的一块集成电路板称为（　　　）。

9. 主要决定微机性能的部件是（　　　）。

10. 计算机的系统总线有三种，包括（　　　）、（　　　）、（　　　）。

11. 一组排列有序的计算机指令的集合称作（　　　）。

12. 用高级语言编写的程序称为（　　　）。

13. 八进制的 117 转换为二进制位为（　　　），转换为十六进制为（　　　）。

14. 计算（56A.D8）H=（　　　）B。

15. 根据功能的不同，可将内存储器分为（　　　）和（　　　）两种。

16. 根据工作方式的不同，可将存储器分为（　　　）和（　　　）两种。

17. 显示器是微机系统的（　　　）设备。

18. 鼠标是一种比传统键盘的光标移动更加方便、更加准确的（　　　）设备。

19. 计算机软件系统包括系统软件和应用软件。操作系统是一种（　　　）。

20. 已知英文字母符号 A 的 ASCII 码为 65，英文字母符号 F 的 ASCII 码为（　　　）;

21. 已知数字符号 9 的 ASCII 码为 57，数字符号 5 的 ASCII 码为（　　　）。

第2章
中文 Windows 7 操作系统基础

2.1　操作系统概述

计算机发展到现在，无论是微型计算机还是巨型计算机，无一例外都安装了一种或多种操作系统，操作系统已经成为现代计算机系统不可分割的重要组成部分。

2.1.1　操作系统的概念及目的

操作系统（Operating System，OS）是为了控制和管理计算机，缩短计算机响应时间，提高计算机利用率，改善人机界面，方便用户使用的系统软件。

操作系统由一系列具有控制和管理功能的子程序构成，它是这样一些序列模块的集合：它们能有效地组织和管理计算机系统中的硬件和软件资源，合理地组织计算机工作流程，控制程序的执行，并向用户提供各种服务功能，改善人机互动界面，使用户能够灵活、方便、有效地使用计算机，使整个计算机系统能高效地运行。因此，我们可以认为操作系统实际上是用户和计算机之间沟通的平台，如图 2.1 所示。

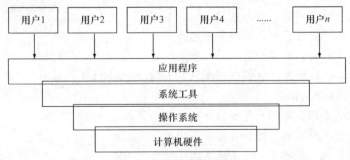

图 2.1　操作系统所处位置

操作系统掩盖了计算机硬件的实现细节，为系统工具和应用程序提供了约定，为用户建立各种各样的应用环境奠定了重要基础。

一般而言，引入操作系统有以下几个方面的目的。

（1）方便用户使用，操作系统从早期的文字接口到现在的图形接口，使得用户不需要了解太多关于计算机硬件和软件的细节就可以使用计算机。

（2）扩大计算机功能，操作系统通过改造和扩充硬件设施和提供新的服务来扩大计算机的功能。

（3）管理系统资源，操作系统通过各种方法组织和管理计算机系统中的各种软硬件资源，使之得到充分的利用。

（4）提高系统效率，操作系统可以合理规划计算机的工作流程，提高系统性能和效率。

（5）构筑开放环境，操作系统的设计和构造都是遵循有关国际标准的，因此支持体系结构的可扩展性，支持应用程序的可移植性。

2.1.2　操作系统的功能

操作系统的主要工作包括以下几个方面。

1．处理机管理

一般来说计算机的中央处理器只有一个，同一时间一个处理器只能够处理一个用户的一个任务。为了提高处理器的利用率，操作系统采用多道程序的设计技术，在多道程序的情况下，处理机管理就要解决处理器的调度、分配和回收等问题。

2．存储管理

存储管理的主要功能包括：1）存储分配。根据程序的需要分配给它存储器资源。2）存储共享。将内存储器中的资源实现共享，以提高内存储器的利用率。3）存储保护。使各个程序占有的存储空间不发生冲突，互不干扰。4）存储扩充。存储管理还可以从逻辑上扩充内存，把内存和外存混合起来使用，为用户提供比实际内存大得多的空间。

3．设备管理

设备管理的主要任务是管理计算机的各类外围设备，当用户要使用外围设备的时候，能够响应请求，以及为用户程序提供各种设备的驱动来驱动外围设备，当不需要外围设备的时候处理中断请求。

4．文件管理

文件管理是针对计算机中信息资源的管理。在计算机中，程序和数据通常都是以文件的形式保存在外存储器中的，良好的文件管理可以防止文件的混乱和破坏，实现文件的共享和保护，保证文件的安全性，为用户提供一系列使用文件的操作和命令。

5．作业管理

用户要求计算机完成的一个计算机任务称为作业。作业管理包括作业的输入和输出、作业的调度和作业的控制。

2.1.3　操作系统分类

最初的计算机并没有操作系统，人们通过各种操作按钮来控制计算机，后来出现了汇编语言，操作人员通过有孔纸带将程序输入到计算机里面进行编译，这种方式只有经过专门培养的人才能够进行操作，也不利于设备、数据的共享和计算机硬件资源的管理。随着计算机技术的迅速发展，计算机操作系统也逐步出现和发展起来。

根据其使用环境和对作业处理方式不同，操作系统可以分为以下几类。

1．批处理系统

如我们前面所说，在操作系统出现之前，上机完全是手工操作，通过有孔纸带将程序和数据送入计算机，手工操作很难适应计算机的高速度。因此，为了解决这个矛盾，20 世纪 50 年代末 60 年代初就出现了批处理系统。该系统采用批量化作业处理技术，根据一定的策略将要计算的一批题目按照一定的组合和顺序执行，从而提高系统运行效率。

2．分时操作系统

到了 20 世纪 60 年代中期，出现了分时技术，分时技术采用时间片轮转的方式，允许一台计算机与多个用户终端相连接，处理机按照固定地时间轮流地为每一个终端服务。由于计算机的运行速度很快，时间的轮转很快，因此给每个用户的感觉就好像是独占这台计算机一样。分时系统具有交互性，多用户性，独立性等特点。典型的分时系统有 Linux、Unix、VMS 等。

3. 实时操作系统

实时系统是随着计算机应用于实时控制和实时处理而发展起来的。实时系统的特点是时间性强、响应速度快和可靠性高的操作系统。实时系统必须保证对实时信息在很短的时间内作出准确的分析和处理，而且系统本身要具有较高的可靠性和安全性。实时系统往往具有一定的专用性，比如导弹发射系统、飞机自动导航系统。

4. 个人计算机操作系统

个人计算机上的操作系统是联机的交互式的单用户操作系统。由于是个人专用，因此在多用户和分时所要求的对处理机调度、存储保护等方面将会简单得多。然而，由于个人计算机的普及和多媒体技术的发展，个人计算机系统需要提供更加方便友好的用户操作界面，并要求计算机具有高速信号处理、大容量的内存和外存、大数据量的传输能力、能进行多任务处理。目前使用最广泛的多任务个人计算机操作系统是 Microsoft Windows 系列。

5. 网络操作系统

网络操作系统是用来管理连接在计算机网络上的计算机的操作系统。它具有这样一些特点：是一个互联的计算机系统的群体；网络上的计算机都有自己的操作系统，各自独立工作，在网络协议的控制下协同工作；系统的互联要通过通信设施来实现；系统通过通信设施实现信息交换和资源共享，并保证信息传输的准确性、安全性和保密性。

6. 分布式操作系统

分布式操作系统是在多处理机环境下，负责管理以协作方式同时工作的大量处理机、存储器、输入输出设备等一系列系统资源，以及负责执行进程与处理机之间的同步通信、调度等控制工作的软件系统。

2.2　微机操作系统演化过程

从 1946 年诞生第一台电子计算机以来，每一代计算机都以减少成本、缩小体积、降低功耗、增大容量和提升性能为目标。随着计算机硬件快速的发展，人们对计算机功能的要求也越来越多，这也就加速了操作系统的形成与发展。我们以微软公司推出的操作系统为例，来讲解操作系统的演化历史。

2.2.1　文字接口的操作系统

说到文字接口的操作系统，就不得不提 DOS。DOS 是 Disk Operation System（磁盘操作系统）的简称，是个人计算机上的一类操作系统。它是一个非图形界面。从 1980 年到 1995 年的 15 年间，DOS 在兼容机市场中占有举足轻重的地位。现在 DOS 一般是被 Windows 操作系统附带（在 Windows 操作系统的开始菜单运行栏中输入 cmd，然后按回车，就可以打开 Windows 操作系统附带的 DOS 界面）。

2.2.2　图形界面的操作系统

图形界面操作系统的诞生标志着操作系统的新时代的到来，20 世纪 80 年代以来，操作系统的界面设计经历了众多变迁，出现了许多优秀的操作系统，其中最著名、最具有代表性的莫过于 1985 年诞生的 Windows 系列操作系统了。截至 2013 年 4 月的一项统计报告显示，在全球个人计算机操作系统市场中，Windows 以 91.89%的市场占有率稳居第一，其他操作系统加起来不到 10%

的市场占有率。

第一个 Windows 操作系统是微软公司于 1985 年 11 月发布的一个单用户、多任务的图形界面操作系统。该系统可以在个人计算机上运行。在图形界面的环境下，该系统提供了一个基于下拉菜单、屏幕窗口和鼠标的界面。

Windows 操作系统的主要特点有以下几个方面。

图形化的用户界面：Windows 提供了一种不同于 DOS 系统的操作方式，在 Windows 系统中可以通过对窗口、图标、选项、对话框、命令按钮等图形符号和画面来实现对计算机的各种操作。

标准化的操作界面：Windows 中的所有操作都是通过窗口中的图形界面进行的。

多任务机制：与早期的 DOS 操作系统相比较起来而言，Windows 操作系统的多任务机制可以同时运行多道程序及执行多项任务。各个程序和任务之间切换方便，而且还可以方便的交换数据。

对于 Windows 操作系统来说，相信大家对 2000 年以后的版本会比较熟悉，在此之前微软公司也推出过很多版本，可能大家不是很熟悉，下面我们就从最早的 Windows 操作系统开始讲起。

1. Windows 系统的拓荒时代（Windows 1.0～3.X）

（1）Windows 1.0。微软公司在 1985 年推出了第一版的 Microsoft Windows 操作系统（Windows 1.0）。不同于 DOS 单调的色彩，Windows 1.0 支持 256 种颜色，并且窗口可以任意放大和缩小。

Windows 1.0 因为功能不足的原因，并没有获得用户的欢迎，但是它有两个特点还是影响深远：首先鼠标的作用得到特别重视，用户可以通过鼠标完成大部分操作。另外一个显著的特点就是允许用户同时执行多个程序，并且可以在各个程序之间切换。

（2）Windows 2.0。1987 年 12 月，微软推出了 Windows 2.0。在 Windows 2.0 的桌面上可以层叠显示多个窗口。Windows 2.0 在处理速度、可靠性和可用性上得到提升。但由于缺少软件开发者的支持，Windows 2.0 能够兼容的软件不多，所以销量也并不理想。

（3）Windows 3.X。1990 年 5 月，微软公司的第三代桌面操作系统 Windows 3.0 正式发布，由于在图形界面、人性化和内存管理等诸多方面的巨大改进，终于得到了广大用户的青睐，取得了巨大成功。微软公司也是凭借 Windows 3.0 在个人计算机市场占有了巨大份额。

1992 年 3 月，微软又发布了 Windows 3.1，在之前的基础上又增加了一些基本的多媒体功能，从这个版本开始的 Windows 操作系统就可以开始播放音频和视频了。

2. Windows 9X 系列——终结桌面操作系统大战

Windows 9X 这个大家族包含了 Windows 95、Windows 98、Windows 98 SE（Second Edition）、Windows ME 等。Windows 9X 系列操作系统是微软公司推出的第四代操作系统。

（1）Windows 95。由微软公司于 1995 年 8 月发布的 Windows 95 是一个混合的 16 位/32 位的操作系统，其内核版本号是 4.0。更多地强调桌面并加入了一系列新的图标，比如我们耳熟能详的 IE（Internet Explorer）、回收站、开始菜单按钮等都是在 Windows 95 中引进的，并一直沿用至今。Windows 95 以其更加强大、更加稳定、更加实用的 GUI（Graphical User Interface，图形用户界面）奠定了微软公司在 GUI 市场的统治地位，同时也结束了桌面操作系统之间的竞争。

（2）Windows 98。由微软公司于 1998 年 6 月发布的 Windows 98 也是一个混合的 16 位/32 位的操作系统，其内核版本号是 4.1。这个操作系统是在 Windows 95 的基础上编写的，在外观上和 Windows 95 差别不大，但是增加了一些新的功能，并改良了硬件标准的支持。而且由于硬件方面的改进，Windows 98 被认为是 Windows 9X 系列中最稳定的版本。

（3）Windows ME。2000 年 9 月发布的 Windows ME 是最后一个基于 DOS 的混合的 16 位/32 位的操作系统，其内核版本号是 4.9。Windows ME 的 ME 是 Millennium Edition（千禧版）的缩写。

Windows ME 是在 Windows 95 和 Windows 98 的基础上开发的，但是 Windows ME 却存在着诸多问题，无论是性能还是稳定性上，都不如 Windows 98。而且由于人们对即将推出的 Windows XP 的期待，也导致这款操作系统没有像 Windows 95 和 Windows 98 一样流行。

3. 早期的 Windows NT 3.1～4.X——强势进军服务器市场

说到 Windows NT（New Technology）可能很多人没有听说过。但是 Windows XP、Windows 7、Windows 8 相信大家一定不会感到陌生，这几款大家耳熟能详的操作系统的内核版本就是 Windows NT 系列的。Windows NT 是微软公司面向工作站、网络服务器和大型计算机的网络操作系统，当然也可以作为个人计算机的操作系统。它是基于 OS/2 编写的。

（1）Windows NT 3.1。1993 年 7 月微软发布了 Windows NT 产品线的第一代产品 Windows NT 3.1，主要用于服务器和商业桌面操作系统。可能有些人有疑问，为什么第一代的 Windows NT 的版本号是 3.1。这是为了呼应当时微软于 1992 年推出的最新版的 Windows 3.1，表明 Windows NT 有着与 Windows 3.1 非常类似的用户界面。

（2）Windows NT 4.0。1996 年 4 月发布的 Windows NT 4.0 是 NT 系列的一个里程碑，该系统面向工作站、网络服务器和大型计算机，它与通信服务紧密相联，提供了文件和打印服务，能运行客户机/服务器应用程序，内置了 Internet/Intranet 功能。

4. Windows NT 5.X——将 NT 成功带入家庭市场

Windows NT 5.X 系列指的是微软从 2000 年开始推出的内核版本号为 NT 5.X 的第五代桌面和服务器操作系统，包括大家比较熟悉的 Windows 2000、Windows XP 和 Windows Server 2003。

（1）Windows 2000。1999 年 12 月，微软推出了 Windows 2000，其内核版本号就是 Windows NT 5.0。从此以后，微软就开始推出基于 NT 核心的家庭及个人用户的操作系统。

Windows 2000 采用标准化的安全技术，稳定性高，不会像 Windows 9X 系列频繁地因为非法程序的提示而死机。而且图形用户界面比 Windows 9X 系列也精美了很多，桌面的图标和背景颜色也明亮鲜艳了很多。

（2）Windows XP。2001 年 8 月，微软推出了非常著名的 Windows XP，其内核版本号为 Windows NT 5.1。它的发行，标志着 Windows NT 真正进入了家庭客户的市场。Windows XP 的字母 XP 代表英文单词 experience（体验），中文全称是"视窗操作系统体验版"。

（a）早期 LOGO　　　（b）全新 LOGO

图 2.2

在外观上，Windows XP 采用了一个叫做 Luna 的全新界面，视窗标志改为了清晰亮丽的四色窗图案，如图 2.2（b）所示。登录界面、桌面和开始菜单按钮都经过了全新设计，如图 2.3 所示。当然，用户也可以将桌面和菜单按钮换成传统桌面。

从性能上来说，Windows XP 是在 Windows 2000 的基础上编写的，因此它的系统稳定性比较高，不容易出现死机和蓝屏的现象。内置的 Windows 防火墙、Internet Explorer 弹窗拦截程序和新的 Windows 安全中心等工具对操作系统的安全问题提供了更好的保护，增加了系统的安全性。

图 2.3　Windows XP 操作系统界面

（3）Windows Server 2003。这款操作系统是 2003 年 3 月发布的，其内核版本号是 NT 5.2。但是这款操作系统并非用于个人计算机，而是安装在服务器上的，是微软公司主要应用于服务器市场的。

5. Windows NT 6.X

Windows NT 6.X 系列指的是微软从 2006 年开始推出的内核版本号为 NT 6.X 的操作系统，包括 Windows Vista、Windows Server 2008、Windows 7、Windows 8 和 Windows Server 2012。

Windows Vista 是在 2006 年 11 月发布的，正式发行是在 2007 年 1 月。它距离上一个版本的操作系统 Windows XP 的发行已经超过了五年时间，这是 Windows 历史上间隔最久的一次发布。该操作系统的内核版本号是 NT 6.0，是 Windows 桌面操作系统家族的第六代产品。

Windows Vista 在发布之初，根据微软公司的表示，该系统包含了上百种新功能，并在安全性方面进行了大量改良，号称是最安全可靠的 Windows 操作系统，因此备受期待。但是在它发布之后，由于其对计算机的硬件要求比较高、不完善的优化和众多新功能的不适应引来了大量的批评，市场反应也比较冷淡，是一款备受期待与苛责、毁誉参半的操作系统。

Windows Server2008 和 Windows Server2012 主要用于服务器市场，这里我们就不多介绍了。Windows 7 和 Windows 8 我们会在接下来的章节里面具体来讲，这里也不再多说。

2.3　Windows 7 简介

Windows 7 操作系统是 Vista 的下一代操作系统，其内核版本号是 NT 6.1。Windows 7 的 7 这个名字其实与核心版本号无关，而是表示这款操作系统是微软公司推出的第七代操作系统。该操作系统于 2009 年发布，并于 2012 年 9 月，取代 Windows XP 操作系统，成为全球市场占有率最高的操作系统。

2.3.1　Windows 7 操作系统分类

Windows 7 操作系统根据其用途、功能和使用范围的不同，大致上可以分成 4 个版本。

（1）Windows 7 Home（家庭版）。Home 版又可以分为两类，家庭普通版（Home Basic）和家庭高级版（Home Premium），一般来说普通版只在新兴市场投放使用，价格也是所有版本里面最便宜的。高级版在普通版的基础上新增了 Aero Glass 高级界面，Aero 是 Authentic（真实）、Energetic（动感）、Reflective（具反射性）和 Open（开阔）四个单词的缩写，它提供了三维动画，透明和其他可视效果，比如窗口的透明毛玻璃效果，任务栏缩略图效果等，如图 2.4 所示。除此之外，还有高级窗口导航、改进的媒体格式支持、媒体中心和流媒体的增强、组建家庭网络组等。

图 2.4　Windows 7 操作系统界面

（2）Windows 7 Professional（专业版）。专业版支持加入管理网络、高级网络备份等数据保护功能、位置感知打印等功能。有着更高的速度，更强的稳定性，对软件和硬件有着出色的兼容性。此外，专业版还拥有十分强大的安全机制，可以更好地保护用户和系统免受恶意程序和病毒的威胁，并增强用户数据的保密性和信息传递的安全性、完整性。

（3）Windows 7 Ultimate（旗舰版）。旗舰版是 Windows 7 系列中功能最完善、最丰富的一款操作系统，它包含了家庭版和专业版的所有功能，当然硬件要求也是最高的，价格也是最贵的。

（4）Windows 7 Enterprise（企业版）。企业版是专门为企业设计的，一般不会用于个人计算机。必须要加购软件保障协议才能够被许可使用。企业版的 Windows 7 操作系统提供了一系列企业级增强功能。

2.3.2 Windows 7 操作系统特点

作为微软公司 Windows 系列的第七代产品，Windows 7 操作系统无论是在用户体验、易操作性还是安全性等各个方面都下足了功夫。总结起来，Windows 7 操作系统有以下一些特点。

① 针对笔记本电脑的特有设计。Windows 7 针对笔记本电脑特有的电池/外接电源的使用方式，包含了节省电源的功能，比如自动调整显示器的亮度，当笔记本电脑一段时间没有使用的话，显示器亮度就会自动降低，以达到省电的目的。微软公司曾说 Windows 7 将成为最绿色、最节能的操作系统。同时操作系统还会进一步增强移动工作能力，使得无论在何时、何地、任何设备都能够访问数据和应用程序。

② 基于应用服务的设计。在 Windows 7 的控制面板里面，加入了许多新的项目，比如文字调整工具、桌面小工具、位置和其他感应器、操作中心等新的功能。还改进了触控的方便性，语音识别和手写输入，支持虚拟硬盘，支持更多的文件格式。并且提高多核心中央处理器的性能、加快启动速度以及核心上的改进。

③ 用户的个性化。Windows 7 操作系统在用户体验上的改变也是非常巨大的。整个桌面系统采用了 Aero Glass 的界面，所有的窗口、对话框和任务栏都是呈现出半透明的毛玻璃的感觉。

④ 方便的任务栏。任务栏缩略图效果备受好评（当任务栏有多个相同的程序或窗口的时候，它们会整合成一块，并且当鼠标移动到图标上的时候，会显示每个程序或窗口的缩略图，如图 2.5 所示）。

图 2.5 任务栏缩略图效果

⑤ 支持长文件名。在 Windows 7 中，文件名长度可以小于等于 255 个字符，而且在文件名中可以使用一个或者多个空格，也可以使用句点"."分隔，还可以使用汉字。但是，下列字符不得出现在文件名中：? 、/、\、<、>、:、*、|、"。

⑥ 单用户多任务操作系统。单用户指的是 Windows 7 在同一时间只能有一个用户登录到系统里面，当要登录其他用户的时候，必须先注销第一个用户；多任务指的是每一个用户在 Windows 7 中都可以打开多个程序，比如，当用户使用 Word 编辑文档的时候，可以同时打开一个 Excel 来制作表格，还可以再打开"画图"程序来绘制图片，甚至用多媒体播放器播放音乐、视频。

⑦ 视听娱乐的优化。在数字娱乐方面，Windows 7 加入了许多实用的新功能，比如播放到（Play to）功能，该功能可以轻松地在家中其他联网的计算机、电视机或立体声设备上播放音乐和视频；开始支持触控技术，如果有触控屏，很多操作就可以通过触摸来实现；在 Windows 7 中还集成了 DirectX11 和 Internet Explorer 8，DirectX11 作为 3D 图形接口，可以给我们带来更强的视觉体验和渲染技术，IE8 浏览器也给我们上网带来了更加流畅的体验。

2.3.3 Windows 7 的运行环境

安装 Windows 7，计算机硬件的基本配置如下。

- CPU 频率 1GHz 以上（Windows 7 分为 32 位版和 64 位版，安装 64 位版必须要使用 64 位的处理器）；
- 内存 32 位系统 1GB 以上，64 位系统 2GB 以上；
- 硬盘空间 32 位系统 16G 以上，64 位系统 20G 以上；
- 显卡支持 WDDM1.0 或者更高版本 64MB 以上；
- DVD.R/RW 驱动器；

- 键盘和 Microsoft 兼容鼠标。

2.3.4　Windows 7 的安装

安装 Windows 7，大约需要半个小时至一个小时左右，这其中大概需要重启计算机 2～3 次，下面介绍全新安装 Windows 7 的基本步骤。

（1）打开计算机，按 Del 键进入 BIOS 设置，将启动顺序中的 CD-ROM 设置为第一启动项。

（2）将 Windows 7 安装光盘插入光驱中。

（3）保存 BIOS 设置，计算机重新启动，自动运行光盘中的安装程序，并检查计算机硬件配置是否满足 Windows 7 的需求，通过后进入 Windows 7 安装界面，如图 2.6 所示。

（4）选择现在安装。然后显示 Windows 7 许可协议，选择同意，单击下一步。

（5）选择安装类型，如图 2.7 所示。如果计算机上安装了比 Windows 7 更老的版本，可以使用升级安装，如果是全新安装则选择自定义。

（6）选择自定义安装后系统会显示计算机当前硬盘的分区信息，如图 2.8 所示。用户可以选择系统的安装分区（一般来说建议装在 C 盘里面），单击下一步。

图 2.6　Windows 7 安装界面

图 2.7　安装类型

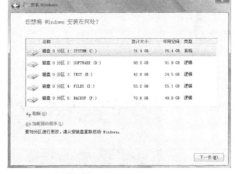

图 2.8　选择安装分区

（7）安装程序正式进入 Windows 7 自动安装过程。安装完成以后，计算机会自动重启。

（8）重启过后，系统会自动进入 Windows 7 设置界面，系统会要求用户设置区域和语言、用户名、密码、产品密钥、系统时间等。

（9）全部设置完成以后，再等待计算机根据用户的设置配置系统，就可以进入 Windows 7 默认界面，完成安装。

2.4　Windows 7 的基本操作与资源

2.4.1　Windows 7 的启动、注销和退出

1. Windows 7 的启动和退出

良好的开机习惯可以保护计算机，从而延长计算机的使用寿命。在接通电源以后，应该先打

开外围设备的开关（如显示器、打印机等），再打开主机箱的开关。因为主机箱在通电的情况下，在打开外围设备的瞬间，会对主机有一个电压的冲击，而主机里面的芯片都比较精密，容易对这些零件造成损害。

关闭计算机不能够直接切断电源，因为这样会导致计算机中的信息无法及时保留，造成数据的丢失和文件的损坏，甚至还有可能损伤计算机的硬件，所以在关闭计算机的时候，应该先关闭所有的应用程序，然后关闭 Windows 7 操作系统。最后关闭外围设备电源。

2. 注销 Windows 7

Windows 7 虽然是一个单用户操作系统，但是允许创建多个账户，每个用户都可以对系统进行自己的个性化设置，并且不同的用户之间互不干扰。

注销功能可以让用户在不重新启动计算机的情况下方便的切换用户，这种登录方式不但方便快捷，而且减少了重新启动计算机对硬件的损伤，可以延长计算机的使用寿命。

注销已经登录的用户的方法如下。

（1）单击"开始"按钮（桌面左下角的 Windows 徽标）。

（2）选择"开始"中的"关机"按钮旁的子菜单，如图 2.9 所示。

（3）单击"注销"按钮，系统会保存设置并关闭当前用户，返回到登录界面；单击"切换用户"按钮，系统不会关闭当前用户，直接返回登录界面。

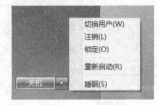

图 2.9　注销按钮

2.4.2　Windows 7 的桌面

桌面是用户进入 Windows 7 以后最先看到的界面之一。桌面上包含了操作系统中许多功能不同的程序图标，用户打开的很多窗口、执行的很多程序都是从桌面开始的。

1. 桌面介绍

Windows 7 的桌面由两个部分构成："桌面图标"区域和"任务栏"区域，如图 2.10 所示。

图 2.10　Windows 7 桌面

（1）"桌面图标"区域：主要放置 Windows 7 的各个基本图标，以及安装在 Windows 7 操作系统中的应用程序的快捷方式图标，用户可以通过双击这些图标打开相应的应用程序或文件。

（2）"任务栏"区域：默认情况下，任务栏区域是位于桌面的底部的蓝色窄带。一般来说任务栏可以分成 3 个部分，按照从左到右的顺序为"开始菜单"按钮、窗口切换区和通知区域，如图 2.11 所示。

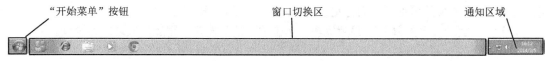

　　"开始菜单"按钮　　　　　　　　　窗口切换区　　　　　　　　　通知区域

图 2.11　"任务栏"区域

　　"开始菜单"按钮：通过"开始菜单"按钮，用户可以进行 Windows 7 所提供的所有操作。

　　窗口切换区：用户可以将一些常用的程序添加到上面去，让用户可以快速启动程序；还可以帮助用户在多个程序之间快速、方便地进行切换。

　　通知区域：以小图标的形式显示系统的一些驻留程序，如输入法、网络连接、音量控制等，还会显示系统时间和日期。

2. 桌面设置

　　Windows 7 的桌面在默认情况下，只有回收站一个图标，许多操作都要通过开始菜单来执行，但是这样一来，用户就会觉得非常不方便，所以用户可以设置桌面，让桌面个性化，使用起来更加方便。

　　（1）在桌面上显示常用的图标。

　　① 在 Windows 7 桌面空白地方单击鼠标右键，弹出快捷菜单。

　　② 选择"个性化"命令，打开"个性化"设置窗口，如图 2.12 所示。

　　③ 选择"更改桌面图标"命令，打开"桌面图标设置"对话框，如图 2.13 所示。

　　④ 在"桌面图标"栏中勾选"计算机"、"用户的文件"、"控制面板"、"网络"等常用图标的复选框，然后单击"确定"按钮。此时桌面上就显示了刚才勾选的图标。

　　（2）设置桌面背景。

　　① 在图 2.12 所示的"个性化"设置窗口选择"桌面背景"选项，进入"桌面背景"设置窗口，如图 2.14 所示。

　　② 在"桌面背景"窗口中可以选择系统默认的 Aero 主题图片或者纯色作为背景，也可以通过"浏览"按钮来选择计算机上的图片作为桌面背景，一旦选中一张图片或颜色，桌面背景就会立即变成选中的图片或颜色。

图 2.12　"个性化"设置窗口

图 2.13　"桌面图标设置"对话框

　　③ 在"桌面背景"窗口的下面还可以选择图片的排列方式，用户可以根据图片的大小来选择"拉伸"、"平铺"、"适应"、"填充"或"居中"效果。

　　④ 如果在选择图片的时候选中了多张图片，还可以像播放幻灯片那样自动更换背景，在"更改图片时间间隔"栏里可以选择自动更换背景的时间间隔，是否无序更换图片，如果是笔记本电

脑，还可以设置在使用电池时，暂停更换背景图片以节约用电。

⑤ 单击"保存修改"按钮，设置完毕；单击"取消"按钮，则还原成之前的设置。

（3）设置屏幕保护。

Windows 7 操作系统的屏幕保护通常有 3 个功能。

● 可以避免计算机在无人操作的情况下长时间、高亮度的状态下损害显示器，从而达到延长显示器使用寿命的目的。

● 可以对屏幕保护进行加密，防止其他人使用计算机。

● 可以在长时间无人操作的时候关闭显示器，达到节约用电的目的。

设置屏幕保护的方法如下。在图 2.12 所示的"个性化"窗口选择"屏幕保护"选项，打开"屏幕保护程序设置"对话框，如图 2.15 所示。在"屏幕保护程序"栏的下拉列表中选择需要的屏幕保护程序；在等待框中设置启动屏幕保护程序前 Windows 7 无人操作的空闲时间；对一些特定的屏幕保护程序，还可以通过"设置"按钮，设置屏幕保护程序的属性，如屏幕文字、速度、样式等。

图 2.14 "桌面背景"设置窗口

图 2.15 "屏幕保护程序设置"对话框

（4）设置窗口颜色。

在图 2.12 所示的"个性化"窗口选择"窗口颜色"选项，进入"窗口颜色和外观"窗口，如图 2.16 所示。在"窗口颜色和外观"窗口中可以选择一些系统定义的颜色，是否启动透明效果和调整颜色的浓度；或者单击"显示颜色混合器"下拉按钮，自己调整窗口的色调、亮度和饱和度。这些设置会同时对所有的窗口、对话框和任务栏生效，如果用户想对其进行单独设置的话，单击"高级外观设置"，在新打开的对话框中对窗口、对话框或任务栏的各种属性进行单独设置。

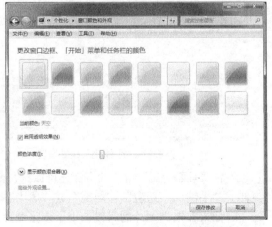

图 2.16 "窗口颜色和外观"窗口

（5）调整桌面分辨率。

在桌面空白的地方单击鼠标右键，在快捷菜单中选择"屏幕分辨率"，会打开一个"屏幕分辨率"窗口，如图 2.17 所示。在"屏幕分辨率"窗口中的显示器下拉菜单中可以选择显示器（前提是有多台显示器接入）；分辨率下拉菜单中可以选择喜欢的分辨率，调整分辨率可以增减屏幕上显示的行数和列数；方向下拉菜单可以调整桌面画面的方向；在高级设置里面可以对显示卡硬件进行设置。

（6）桌面小工具。

在快捷菜单中选择"小工具"，打开如图 2.18 所示的窗口，在该窗口中，用户可以通过双击或拖动图标的方式选择喜欢的小工具放到桌面上。

图 2.17　"屏幕分辨率"窗口

图 2.18　小工具库

3. "开始"菜单

在 Windows 7 操作系统中，用户可以通过"开始"菜单按钮，进行系统提供的所有操作，Windows 7 的"开始"菜单通常由 6 个部分组成，如图 2.19 所示。

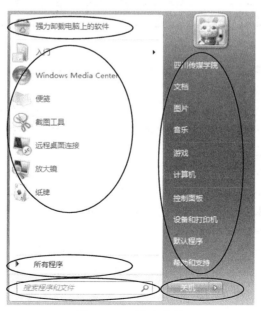

图 2.19　"开始"菜单

（1）"固定程序"列表：该列表中显示了"开始"菜单中的固定程序，可以帮助用户快速的打开某个程序。用户可以通过鼠标右键单击程序图标，然后选择"附到［开始］菜单"命令的方法，把程序添加到"固定程序"列表中。

（2）"常用程序"列表：该列表中罗列了用户经常使用到的程序或工具。此列表是随着时间动态分布的。默认情况下显示 10 个程序，如果超过 10 个，会按照时间的先后顺序依次交替。

（3）"所有程序"列表：在该列表中，用户可以找到系统中安装的所有软件程序。单击"所有程序"按钮，就可以打开所有程序列表，单击"返回"按钮，即可隐藏所有程序列表。

（4）"启动"菜单：在"启动"菜单中列出经常使用的 Windows 程序选项，常见的有"文档"、"计算机"、"控制面板"、"帮助和支持"等，单击不同的程序选项，就可以快速打开相应的程序。

（5）"搜索"框：主要用来搜索计算机上的各种资源，在"搜索"框中输入需要查询的资源名称，就会显示所有搜索的结果。

（6）"关闭选项"按钮区：默认的按钮是"关机"按钮，除了关机以外，还包括"切换用户"、"注销"、"锁定"、"重新启动"、"睡眠"和"休眠"等功能选项。

2.4.3　键盘和鼠标的使用

1．键盘的操作

键盘的主要功能是输入信息，通常将键盘分成 6 个部分，如图 2.20 所示。

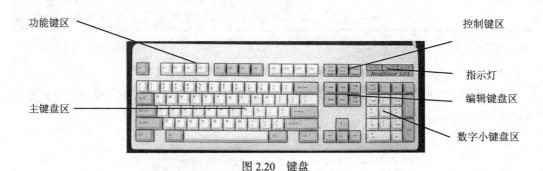

图 2.20　键盘

● 功能键区：该区域一般在键盘的最上面一排，包括 Esc、F1～F12 共 13 个键，各个功能键的功能根据软件的不同而各不相同。

● 主键盘区：该区域是使用最频繁的一个区，是键盘的主要操作区域，包括数字 0～9、大小写字符 a～z 和各种符号。其中 Enter 键代表回车，Space 键代表空格，Back Space 键代表退格，Caps Lock 键代表大写锁定。

● 控制键区：该区域一共有三个控制键，Print Screen、Scroll Lock 和 Pause Break，位置一般在功能键区右边，它们属于计算机自带的具有操作控制功能的键。其中 Print Screen 键的作用是屏幕截图，直接按 Print Screen 键会将整个桌面的画面都截下来，如果按 Alt+Print Screen 则将当前活动窗口截下来；Scroll Lock 和 Pause Break 这两个键在 DOS 上用得比较多，Scroll Lock 用于屏幕滚动锁定，Pause Break 用于中断退出程序，在 Windows 中几乎不会用到。

● 指示灯区：该区域由三个指示灯组成，其中 Num Lock 灯用来指示数字小键盘区是否锁定数字输入状态；Caps Lock 灯用来指示字母大小写状态；Scroll Lock 灯用来指示当前屏幕是否处于锁定滚动状态。

● 编辑键盘区：该区域主要用于文档编辑，共有 10 个键。各个键的功能如表 2.1 所示。

表 2.1　　　　　　　　　　　　　　　　编辑键区各键功能

键名	该键主要功能
Insert	插入/改写切换，默认情况下输入的字符会插入到光标所在位置，光标后的字符依次后移；按下 Insert 再输入字符，新输入的字符会代替光标后面的字符
Delete	删除光标右侧的字符
Home	将光标移动到行首
End	将光标移动到行尾
Page Up	向上翻页
Page Down	向下翻页
↑	光标上移一行
←	光标左移一列
↓	光标下移一行
→	光标右移一列

● 数字小键盘区：该区域包括 0～9 数字键，加（＋）、减（－）、乘（×）、除（÷）运算符，Enter 键，点（．）和 Num Lock 键。当 Num Lock 灯亮的时候，小键盘区可以输入数字，否则功能和编辑键区一样，可以通过 Num Lock 键来切换。

2.　鼠标的操作

鼠标的操作有 5 种基本方式。

● 指向：把指针移动到目标对象处，指向所选择的对象。

● 单击：快速按下鼠标左键并立即将其释放。

● 双击：连续快速按下鼠标左键两次，然后将其释放。

● 右击：快速按下鼠标右键并立即将其释放。

● 拖动：将鼠标移动到目标对象处，按住鼠标左键不放，并将鼠标移动到指定位置，然后才将其释放。

鼠标在屏幕上的图标称为指针，不同的操作会使指针呈现出不同的图标，表示不同的意义，常见的鼠标指针及其意义如表 2.2 所示。

表 2.2　　　　　　　　　　　　　　　常见鼠标指针及其意义

意义	指针图形	意义	指针图形	意义	指针图形	意义	指针图形
正常选择	↖	垂直调整	↕	精确选择	＋	移动	✥
帮助选择	↖?	水平调整	↔	文本选择	I	候选	↑
后台运行	↖⟳	沿对角线调整 1	⤡	手写	✎	链接选择	👆
忙	⟳	沿对角线调整 2	⤢	不可用	⊘		

2.4.4　窗口、菜单、对话框与任务栏

窗口、菜单、对话框和任务栏是操作系统中常见的对象，也是最基本的操作对象。

1.　窗口

窗口指的是显示在屏幕上的一个矩形区域。Windows 7 是一个多任务的操作系统，每运行一个程序，都会打开一个对应的窗口，当打开多个程序的时候，在桌面上就会出现多个窗口。无论窗口是处于最大化、最小化或原始大小，总有一个当前正在使用的程序，该程序所在的窗口称为"当前窗口"或"活动窗口"，其他窗口则称为后台程序。当前窗口的标题栏颜色比较深，在任务

栏上高亮显示，一般位于所有窗口的最上层。

（1）窗口的组成。一个典型的 Windows 7 窗口通常由如图 2.21 所示的几个部分构成。

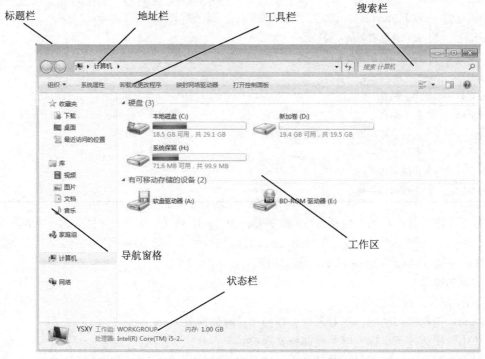

图 2.21　Windows 7 中"计算机"窗口

①　标题栏：窗口的最上面是标题栏，拖动标题栏可以改变窗口的位置，双击标题栏可以在窗口的最大化和还原之间进行切换。在标题栏的最右边，有 3 个标题按钮，从左到右依次是"最小化"、"最大化/还原"和"关闭"按钮。

②　地址栏：标题栏的下边就是地址栏，Windows 7 的地址栏做的像浏览器一样，有前进、后退和刷新按钮，地址栏显示的是当前窗口所在的位置，地址栏右边的黑色下拉箭头则列出了浏览的历史记录。

③　工具栏：工具栏的标准配置包括"组织"等诸多选项，其中"组织"项用来进行一些常用的设置与操作，其他选项则根据文件夹具体位置的不同而有所不同，这里就不多介绍了。在工具栏的最右边还可以改变窗口的图标排列形式和窗口预览模式。

④　搜索栏：搜索栏位于窗口的右上角，功能非常强大，用户可以在搜索栏中输入任何想要查找的搜索项。

⑤　导航窗格：导航窗格位于整个窗口的左侧，点击可以快速切换到其他位置，所有的目录列表都是以树状的方式存放的。

⑥　工作区：窗口中间的空白区域就是工作区，用于显示和处理工作对象的有关信息。

⑦　状态栏：位于窗口的最下边，用于显示当前窗口的信息或选中的对象的信息。

（2）窗口的基本操作。

①　打开窗口：双击某一文件或图标就可以打开相应的程序窗口。也可以在该文件或图标上点击鼠标右键买，在弹出的快捷菜单中选择"打开"命令。

②　移动窗口：将鼠标移动到窗口的标题栏上，按住鼠标左键移动鼠标即可。

③　改变窗口大小：将鼠标移动到窗口的边框上，当鼠标指针变成双向箭头的时候，按住鼠标

左键移动鼠标即可。

④ 窗口的最小化、最大化/还原和关闭：单击标题栏右侧的"最小化"、"最大化/还原"或"关闭"按钮，就可以分别实现窗口的最小化、最大化/还原或关闭。双击标题栏也可以实现窗口的最大化/还原。

⑤ 窗口切换：当用户打开多个窗口的时候，可以用以下任意一种方法来实现窗口切换。

● 单击任务栏上相应的按钮。

● 如果窗口没有被完全遮住，可以直接单击要使用的窗口。

● 按住 Alt 键，然后反复按 Tab 键，此时屏幕会弹出一个窗口，依次在各个窗口间进行切换，当找到所需要的窗口时，释放 Alt 和 Tab 键。（WIN 键+Tab 键可以开启 Windows 7 的 3D 切换功能在各个窗口之间进行切换）

● Alt+Esc 键可以在所有未被最小化的窗口间进行切换。

⑥ 窗口重排：如果需要对打开的多个窗口进行重新排列，可以在任务栏空白的地方单击鼠标右键，将弹出如图 2.22 所示的快捷菜单，从中选择排列方式即可。需要特别注意的是，窗口重排只对没有被最小化的窗口有效。

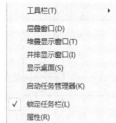

图 2.22　重排窗口菜单

● 层叠窗口：将窗口按先后顺序依次排列在桌面上。最上面的窗口为活动窗口。

● 堆叠显示窗口：从上到下不重叠的显示窗口。

● 并排显示窗口：从左到右不重叠的显示窗口。

● 显示桌面：将所有打开的窗口都最小化到任务栏上，当所有窗口最小化后，这个命令会变成"显示打开的窗口"，再次执行这个命令，会将最小化的窗口还原。

2. 菜单

菜单是各种应用程序命令的集合。每个窗口的菜单栏上都有许多菜单项，选择一个菜单项即可打开一个下拉菜单，供用户选择所需操作的命令。在 Windows 7 中，菜单栏默认是不显示的，显示菜单栏可以在工具栏勾选上"组织"→"布局"→"菜单栏"。

（1）菜单标志。这里就介绍几种比较常见的标志，如图 2.23 所示。

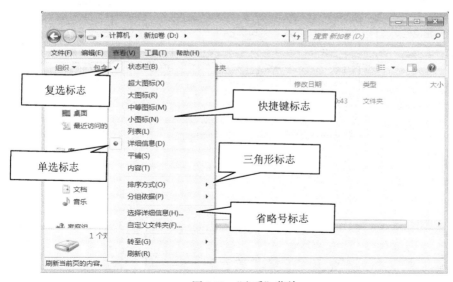

图 2.23　"查看"菜单

● 选中标志：选中标志分为单选标志和复选标志两种。当命令前带有正确号√或实心原点●，表示该命令当前正在起作用。其中√为复选，第一次点击是选中，第二次点击是关闭。●为单选，在同一组菜单中只能选择一个。

● 快捷键标志：在菜单栏命令项后的括号（）中的字母称为热键，在菜单打开的情况下，可以直接按对应的字母来执行相应的命令。

● 三角形标志：表示该命令项还有子菜单。

● 省略号标志：表示执行该命令项将打开一个对话框。

● 灰色标志：当命令项的字符呈灰色，表示该命令当前不可用。

（2）菜单操作。菜单的操作主要是菜单的打开、选择或关闭。

① 打开菜单（3 种常用方法）。

● 鼠标单击要打开的菜单。

● 按 Alt 键或 F10 键后，用方向键选择所需菜单，然后按回车键。

● 按住 Alt 键不放，再按菜单后面（）中对应的字母。

② 选择菜单（四种常用方法）。

● 鼠标单击要选择的命令。

● 按菜单命令后面对应的组合键。

● 按菜单命令后面（）中对应的字母。

● 使用方向键移动菜单中的高亮条到需要的命令上，然后按回车。

③ 关闭菜单。

● 单击菜单外的任何地方。

● 再按一次 Alt 键或 F10 键。

● 按 Esc 键。

3. 对话框

当执行菜单项后面带有省略号"…"的命令后，会弹出来一个新的对话框，对话框主要用来进行人与系统之间的信息交流。Windows 7 的每一个对话框都是针对当时的工作任务而定义的。下面就用"页面设置"对话框来作为参考，如图 2.24 所示，简单介绍一下对话框的结构。

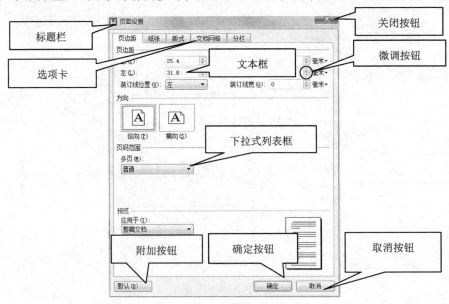

图 2.24 "页面设置"对话框

对话框通常包含标题栏、选项卡、关闭按钮、附加按钮、文本框、列表框、确认和取消按钮等。对话框中的选项如果呈黑色，表示该选项可用；如果呈灰色，表示该选项当前不可用。对话框和窗口之间的主要区别在于，从标题栏可以看出，对话框只有关闭按钮，没有最小化按钮和最大化/还原按钮，因此对话框不能改变大小，只能够移动位置。

- 标题栏：在对话框的标题栏中，左端显示的是对话框的名称，右端是对话框的"关闭"按钮。
- 选项卡：当对话框中包含多种类型的选项时，系统会把这些内容分类放在不同选项卡中，选择不同的选项卡可以改变该对话框输出项的选项。
- 文本框：文本框是一个可以让用户输入信息的方框。移动光标到文本框，就可以输入信息，输入完成以后按回车键确认。
- 列表框：列表框和文本框类似，但是用户不能直接在列表框中输入信息，它将所有的信息以列表或者下拉列表的形式显示在列表框中供用户选择。

- 微调按钮：由上下相反的两个实心箭头组成，单击方向朝上的实心箭头则数字增加，反之则数字减小。
- 附加按钮：指的是后面带省略号"…"的按钮，单击该类按钮会打开一个新的对话框。

4. 任务栏

在 Windows 7 平台上，有时用户并不满意默认的任务栏外观，这个时候就可以通过设置任务栏来满足用户要求。具体步骤如下。

（1）在任务栏的空白区域单击鼠标右键，在弹出的快捷菜单中选择"属性"，打开"任务栏和［开始］菜单"对话框，如图 2.25 所示。

图 2.25　"任务栏和［开始］菜单属性"对话框

其中各选项作用如下。

- 锁定任务栏：选中此复选框表示将任务栏锁定在当前位置。
- 自动隐藏任务栏：选中此复选框任务栏会自动隐藏。如果要显示任务栏，可以把鼠标指针移动到任务栏所在区域即可。
- 使用小图标：选中此复选框任务栏上的所有图标都会以小图标的形式显示。
- "屏幕上的任务栏位置"下拉列表：可以选择将任务栏放在桌面的任意一个边上。
- "任务栏按钮"下拉列表：可以选择任务栏上正在运行的程序的显示和排列方式。
- "自定义"附加按钮：单击此按钮，会弹出"通知区域图标"窗口，在该窗口下，用户可以设置通知区域图标的显示、隐藏和通知。

（2）根据实际需要选择相应选项。

（3）设置完成以后，用户可以直接单击"确定"按钮让本次设置在当前生效，下次开机的时候，所有设置会被还原；也可以先单击"应用"按钮，再单击"确定"按钮，则本次设置一直有效，直到下次修改为止；如果单击"取消"按钮，则本次设置无效，还原回上次设置的状态。

2.4.5　移动、复制和删除对象

Windows 7 允许用户通过多种方式对计算机上的文件和数据进行移动、复制和删除操作。复制和移动操作最大的区别在于，复制操作原来的文件还在，而移动操作是把原文件移动到其他地方。这里我们一般把这些操作分为两大类：通过系统剪贴板或者通过鼠标拖放来实现。

1. 剪贴板

剪贴板是用于程序间共享和交换信息的场所，是内存里的一块区域。使用剪贴板，可以把窗口中的某部分文字、图形或文件等对象放入到另一个窗口中，起到对象的移动或复制功能。剪贴板上的内容可以被多次反复使用，前提是没有人为的删除替换，或退出相应的程序，或关闭、注销操作系统。

通常使用剪贴板的步骤如下：

（1）选取对象（如文件夹、文件、文本、图形等）；

（2）点击鼠标右键，在快捷菜单中选择"剪切"或"复制"到剪贴板上；

（3）选择好放置的位置，在快捷菜单中选择"粘贴"。

除了使用鼠标点击快捷菜单上的"剪切"、"复制"或"粘贴"命令以外，还有 3 个组合键非常有用，熟练掌握可以有效加快操作速度。

Ctrl+C 键：复制，将选择的内容复制下来，放到剪贴板上。

Ctrl+X 键：剪切，将选择的内容剪切下来，放到剪贴板上。

Ctrl+V 键：粘贴，将剪贴板上的内容粘贴到当前位置。

2. 拖放式

（1）复制对象，其步骤如下。

① 打开源、目的两个窗口。

② 在源窗口中选择要复制的对象，按住鼠标左键。

③ 按住 Ctrl 键，将选择的对象拖到目的窗口。

④ 释放鼠标按键。

（2）移动对象，其步骤如下：

① 打开源、目的两个窗口；

② 在源窗口中选择要移动的对象，按住鼠标左键；

③ 将选择的对象拖到目的窗口；

④ 释放鼠标按键。

（3）删除对象。

删除对象是将对象从原来的窗口中删除掉，3 种常用的删除方法如下。

① 可以在快捷菜单中点击删除命令来删除对象；

② 可以通过快捷键 Delete 来删除对象；

③ 可以用鼠标拖动的方式来删除对象，用户只需要将需要删除的对象选中，然后将对象拖动到"回收站"中就可以达到删除的目的了。

2.4.6 回收站

当用户从计算机的硬盘上删除对象的时候，实际上并没有真正删除，只是把这些对象移动到了"回收站"。一般来说，习惯将能够在"回收站"中找到删除对象的操作称为逻辑删除，而把不能在"回收站"中找到删除对象的操作称为物理删除。

"回收站"是硬盘上的一个特殊的文件夹区域，专门用来存放被逻辑删除的对象，默认大小是硬盘的"10%"。其实它的大小和操作设置也是可以由用户来设置的，方法是：鼠标右键"回收站"图标，在快捷菜单中选择"属性"，打开"回收站属性"对话框，如图 2.26 所示。用户可以在该对话框的文本框中自定义"回收站"的大小、删除文件时是否放入"回收站"中、删除文件时是否显示提示框。

1. 查看"回收站"

双击桌面上的"回收站"图标，打开"回收站"窗口，如图 2.27 所示。该窗口中列出了放在"回收站"中的对象和回收站任务等。

2. 还原删除对象

"回收站"为用户保存了被逻辑删除的对象，这些在"回收站"中的对象是可以被还原的。要还原被删除的对象，可以在"回收站"中选中这些对象，单击鼠标右键，在快捷菜单中选择"还原"命令，或者按工具栏上的"还原选定的项目"按钮。

3. 清空"回收站"

清空"回收站"，其实就是永久删除回收站中的所有对象。

图 2.26 "回收站属性"对话框

方法是在"回收站"窗口中单击"清空回收站"按钮。如果只是想删除一部分"回收站"中的对象而不是所有，可以选中要删除的对象，然后单击鼠标右键，在快捷菜单中选择"删除"命令即可。

图 2.27 "回收站"窗口

2.4.7 汉字输入

Windows 7 提供了多种中文输入法，对于需要使用到中文的用户，了解并掌握一些中文输入法可以提高效率。

1. 打开和关闭输入法

Windows 7 操作系统的默认输入法是英文的，用户可以单击"任务栏"右端语言栏上的键盘图标，弹出当前系统已经安装的输入法菜单，如图 2.28 所示，单击需要的输入法。

除了用上面的方法切换输入法以外，用户还可以使用 Ctrl+空格键在当前中文输入法和英文输入法之间切换，也可以用 Ctrl+Shift 键在系统安装好的所有输入法之间进行切换。

图 2.28 "输入法"菜单

2. 添加和删除输入法

在 Windows 7 操作系统中，允许用户根据自己的喜好添加和删除输入法。

（1）添加输入法的步骤。

① 鼠标右键点击语言栏上的图标，在快捷菜单中选择"设置"命令，打开"文字服务和输入语言"对话框，如图 2.29 所示。

② 单击"添加"按钮，打开"添加输入语言"对话框，如图 2.30 所示。在该对话框中选择需要的输入法。

③ 单击"添加输入语言"对话框的"确定"按钮，返回"文字服务和输入语言"对话框，再单击"确定"按钮，输入法添加成功。

需要特别注意的是，这种方法添加的输入法只能是系统自带的输入法，如果要安装其他的输入法，需要下载并运行相应的软件安装程序。

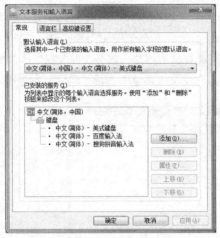

图 2.29 "文本服务和输入语言"对话框

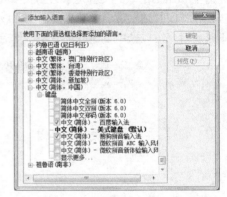

图 2.30 "添加输入语言"对话框

（2）删除输入法。

① 鼠标右键单击语言栏上的图标，在快捷菜单中选择"设置"命令，打开"文字服务和输入语言"对话框。

② 在"文字服务和输入语言"对话框中选择要删除的输入法。

③ 单击"删除"按钮，再单击"确定"按钮，输入法删除成功。

3. 设置输入法

在"文字服务和输入语言"对话框中，用户除了可以添加和删除输入法外，还可以设置其他功能。

（1）设置默认输入法。Windows 7 操作系统默认的输入法是英文输入法，用户可以将默认输入法更改成自己喜欢的输入法，这样在系统启动后默认的输入法就是用户自己喜欢的输入法，就不必每次都进行切换。具体的实现步骤如下。

① 鼠标右键点击语言栏上的图标，在快捷菜单中选择"设置"命令，打开"文字服务和输入语言"对话框。

② 在"默认输入语言"框的下拉列表中选择要设置为默认语言的输入法。

③ 单击"应用"和"确定"按钮，设置成功。

（2）设置语言栏。在"文字服务和输入语言"对话框中单击"语言栏"选项卡，打开如图 2.31 所示的界面，该界面的各选项功能如下。

● "语言栏"单选框：用户可以选择将语言栏显示在"任务栏"还是"桌面"上，或者隐藏语言栏。

● "非活动时，以透明状态显示语言栏"复选框：表示当"语言栏"不活动时仍然可见，但它几乎是透明的，将鼠标指针移动到"语言栏"上时，可以使其返回平时状态。

● "在任务栏中显示其他语言栏图标"复选框：表示当最小化"语言栏"时，将每个文字服务类型的图标显示在任务栏上。

● "在语言栏上显示文字标签"复选框：表示是否要显示"语言栏"上各个按钮的标签，通过文字标签可以更加容易地识别各个按钮的功能。

（3）输入法切换和设置热键。通过热键来切换输入法是最方便、快捷的，也是大家应该掌握的，在 Windows 7 操作系统中，默认的热键定义如下。

Ctrl+Shift 键：在添加的所有输入法之间顺序切换。

Ctrl+空格键：在当前中文输入法和英文输入法之间切换。

Shift+空格键：在全角和半角之间切换。

Ctrl+.键：在中英文标点符号之间切换。

根据需要，用户也可以为任意一个热键或者输入法重新定义热键。步骤如下。

① 在"文字服务和输入语言"对话框中单击"高级键设置"选项卡，进入如图 2.32 所示的界面。

图 2.31　"语言栏"对话框

图 2.32　"高级键设置"对话框

② 在该界面的"输入语言的热键"栏中选择要修改热键的操作项。

③ 单击"更改按键顺序"按钮，打开如图 2.33 所示的"更改按键顺序"对话框。

④ 在该对话框的下拉列表中选择自己喜欢的按键顺序。

⑤ 按打开时相反的顺序单击各个对话框的"确定"按钮，设置完成。

图 2.33　"更改按键顺序"对话框

2.5　Windows 7 的文件与文件夹

在 Windows 7 操作系统中，各种文档程序称为文件，而用来存放文件的地方称为文件夹。

需要特别注意的是，在"计算机"的左窗口中只显示文件夹而不显示文件，当用户点击左窗口的文件夹时，会在右窗口显示该文件夹下的具体内容。

2.5.1　文件与文件夹的基本操作

1．文件与文件夹的打开

文件与文件夹的打开是最基本也是最重要的操作之一，通常有以下几种方法。

● 双击要打开的文件。

● 先选择要打开的文件，然后按回车键（Enter 键）。

● 右键单击要打开的文件，在快捷菜单中选择"打开"命令。

2．创建文件或文件夹

文件和文件夹的创建方式是一样的，主要有两种创建方式。

（1）通过快捷菜单创建。在要创建文件或文件夹的地方，在空白处单击鼠标右键，会弹出快捷菜单，将鼠标指针移动到"新建"命令，会弹出一个子菜单，用户可以根据需要选择子菜单中的命令，如图 2.34 所示。

（2）通过菜单栏创建。如果是在窗口中创建文件或文件夹，可以直接单击工具栏上的"新建文件夹"按钮，还可以在该窗口中单击菜单栏的"文件"菜单，从"文件"菜单中选择"新建"命令，在子菜单中选择需要的命令即可，如图 2.35 所示。

图 2.34　用快捷方式创建文件或文件夹

图 2.35　用菜单创建文件或文件夹

3．复制、移动文件或文件夹

对文件或文件夹的复制、移动可以使用剪贴板的复制/剪切、粘贴命令来实现，也可以用鼠标拖放的方式来操作。

（1）使用剪贴板。

① 选择要复制或移动的文件。

② 在快捷菜单中选择"复制"或"剪切"命令，将对象放入剪贴板中。

③ 在目标地址的快捷菜单中选择"粘贴"命令，完成复制或移动操作。

（2）使用鼠标拖放。

① 选择要复制或移动的文件。

② 如果源地址和目标地址在同一个驱动器中（比如都在 C 盘），则按住鼠标左键拖动是移动，按住 Ctrl 键再拖动是复制；如果源地址和目标地址不在同一个驱动器中（比如从 C 盘往 D 盘中移动或复制），则按住鼠标左键拖动是复制，按住 Shift 键再拖动是移动。

4. 删除、恢复文件或文件夹

（1）删除文件或文件夹。计算机中的存储介质是有限的，为了节省空间，用户有的时候需要将操作系统中多余的文件或文件夹删除。删除文件或文件夹有如下几种方法：

- 选择要删除的对象，按 Delete 键。
- 选择要删除的对象，在快捷菜单中选择"删除"命令。
- 选择要删除的对象，在菜单栏的"文件"菜单中选择"删除"命令。
- 直接把要删除的对象用鼠标拖动到"回收站"中。

（2）恢复文件或文件夹。如果删除的对象可以在回收站中找到，则用户可以通过还原的方法，将对象还原成原本的状态。

5. 文件或文件夹的更名

有的时候，为了方便我们记忆或识别某个程序、文件或文件夹，我们需要对它的默认名称进行更改，更改文件或文件夹名称的方法有如下几种。

- 选择要更改名称的对象，直接用鼠标单击它的名称，在名称框中输入新的名字后按回车键。
- 选择要更改名称的对象，在菜单栏中选择"文件"菜单中的 "重命名"命令。
- 鼠标右键单击要更改名称的对象图标，在弹出的快捷菜单中选择"重命名"命令。

6. 修改文件或文件夹的属性

当鼠标右键单击一个对象，在弹出的快捷菜单中选择"属性"命令以后，会弹出该对象的属性对话框，如图 2.36 所示。对于不同的对象，其对应的属性对话框也不完全相同。但是所有对象的属性对话框中都有相同的属性，包括只读、隐藏、高级。

- 只读：表示此类文件只能读取，不能修改和删除。
- 隐藏：默认情况下，该对象是隐藏的，不会显示在文件夹中。
- 高级：点击"高级"按钮，会打开一个新的对话框，在该对话框中可以设置一些其他的文件属性。

图 2.36　文件属性对话框

7. 搜索文件或文件夹

Windows 7 搜索的方式有如下两种。

（1）"开始"菜单。单击桌面任务栏"开始"按钮，在"开始"菜单的"搜索程序和文件"文本框中输入搜索信息。

（2）窗口搜索栏。打开 Windows 7 的任何一个窗口，在窗口"地址栏"的右侧都有一个"搜索栏"，在"搜索栏"的文本框中输入相关信息，系统就会搜索该窗口下的所有符合条件的内容。

为了使搜索更加精确，在"搜索栏"中还提供了"搜索筛选器"，当单击"搜索栏"时，会出现一个下拉列表，在该列表中会显示最近的搜索信息，在列表的最下面就是"搜索筛选器"，用户可以选择搜索对象的大小和修改日期等，如图 2.37 所示。

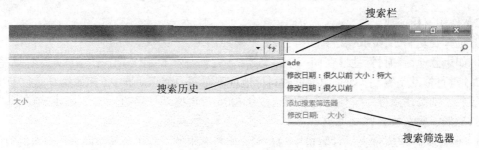

图 2.37　窗口搜索栏

当输入关键字后，有时会出现大量搜索结果。因此，掌握一些搜索的技巧可以在搜索时更有效率。在用户查找文件时，可以用通配符来代替一个或多个真正字符，当不知道完整的文件名时，常常会用通配符来代替。通配符主要有两个问号（？）和星号（*）。

- "？"代表一个未知字符。
- "*"代表任意多个未知字符（可以是 0 个、1 个或多个）。

8．文件或文件夹的压缩

（1）压缩文件或文件夹。在 Windows 7 中，压缩文件或文件夹的操作非常简单，用户只需要先选中需要压缩的对象，然后单击鼠标右键，在弹出的快捷菜单中选择"添加到压缩文件"或"添加到［文件名.rar］"中的一种压缩方式即可，其中"添加到压缩文件"命令会打开一个如图 2.38 所示的对话框，在这里面可以设置压缩路径和压缩文件名，设置完成后点击"确定"，等待文件压缩完成后就会生成一个新的压缩文件图标；而"添加到［文件名.rar］"命令会直接在当前目录下直接生成压缩文件。

（2）解压缩文件或文件夹。文件或文件夹的解压缩也很简单，有以下两种方式。

- 只需要双击压缩文件，在弹出的窗口中选择"解压到"命令，打开如图 2.39 所示的对话框，选择解压缩路径，单击"确定"后就开始解压缩了。

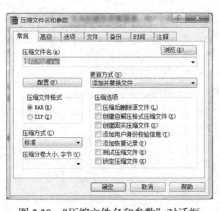

图 2.38　"压缩文件名和参数"对话框

图 2.39　"解压路径和选项"对话框

- 鼠标右键单击压缩文件，选择"解压到当前文件夹"命令则直接在当前目录下直接生成文件。

2.5.2　创建快捷方式图标

快捷方式是 Windows 提供的一种快速启动程序、打开文件或文件夹的方式。快捷方式图标和真正的程序图标、文件或文件夹图标很相似，但是快捷方式图标的左下角有一个非常小的箭头。创建快捷方式的方法有两种。

1. 用快捷菜单

选中要创建快捷方式的对象，点击鼠标右键或者点击菜单栏的"文件"菜单，在弹出的快捷菜单中选择"创建快捷方式"命令，如图 2.40 所示，则会在当前窗口中生成一个文件名为"该对象文件名.快捷方式"的快捷方式图标。如果是在桌面创建快捷方式，还可以在快捷菜单中选择"发送到"菜单中的"桌面快捷方式"命令。

2. 用"创建快捷方式"向导

要用向导来创建快捷方式，步骤如下：

（1）打开要创建快捷方式图标的窗口。

（2）在该窗口的空白位置单击鼠标右键，或单击菜单栏的"文件"菜单。

（3）在快捷菜单中选择"新建"子菜单中的"快捷方式"命令。

（4）在弹出的"创建快捷方式"对话框的文本框中输入对象的绝对路径；或者单击"浏览"按钮，选择路径，如图 2.41 所示。

（5）单击"下一步"按钮，在接下来的对话框的文本框中输入快捷方式的名称。

（6）单击"完成"按钮，则在指定位置创建好了一个新的快捷方式图标。

需要注意的是，快捷方式和程序既有区别又有联系，它其实是目标程序的一个链接，当我们删除快捷方式图标的时候，只是把该程序的一个链接给删掉了，还可以在安装目录下找到该程序来启动；但是如果我们把程序本身删除或移动位置了，则快捷方式就会无效。

图 2.40　用快捷菜单创建　　　　　　　图 2.41　"创建快捷方式"向导

2.6　Windows 7 附件程序

为了方便用户利用计算机进行一些日常的事务处理，Windows 7 操作系统包含了大量的附件应用程序，这些应用程序涉及的范围非常广，包括文字处理、图像处理、系统工具、辅助工具和游戏等。

2.6.1　画图

画图是一种位图（bitmap）图像处理程序，可以用来创建、编辑照片和图画。用画图程序生成的图片的文件类型的扩展名为 png（Windows XP 版本为 bmp）。该程序小巧、简单，是一款入门级的图像处理程序，但是一般的画图功能均具备，学习好了该程序的使用，对以后学习其他专业的图形图像处理程序大有帮助。

1. "画图"程序窗口

单击"开始"→"所有程序"→"附件"→"画图"命令，就可以启动画图程序了，画图程序窗口如图 2.42 所示。

图 2.42　画图程序窗口

（1）"画图"按钮。在"画图"按钮的下拉列表中，是一些对画图的基本操作，包括"新建"、"打开"、"保存"、"退出"等。

（2）快速访问工具栏。在快速访问工具栏中，主要有以下 3 个按钮。

- "保存"按钮：保存当前活动文档。
- "撤销"按钮：对上一次的操作进行取消。
- "恢复"按钮：如果进行了"撤销"操作的话，对上一次"撤销"操作进行取消。

在"恢复"按钮后面还有一个下拉按钮，可以在快速访问工具栏上添加或者取消一些功能按钮，比如"新建"、"打开"按钮等。

（3）功能区。功能区中包含了许多功能按钮，这些功能按钮可以添加到快速访问工具栏中，方法是鼠标右键点击要添加到快速访问工具栏的功能按钮，在弹出的菜单中选择"添加到快速访问工具栏"。

功能区又分成两个大的部分，"主页"和"查看"。

① "主页"里是编辑文档的工具，分为五个部分，"剪贴板"、"图像"、"工具"、"形状"和"颜色"。

- "剪贴板"：包含了剪切、复制和粘贴三个命令，剪切和复制命令可以对图像的某一部分进行复制或移动。粘贴命令可以选择插入到画图程序的图形图像文件。
- "图像"：包含"选择"、"裁剪"、"重新调整大小"和"旋转"四个按钮，主要是针对图像整体变换的操作命令。
- "工具"：包含了若干工具按钮，显示画图程序提供的所有图形处理工具，每种工具对应特定的图形处理。
- "形状"：包含了若干形状按钮，主要是对针对绘制图形的。还包括了绘制图形或线条的粗细。

● "颜色"：该区域用于选择常用的颜色，用户也可以自定义颜色，然后放到颜色盒里，方便绘画时选取。

② "查看"里是页面设置的工具，分为"缩放"、"显示或隐藏"和"显示"三个部分。

● "缩放"：包含"放大"、"缩小"和"100%"（就是还原），也可以通过画图窗口右下角的缩放滑轮来调节。

● "显示或隐藏"：在这里面可以选择显示或隐藏标尺、网格线和状态栏。

● "显示"：全屏显示或缩略图显示。

（4）画布。画图程序处理图形的区域。

2．画图基本操作

（1）设置画布。在画图窗口中设置画布的尺寸、度量单位，方法如下：单击"画图"按钮，在快捷菜单中选择"属性"命令，弹出"映像属性"对话框，如图 2.43 所示。在该对话框中就可以设置画布的尺寸和度量单位。

当然，如果只是设置画布尺寸的话，最简单的办法是通过画布下边、右边中间和交界处的 3 个小点来调节。

（2）使用颜色。在绘图时可以使用颜色功能区来选择颜色。在该区域的左边有"颜色一"和"颜色二"两个颜色，中间三行方格中显示当前可以选择的颜色种类，如果不满意还可以通过右边的"编辑颜色"按钮，打开如图 2.44 所示的"编辑颜色"对话框来选择喜欢的颜色。

单击"颜色一"或"颜色二"，然后再单击中间三行的任意一个方格中的颜色，就可以将"颜色一"或"颜色二"设置成该颜色。在绘制线条时，用按住鼠标左键绘制出来的就是"颜色一"的颜色，按住鼠标右键就是"颜色二"的颜色；如果是绘制封闭图形，则"颜色一"是边框颜色，"颜色二"是填充颜色。

图 2.43　"映像属性"对话框

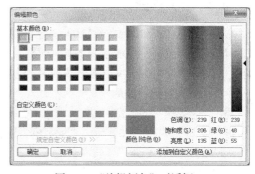

图 2.44　"编辑颜色"对话框

（3）使用工具。在工具功能区域从上到下，从左到右，一次是"铅笔"、"橡皮擦"、"用颜色填充"、"颜色选取器"、"文本"、"放大镜"和"刷子"。

● "铅笔"：可以绘制任意形状的线条。单击此按钮，从颜色功能区中选取合适的颜色，在形状功能区中选择线条的粗细，将鼠标指针移动到画布上，按住鼠标左键或右键，拖动鼠标即可画线。按住 Shift 键拖动鼠标，可以画水平线、垂直线或 45° 斜线。

● "橡皮擦"：是擦除小块区域的工具。单击此按钮，在形状中选择合适的尺寸，将鼠标移动到画布上，按住鼠标左键并拖动鼠标，鼠标指针经过的地方就会被擦除，擦除后的区域显示的是"颜色二"。

● "用颜色填充"：用当前颜色填充某块封闭区域。单击此按钮，选择好颜色，将鼠标指针移动到画布上要填充的区域或对象。

● "颜色选取器"：在位图上选取颜色。单击此按钮，将鼠标指针移动到画布上需要选取颜色的对象上，单击鼠标左键是选取"颜色一"，单击鼠标右键是选取"颜色二"。选取完颜色以后，会自动转为之前的工具。

● "文本"：在位图中输入文字。单击此按钮，将鼠标指针移动到画布上，按住鼠标左键沿对角线拖动鼠标，将创建一个文本框并在功能区上会多出一个"文本"选项卡，如图 2.45 所示。在文本框中可以输入文字，"文本"选项卡中可以设置文本的字体、字号和字形，背景的透明和不透明，以及文本的颜色。

图 2.45 "文本"功能区

● "放大镜"：放大显示单击的区域。单击此按钮，鼠标指针会变成一个矩形框，将矩形框移动到画布上需要放大的区域，单击鼠标左键，就可以将矩形框内的区域放大显示，如果单击鼠标右键，则是缩小。

● "刷子"：按选定的类型和大小进行涂抹。在刷子按钮下面有一个下拉箭头，单击这个箭头可以在下拉菜单中选择刷子的类型，然后就可以像"铅笔"一样进行涂抹了。

（4）绘制形状。在形状功能区中有许多常见的形状，如果要绘制图形可以在其中选择需要的形状按钮，然后在"轮廓"和"填充"按钮中设置边框和背景的样式，在颜色功能区选择颜色。按住鼠标左键或右键拖动就可以绘制出图形了。

2.6.2 写字板

"写字板"是 Windows 7 附带的一个文字处理程序，它可以处理文本文件，还可以插入图片、图像和数字影音数据，虽然不具备像 Word 那样详尽的高级功能，但却有简单、易用、占用内存少的优点。写字板生成的文件默认文件类型扩展名为 rtf。

1. "写字板"窗口布局

打开"写字板"的方法：单击"开始"→"所有程序"→"附件"→"写字板"命令，打开"写字板"窗口，如图 2.46 所示。"写字板"同样的采用了全新的功能区界面。

（1）"写字板"按钮：与前面讲的"画图"程序的按钮功能类似。

（2）快速访问工具栏：与前面讲的"画图"程序的按钮功能类似。

（3）功能区

功能区又分成两个大的部分，"主页"和"查看"："主页"里是编辑文档的工具；"查看"里是页面设置的工具。

（4）标尺：标尺用来直观的设置文档宽度。

（5）文档编辑区：文档编辑区是输入、处理文档的区域。

2. "写字板"的基本操作

（1）创建新文档。单击"写字板"按钮，在下拉菜单中选择"新建"命令。

（2）打开文档。单击"写字板"按钮，在下拉菜单中选择"打开"命令。会弹出一个"打开"对话框，选择计算机上的文档，点击"打开"。

图 2.46　"写字板"窗口

（3）保存文档。保存文档有两种方法。

● 单击"写字板"按钮，在下拉菜单中选择"保存"或"另存为"命令。

● 单击快速访问工具栏上的"保存"按钮。

2.6.3　记事本

记事本是 Windows 7 的另外一款可以用来创建和编辑文本文件的应用软件。打开记事本的方法是：单击"开始"→"所有程序"→"附件"→"记事本"命令。打开如图 2.47 所示的记事本窗口。

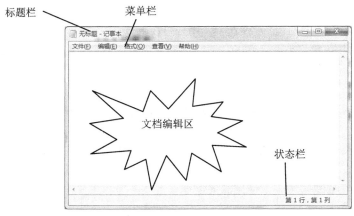

图 2.47　"记事本"窗口

记事本与写字板不同的是，它只能用来编辑纯文本的文件，并且只能改变整篇文字的字体格式，不能对个别文字的格式进行改变，但是记事本的使用要更加简单，在写字板中的一些基本编辑操作方法在记事本中同样适用。

记事本的窗口由 4 个部分组成。

（1）标题栏。在记事本窗口的最上面是标题栏，标题栏中显示的是当前正在编辑的文本文档的名字，如果是新建的文本文档，则默认是无标题。

（2）菜单栏。记事本采用的仍然是 Windows 早期的经典窗口模型，并没有将功能按钮全部罗列出来，而是全部以命令的形式隐藏在菜单中。要执行某个命令的时候，需要先打开对应的菜单，才能进行选择。

（3）文档编辑区。文档编辑区是输入、处理文档的区域。

（4）状态栏。记事本的状态栏主要显示的是当前光标所在的行数和列数。

虽然记事本功能不如写字板丰富，但是由于记事本短小精悍，而且可以与其他任何字处理软件兼容，所以记事本也是很常用的应用软件之一。记事本生成的文件的默认文件类型扩展名为 txt。

2.6.4 计算器

使用"计算器"可以完成通常的数值运算，如加、减、乘、除等运算。同时它还具有科学计算机的功能，如阶乘、三角函数运算等。

单击"开始"→"所有程序"→"附件"→"计算器"命令，打开"计算器"窗口，"计算器"默认情况下是"标准型"的，如图 2.48 所示。除了"标准型"之外，还有"科学型"、"程序员"和"统计信息"三种模式。用户可以单击"查看"菜单，在"查看"菜单中对这四种模式进行切换。

（1）"标准型"模式。执行简单的算术运算，如加、减、乘、除，开方等运算。用户可以在计算器窗口中单击数字和运算符来进行计算；也可以直接通过键盘输入数字和运算符来进行计算，通过键盘输入的时候，Enter 键相当于"="。

（2）"科学型"模式。科学型的计算器，不但兼具了标准型所有功能，还可以进行角度、弧度和梯度的换算，还有大量的函数按钮，可以进行诸如三角函数、幂函数、指数等运算。

（3）"程序员"模式。程序员型的计算器，可以用来将二进制、八进制、十进制或十六进制数进行互相转换，还可以直接进行二进制、八进制、十进制或十六进制数的加、减、乘、除等简单的算术运算或逻辑运算。

（4）"统计信息"模式。在统计信息模式下，用户可以输入一串数，然后统计它们的和、平均值等。

图 2.48 "标准型"窗口

2.6.5 录音机

"录音机"程序是 Windows 7 提供的一款录音的软件，用户可以通过外置麦克风，将声音录制到计算机中。

"录音机"的打开方式：单击"开始"→"所有程序"→"附件"→"录音机"命令，就会打开如图 2.49 所示的窗口。

"录音机"这款软件界面非常简单，使用起来也很容易，录制声音的步骤如下。

（1）单击"开始录制"按钮。

（2）通过外置的麦克风进行声音的录制。

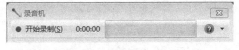

图 2.49 "录音机"窗口

（3）单击"停止录制"按钮（当单击"开始录制"按钮以后，该按钮会变成"停止录制"按钮）。

（4）选择声音文件的保存位置（当单击"停止录制"按钮以后，会自动弹出"另存为"对话框），单击"保存"按钮。

"录音机"保存的声音文件默认的文件类型扩展名为 wma。

2.6.6　截图工具

Windows 7 的附件程序中提供了一个专门用来截图的工具。打开"截图工具"的方法：单击"开始"→"所有程序"→"附件"→"截图工具"命令，就会打开如图 2.50 所示的窗口。

图 2.50　"截图工具"窗口

"截图工具"这款软件的操作也很简单，方法如下。

（1）单击"新建"按钮后面的下拉按钮。

（2）在下拉菜单中选择需要的截图方式（一共有四种截图方式："任意格式截图"、"矩形截图"、"窗口截图"和"全屏幕截图"）。

（3）选择要截图的区域，选择完成以后，窗口会变成如图 2.51 所示的样子。如果选择的是"任意格式截图"或"矩形截图"，则按住鼠标左键拖动；如果选择的是"窗口截图"，则只需单击需要截图的窗口即可；如果选择的是"全屏幕截图"，则直接截取整个屏幕。

（4）单击"保存截图"按钮，选择保存的位置。

截图之后，还可以通过窗口工具栏上的工具对图像进行涂鸦，保存的文件的默认文件类型扩展名为 png。

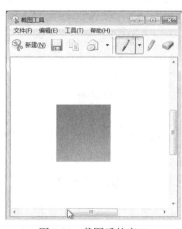

图 2.51　截图后的窗口

2.6.7　其他辅助工具

1．放大镜

放大镜可以用于放大屏幕的各个部分，可以帮助视力不好的用户或查看难以看清楚的对象。用户可以通过单击"开始"→"所有程序"→"附件"→"轻松访问"→"放大镜"命令来打开如图 2.52 所示的窗口。

图 2.52　"放大镜"窗口

"放大镜"程序的使用非常方便，界面上一共有五个按钮。

（1）"缩小"按钮：单击该按钮，将缩小"放大镜"的显示比例，最小为 100%，即原始大小。

（2）"放大"按钮：单击该按钮，将放大"放大镜"的显示比例，最大为 1600%，即原始大小的 16 倍，在"放大"按钮的右边显示的数字，就是当前的放大比例。

（3）"视图"按钮：单击该按钮，会打开一个下拉菜单，可以选择放大模式，"放大镜"程序提供了 3 种放大模式：

● 全屏模式：在全屏模式下，用户的整个屏幕会被放大。然后用户可以使放大镜跟随鼠标指针。当用户处于全屏模式时，还可以选择"视图"菜单下的"全屏幕预览"来快速预览整个桌面。

● 镜头模式：在镜头模式下，鼠标指针周围的区域会被放大。移动鼠标指针时，放大的屏幕区域随之移动。

● 停靠模式：在停靠模式下，仅在桌面的最顶端出现一块矩形区域来放大屏幕的一部分，桌面的其余部分处于正常状态。然后用户可以控制放大哪个屏幕区域。

（4）"选项"按钮：可以设置"放大镜"的缩放比例，颜色反转和跟踪模式等。

（5）"帮助"按钮：单击此按钮，会打开"Windows 帮助和支持"窗口。

2. 讲述人

"讲述人"是 Windows 7 自带的一个基本屏幕读取器，使用计算机时，它可以朗读屏幕上的文本并描述发生的某些事件。让用户可以在不看显示器的情况下使用电脑。

用户可以通过单击"开始"→"所有程序"→"附件"→"轻松访问"→"讲述人"命令，就可以打开如图 2.53 所示的"讲述人"窗口。

在该窗口中，用户可以在"主要〔讲述人〕设置"复选框中对该程序进行一些基本设置设置，选中"回显用户的按键"复选框可以让"讲述人"程序朗读出用户的按键。"语音设置"按钮可以设置"讲述人"的提示音语言类型、速度、音调和音量。

图 2.53 "讲述人"窗口

当用户将鼠标指向某个窗口、按钮或者命令时，如果"讲述人"能识别的话，它就会自动朗读关于这些对象的基本信息。

"讲述人"程序只是一个简单的屏幕读取器，并不能读取所有程序中的内容，而且也并非适用于所有语言。

3. 屏幕键盘

屏幕键盘主要是面向临时取代物理键盘作为数据输入或控制使用，屏幕键盘显示一个带有所有标准键的可视化键盘。可以使用鼠标选择键，也可以使用单个键或一组键在屏幕上的键之间循环切换。

用户可以通过单击"开始"→"所有程序"→"附件"→"轻松访问"→"屏幕键盘"命令，就可以打开如图 2.54 所示的"屏幕键盘"窗口。

图 2.54 "屏幕键盘"窗口

常用的输入就不多说了，非常简单，需要注意的是 Alt、Ctrl、Shift 等功能键，单击就会锁定，必须再单击才会失效，锁定的功能键呈白底黑字。还有一点需要注意的是"开始菜单"按钮要单击两次才能打开。

屏幕键盘也支持小键盘，要打开小键盘需要通过单击上述窗口中的"选项"按钮，在"选项"对话框（见图 2.55）中勾上"打开数字小键盘"复选框。还可以在该对话框中设置屏幕键盘的使用方式和文本预测，其中"文本预测"功能当用户在屏幕键盘上键入时会显示可能键入的字词列表，但是只对英文输入法有效。

在键盘的数字键上面，还有 F1～F12 这十二个键，但是在"屏幕键盘"上却没有这些按键，如何来使用这些功能键呢？当用户需要在"屏幕键盘"上用到这些功能键的时候，只需要单击"屏幕键盘"上的"Fn"键，然后"屏幕键盘"上的"1～="就会对应的变成"F1～F12"了。

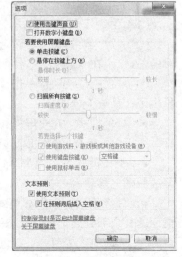

图 2.55 "选项"对话框

2.7　磁　盘　管　理

2.7.1　基本磁盘的管理

数据存储是操作系统的重要功能之一，网络管理员的工作之一就是保证用户和应用程序有足够的磁盘空间保存和使用数据，并且保证数据的安全性和可用性。利用磁盘管理工具，可以完成磁盘分区和卷的管理、磁盘配额管理和磁盘的日常维护工作。

磁盘管理是使用计算机的一项日常任务，Windows 提供了两种对磁盘的管理方式——基本磁盘和动态磁盘。同时提供了专门的"磁盘管理工具"，位于"计算机管理"控制台中。其中包括了基本磁盘和动态磁盘的管理、磁盘碎片整理程序、可移动存储等。管理员可以使用这些磁盘管理工具来对本地磁盘进行各种操作。

基本磁盘

基本磁盘是 Windows7 默认的硬盘管理方式，用磁盘分区来分割硬盘。

硬盘在存储数据之前，必须被分成一个或多个区域，这叫做磁盘分区。分区（Partition）是在硬盘的自由空间（还没有被分区的空间）上创建的，是将一块物理硬盘划分成多个能够被格式化和单独使用的逻辑单元。硬盘分区的目的主要有三个：一是使硬盘初始化，以便可以格式化和存储数据；二是便于管理，可以有针对性地对数据进行分类存储，也可以更好地利用磁盘空间；三是还可以用来分隔不同的操作系统，以保证多个操作系统在同一硬盘上正常运行。

基本磁盘中的分区又分为主分区（基本分区）和扩展分区两种类型。扩展分区又可以被划分为若干个逻辑驱动器。主分区和扩展分区上的逻辑驱动器通常又被称为基本卷，在"我的电脑"中用盘符来标识不同的卷。卷的盘符表示，受到 26 个英文字母的限制，盘符只能是 26 个英文字母中的一个。由于 A、B 已经被软驱占用，实际上磁盘可用的盘符是从 C～Z 的 24 个字母，如图 2.56 所示。

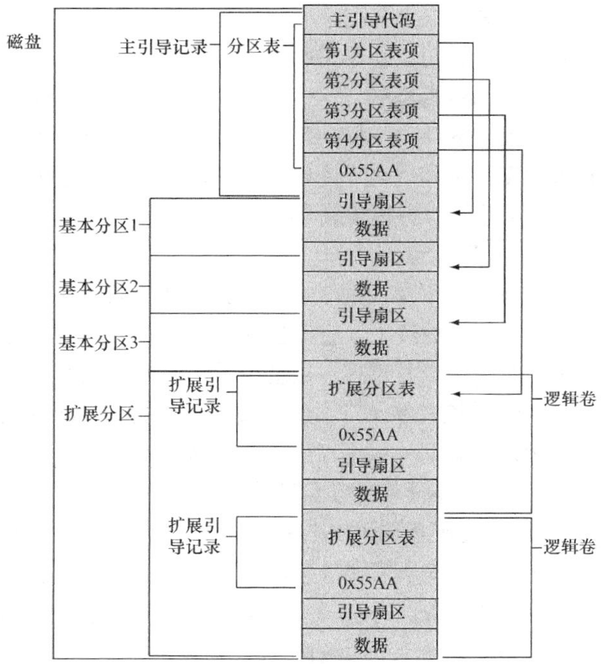

基本磁盘规定一块硬盘最多有 4 个分区，可以是 4 个主分区或 3 个主分区加一个扩展分区。也就是说一块硬盘至少要有一个主分区；最多只能有一个扩展分区。Windows 操作系统一般建议安装在主分区上。

图 2.56　分区示意图

2.7.2　日常管理

1.　正在读写硬盘时不要关掉电源

硬盘在读写时，其盘片处于高速旋转状态中，若此时强行关掉电源，将导致磁头与盘片猛烈磨擦，从而损坏硬盘。所以，在关机时，一定要注意面板上的硬盘指示灯，确保硬盘完成读写之后再关机。

保持使用环境的清洁卫生，工作环境中灰尘过多的话，灰尘就会被吸附到硬盘印制电路板的表面及主轴电机的内部。硬盘在较潮湿的环境中工作，会使绝缘电阻下降。这两个现象轻则引起电脑工作不稳定，重则使某些电子器件损坏，或某些对灰尘敏感的传感器不能正常工作。此外，用户也不能自行拆开硬盘盖，否则空气中的灰尘进入盘内，磁头读/写操作时划伤盘片或磁头的可能性将大大增加，所以硬盘出现故障时决不允许在普通条件下拆开盘体外壳螺钉。

2. 防止震动

硬盘是十分精密的设备，工作时磁头在盘片表面的浮动高度只有几微米。不工作时，磁头与盘片是接触的。硬盘在进行读写操作时，一旦发生较大的震动，就可能造成磁头与数据区相撞击，导致盘片数据区损坏或划盘，甚至丢失硬盘内的文件信息。因此在工作时或关机后，硬盘主轴电机尚未停机之前，严禁大幅度移动笔记本电脑，以免硬盘的磁头与盘片产生撞击，擦伤盘片表面的磁层。

3. 防止环境潮湿及磁场的影响

在潮湿的季节使用笔记本电脑时，要注意使环境干燥或经常给系统加电，靠其自身发出的热量将机内水汽蒸发掉。另外，尽可能不要使硬盘靠近强磁场，如音箱、喇叭、电机、电台等，以免硬盘里所记录的数据因磁化而受到破坏。

4. 防止电脑病毒对硬盘的破坏

电脑病毒对硬盘中存储的数据是一个很大的威胁，所以应利用版本较新的抗病毒软件对硬盘进行定期的病毒检测，发现病毒，应立即采取办法清除。尽量避免对硬盘进行格式化，因为硬盘格式化会丢失全部数据并减少硬盘的使用寿命。当从外来软盘拷贝信息到硬盘时，先要对软盘进行病毒检查，防止硬盘由此染上病毒，

5. 合理的分区

硬盘分区的大小似乎与维护磁盘的关系不是很大，但分区的合理与否，其实是与日后的维护、升级操作系统和优化等密切相关的，绝对不可忽视。一开始设置好适当的分区大小，会免去很多不必要的麻烦，并能方便日后的管理。

6. 整理磁盘碎片

如果用户不是大量写入和删除文件的话，一般只有 C 盘因为浏览器会产生磁盘碎片（系统默认路径，如果更改了，应该整理缓冲临时文件所在的分区），因此整理好 C 盘足可。其余的分区，一个月甚至两个月整理一次就行了。因为系统的速度是取决于装操作系统的分区的，只要 C 盘的 Windows 系统文件保持了连续整齐，其他分区的数据结构对系统速度和稳定性影响很小。当然，如果用户在其他分区也存放了要经常编辑或删改的文件，也应该经常整理这些分区。

7. 尽量不要使用硬盘压缩技术

以前，在硬盘空间较小时，我们总是想方设法地节省硬盘空间，常见的方法是通过 Doublespace、Drvspace 命令来压缩硬盘空间，但当压缩卷文件逐渐增大时，这种方法就有一个很明显的缺点，那就是硬盘读写数据的速度大大减慢了。随着硬盘技术的飞速发展，磁盘的容量也是节节攀高，所以现在很难出现硬盘空间经常不够用的情况了，我们也没有必要再使用硬盘压缩技术。

8. 备份硬盘分区表

备份硬盘分区表和检查备份的完好性对于保护硬盘上的数据也是相当重要的，因为 Windows 操作系统坏了可以重装，而如果硬盘分区表坏了，系统就会认不出硬盘，问题也就严重多了。我们可以利用 Ghost 等工具将整个 Windows 系统分区备份成一个文件，并将其单独存放，在因硬盘分区表出现问题而导致硬盘错误时，将其重新写入 C 盘即可。

新安装的 Windows 系统在经过 2、3 个月的使用后，无论如何进行优化，想保持原来的速度

几乎是不可能的事，而如果备份了整个 Windows 系统分区的话，定期将其写入 C 盘就可以了。总之，备份一个分区和整体 Windows 状态比单独地备份几个注册表的核心文件能解决的问题多，操作也相对简单。

图 2.57　计算机-管理

2.7.3　分区管理

分区管理功能可以解决分区不合理的出现，步骤如下。

步骤一：右键单击"计算机"，选中"管理"，如图 2.57 所示。

步骤二：在计算机管理界面选中磁盘管理。

图 2.58　"计算机管理"窗口

步骤三：选中要拆分的卷，右键单击压缩卷。

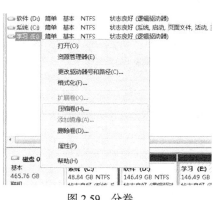

图 2.59　分卷

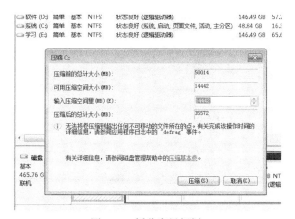

图 2.60　拆分容量规划

步骤四：填写要拆分出的容量。

步骤五：在拆分出未分配的空间右键新建简单卷。

步骤六：填写新建卷的容量。

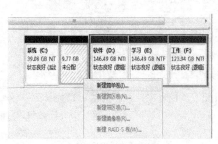

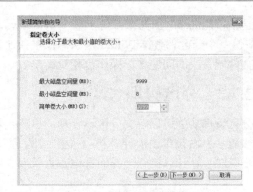

图 2.61　新建简单卷　　　　　　　　　　图 2.62　规划新建卷容量

步骤七：如图 2-63 所示，出现新的 G 盘。

步骤八：删除新加的 G 盘，右键选删除卷，将其容量变成空闲的区域。

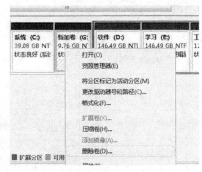

图 2.63　新分卷　　　　　　　　　　　　图 2.64　删除卷

步骤九：选择任意一个磁盘，右键选择扩展卷，如图 2.65 所示。

步骤十：填写要扩展的容量，按下一步即可将空闲的空间扩展到目标卷，如图 2.66 所示。

图 2.65　扩建卷　　　　　　　　　　　　图 2.66　目标卷

2.8　控　制　面　板

控制面板是 Windows 系统中重要的设置工具之一，方便用户查看和设置系统状态。

单击 Windows 7 桌面左下角的圆形开始按钮,从开始菜单中选择"控制面板",如图 2.67 所示。

Windows 7 系统的控制面板缺省以"类别"的形式来显示功能菜单,如图 2.68 所示,分为系统和安全、用户账户和家庭安全、网络和 Internet、外观和个性化、硬件和声音、时钟语言和区域、程序、轻松访问等类别,每个类别下会显示该类的具体功能选项。

图 2.67 从开始按钮打开 Windows 7 控制面板　　　　图 2.68　Windows 7 控制面板"类别"查看方式

除了"类别",Windows 7 控制面板还提供了"大图标"和"小图标"的查看方式,只需单击控制面板右上角"查看方式"旁边的小箭头,从中选择自己喜欢的形式就可以了,如图 2.69 所示。

控制面板中提供了好用的搜索功能,只要在控制面板右上角的搜索框中输入关键词,回车后即可看到控制面板功能中相应的搜索结果,如图 2.70 所示,这些功能按照类别做了分类显示,一目了然,极大地方便用户快速查看功能选项。

(a) Windows 7 控制面板"大图标"查看方式

(b) Windows 7 控制面板"小图标"查看方式

图 2.69 控制面板查看方式

图 2.70 键盘

2.9 系 统 管 理

1. Windows 7 系统启动速度设置

Windows 7 默认是使用一个处理器来启动系统的,增加用于启动的内核数量可以减少开机时间。只需修改一点点系统设置。首先，打开开始菜单，在搜索程序框中输入"msconfig"命令，打开系统配置窗口后找到"引导"选项（英文系统是 Boot）。单击"高级选项"此时就可以看到我们将要修改的设置项了（见图 2.71）。

勾选"处理器数"和"最大内存"，都选择最大的数值，如图 2.72 所示。

图 2.71 "引导"窗口

图 2.72 "引导高级选项"窗口

同时调大内存，确定后重启电脑生效，此时再看看系统启动时间是不是加快了。

2. 删除系统中多余的字体

Windows 系统中多种默认的字体也将占用不少系统资源，删除掉多余没用的字体，只留下自己常用的，这对减少系统负载提高性能也是会有帮助的。

打开 Windows 7 的控制面板，单击右上角的查看方式，选择类别"大图标"或"小图标"都可以，这样你就可以顺利找到字体文件夹了，如图 2.73 所示。

进入该文件夹中把那些自己从来不用的字体统统删除，删除的字体越多，得到的空闲系统资源越多。

3. 关闭系统声音

在控制面板中找到"声音"选项打开，然后在声音控制标签中去掉 Windows 7 系统默认勾选的"播放 Windows 启动声音"项即可。关闭系统提示音并不影响电脑播放多媒体文件的声音，如图 7-74 所示。

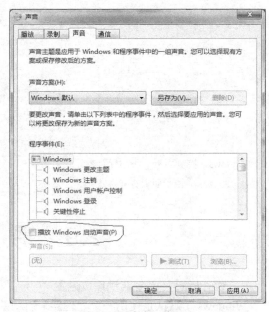

图 2.73 "控制面板"窗口字体按钮　　　　　　图 2.74 "声音"窗口

4. 优化系统启动项

用户在使用中不断安装各种应用程序，而其中的一些程序就会默认加入到系统启动项中，但这对于用户来说也许并非必要，反而造成开机缓慢，如一些播放器程序、聊天工具等都可以在系统启动完成后自己需要使用时随时打开，让这些程序随系统一同启动占用时间不说，你还不一定就会马上使用。

清理系统启动项可以借助一些系统优化工具来实现，但不用其他工具我们也可以做到，在开始菜单的搜索栏中键入"msconfig"打开系统配置窗口可以看到"启动"选项，可以将一些无用的启动项目禁用，从而加快 Windows 7 启动速度，如图 2.75 所示。

图 2.75 "启动选项"窗口

2.10 网络的功能

首先来看看有线网络的连接，所有的操作其实非常简单与熟悉，与过去在 Windows XP 中的操作大同小异，变化的仅仅是一些界面的改动或者操作的快捷化。进入控制面板后，依次选择"网络和 Internet-网络和共享中心"，如图 2.76 所示。在这个界面中，我们可以通过形象化的映射图了解到自己的网络状况，当然更重要的是在这里可以进行各种网络相关的设置。

Windows 7 的安装会自动将网络协议等配置妥当，基本不需要我们手工介入，因此一般情况下我们只要把网线插对接口即可，至多就是多一个拨号验证身份的步骤。那么在 Windows 7 中如何建立拨号呢？

同样是在"网络和共享中心"界面上，单击"更改您的网络设置"中的"新建连接向导"，然后在"设置连接或网络"界面中单击"连接到 Internet"，如图 2.77 所示。

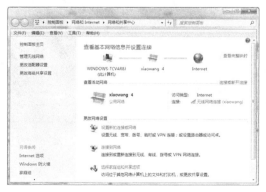

图 2.76 网络和共享中心

图 2.77 设置连接或网络

接下来依据你的网络类型，如图 2.78 所示，完成剩下的步骤。如果是小区宽带或者 ADSL 用户，选择"宽带（PPPoE）"，然后输入用户名和密码后即可。如果是拨号上网，首先用电话线连接好调制解调器，然后在连接类型中选择"拨号"，再输入号码、用户名、密码等信息即可，如图 2.79 所示。

这里需要补充一点：Windows 7 默认是将本地连接设置为自动获取网络连接的 IP 地址，一般情况我们使用 ADSL 或路由器等都无需修改，但是如果确实需要另行指定，则通过以下方法：点击网络和共享中心中的"本地连接"弹出本地连接状态，然后选择"属性"，我们就会看到熟悉的界面，双击"Internet 协议版本 4"就可以设置指定的 IP 地址了，如图 2.80 所示。

图 2.78　选择连接类型　　　　　　　　　　图 2.79　输入验证信息

如果不习惯 Windows 7 网络和共享中心的映射图，传统方式查看的方法：单击左侧的"更改适配器设置"即可，如图 2.81 所示。

也许你会注意到这里的连接类型可以选择"无线"，不推荐在这里进行配置，因为Windows 7 为我们提供了更加方便的无线连接方式。

当启用无线网卡后，鼠标左键单击系统任务栏托盘区域网络连接图标，系统就会自动搜索附近的无线网络信号，所有搜索到的可用无线网络就会显示在上方的小窗口中。每一个无线网络信号都会显示信号如何，而

图 2.80　手工设置 IP 地址

如果将鼠标移动上去，还可以查看更具体的信息，如名称、强度、安全类型等，如图 2.82 所示。

图 2.81　以传统的方式查看网络连接

图 2.82　搜索到的无线网络信号

　　选中要连接的无线网络，然后单击"连接"按钮即可，如果要连接的是加密的网络，也就只是多一个输入密码的步骤而已，如图 2.83 所示。

　　当无线网络连接上后，再次在任务栏托盘上单击网络连接图标，可以看到"当前连接到"区域中刚才选择的无线网络。单击"断开"按钮，即可断开连接了，如图 2.84 所示。

图 2.83　连接无线网络

图 2.84　断开无线网络连接

本章习题

一、判断题

1. 操作系统是计算机的组织者和管理者。　　　　　　　　　　　　　　　　（　　）
2. Windows 操作系统是一个多用户的操作系统。　　　　　　　　　　　　（　　）
3. Windows 7 操作系统的文件名长度没有限制。　　　　　　　　　　　　（　　）
4. Windows 7 的任务栏可以移动到桌面的任意四个边上，但不能改变其大小。（　　）
5. 回收站是硬盘中的一块区域。　　　　　　　　　　　　　　　　　　　　（　　）
6. 复制的快捷键是 ctrl+c。　　　　　　　　　　　　　　　　　　　　　　（　　）
7. "*"可以出现在文件名中。　　　　　　　　　　　　　　　　　　　　　（　　）
8. 设置桌面背景时可以同时选中多张图片。　　　　　　　　　　　　　　　（　　）
9. 将屏幕分辨率调高，桌面图标会变大。　　　　　　　　　　　　　　　　（　　）
10. 要删除光标左侧的字符可以按 delete 键。　　　　　　　　　　　　　　（　　）
11. DOS 操作系统是图形界面的操作系统。　　　　　　　　　　　　　　　（　　）
12. 任务栏最右侧的长方形按钮可以显示桌面。　　　　　　　　　　　　　（　　）
13. 大小写英文字母的切换可以按 CapsLock。　　　　　　　　　　　　　　（　　）
14. Home 键可以将光标移动到行首。　　　　　　　　　　　　　　　　　（　　）
15. 搜索栏可以设置要搜索文件的大小。　　　　　　　　　　　　　　　　（　　）
16. 删除快捷方式图标会影响对象程序的运行。　　　　　　　　　　　　　（　　）
17. Windows 的剪贴板可以存储多个剪切或复制的内容。　　　　　　　　　（　　）
18. 不可以对文件夹创建快捷方式。　　　　　　　　　　　　　　　　　　（　　）
19. 磁盘分区可以用 A~Z 作为盘符。　　　　　　　　　　　　　　　　　（　　）

20. 操作系统只能安装在 C 盘。 （　　　）
21. Windows 7 旗舰版支持的功能最多。 （　　　）
22. 在 Windows 7 中，文件被删除了就不能恢复了。 （　　　）
23. 任何一台计算机都可以安装 Windows 7 操作系统。 （　　　）
24. 正版 Windows 7 操作系统需要激活才能正常使用。 （　　　）
25. 正版 Windows 7 操作系统不需要安装安全防护软件。 （　　　）
26. 按住 shift 键可以选择多个不连续的文件。 （　　　）
27. 桌面图标的大小不能调整。 （　　　）
28. Windows 7 可以设置的最小屏幕分辨率为 800 x 600。 （　　　）
29. 屏幕保护可以设置为在恢复时显示登录界面。 （　　　）
30. Windows 7 操作系统的窗口颜色不能改变。 （　　　）

二、单项选择题

1. 下列（　　）符号可以出现在 Windows 7 的文件名中。
　　A. 空格　　　　　　　B. ?　　　　　　　C. *　　　　　　　D. /
2. 下列关于对话框的说法，正确的是（　　）。
　　A. 可以改变大小，也可以移动位置。　　B. 可以改变大小，但不能移动位置。
　　C. 不能改变大小，但可以移动位置。　　D. 不能改变大小，也不能移动位置。
3. 键盘上的"c"键是用（　　）手指来按。
　　A. 左手无名指　　　B. 左手中指　　　C. 左手食指　　　D. 右手食指
4. 下列快捷键的说法，错误的是（　　）。
　　A. Ctrl+Z 是删除　　　　　　　　　　B. Ctrl+X 是剪切
　　C. Ctrl+C 是复制　　　　　　　　　　D. Ctrl+V 是粘贴
5. 要删除光标右侧的字符应该按（　　）。
　　A. Backspace　　　B. Insert　　　C. Delete　　　D. End
6. 下列（　　）操作系统不是微软公司开发的操作系统。
　　A. Windows 7　　　B. Windows XP　　　C. Linux　　　D. DOS
7. Windows 7 目前有（　　）个版本。
　　A. 3　　　　　　　B. 4　　　　　　　C. 5　　　　　　　D. 6
8. 在 Windows 7 的各个版本中，支持的功能最少的是（　　）。
　　A. 家庭普通版　　　B. 家庭高级版　　　C. 专业版　　　D. 旗舰版
9. 在 Windows 7 操作系统中，将打开的窗口拖动到屏幕顶端，窗口会（　　）。
　　A. 关闭　　　　　　B. 最大化　　　　　C. 最小化　　　　　D. 消失
10. 在 Windows 7 操作系统中，显示桌面的快捷键是（　　）。
　　A. WIN+D　　　B. WIN+P　　　C. WIN+TAB　　　D. WIN+SHIFT
11. 文件的类型可以根据（　　）来识别。
　　A. 文件大小　　　B. 文件存放位置　　　C. 文件扩展名　　　D. 文件图标
12. 要想移动窗口，可以用鼠标指针拖动该窗口的（　　）。
　　A. 标题栏　　　B. 状态栏　　　C. 滚动条　　　D. 菜单栏
13. 在桌面的个性化设置对话框中，不能调整（　　）。
　　A. 桌面背景　　　B. 窗口颜色　　　C. 屏幕保护程序　　　D. 分辨率
14. 中英文输入法切换的快捷键是（　　）。
　　A. ALT+空格　　　B. CTRL+空格　　　C. SHIFT+空格　　　D. ALT+TAB

15. 要选定多个连续的文件，应该首先选中一个文件，然后按住（　　）键，最后再选择另一个文件。

　　A. CTRL　　　　　B. ALT　　　　　C. SHITF　　　　　D. WIN

16. 通过桌面图标打开程序，应首先把鼠标移动到该图标上，然后（　　）击鼠标左键。

　　A. 单　　　　　B. 双　　　　　C. 三　　　　　D. 不

17. 一般来说，Windows 7 操作系统中，下列（　　）用户账户不能被删除。

　　A. 管理员　　　B. 标准用户　　C. 普通用户　　D. 来宾账户

18. 在资源管理器中，不能使文件名按（　　）的顺序显示。

　　A. 日期　　　　B. 大小　　　　C. 名称　　　　D. 属性

19. Windows 7 系统是（　　）。

　　A. 单用户单任务　B. 单用户多任务　C. 多用户单任务　D. 多用户多任务

20. Windows 7 操作系统的特点不包括（　　）。

　　A. 图形界面　　B. 多任务　　　C. 即插即用　　D. 卫星通信

21. 在 Windows 中，为迅速找到文件，可以使用"开始菜单"的（　　）功能。

　　A. 帮助和支持　B. 所有程序　　C. 搜索　　　　D. 运行

22. 使用鼠标的（　　）功能，可以实现文件或文件夹的快速移动和复制。

　　A. 单击　　　　B. 双击　　　　C. 指向　　　　D. 拖动

23. 下列关于操作系统的叙述中，正确的是（　　）。

　　A. 操作系统是一种重要的应用软件

　　B. 操作系统只管理硬件资源，不管理软件资源

　　C. 操作系统只管理软件资源，不管理硬件资源

　　D. 操作系统是计算机中所有软硬件资源的组织者和管理者

24. 在 Windows 7 中，要表示第三个字母为 c，扩展名为 mp3 的文件名是（　　）。

　　A. *c??.mp3　　B. ??c*.mp3　　C. **c?.mp3　　D. ?c**.mp3

25. Windows 的任务栏上不能显示的信息是（　　）。

　　A. 在前台运行的程序图标　　　　B. 系统中安装的所有程序的图标

　　C. 在后台运行的程序图标　　　　D. 打开的文件夹窗口图标

26. 不能在任务栏中执行的操作是（　　）。

　　A. 排列桌面图标　B. 平铺窗口　　C. 快速启动程序　D. 设置开始菜单

27. 打开 Windows 系统的开始菜单，可使用组合键（　　）。

　　A. ALT+TAB　　B. CTRL+TAB　　C. ALT+ESC　　D. CTRL+ESC

28. 一下符合 Windows 文件命名规则的文件名是（　　）。

　　A. 习题.1.txt　B. 习题<1>.txt　C. 习题/1\.txt　D. 习题*1.txt

29. 已选定窗口中全部文件，若要取消其中几个文件的选定，正确的操作是（　　）。

　　A. 用鼠标右键依次单击各个要取消选定的文件

　　B. 用鼠标左键依次单击各个要取消选定的文件

　　C. 按住 Ctrl 键，再用鼠标左键依次单击各个要取消选定的文件

　　D. 按住 Shift 键，再用鼠标左键依次单击各个要取消选定的文件

30. 在 Windows 中，要添加/删除程序时，可以使用（　　）中的项目。

　　A. 回收站　　　B. 控制面板　　C. 任务栏　　　D. 我的文档

31. 在 Windows 中，要将整个屏幕画面全部复制到剪贴板中使用的键是（　　）。

　　A. Print Screen　B. PageUp　　C. ALT+F4　　D. CTRL+空格

32. 以下关于建立快捷方式的说法中，不正确的是（   ）。

    A. 可以建立在桌面上   B. 可以建立在开始菜单中

    C. 可以建立在文件夹中   D. 不可以为文件夹创建快捷方式

33. 具有隐藏属性的文件或文件夹（   ）。

    A. 通过设置可以显示文件   B. 任何情况下都不能显示文件

    C. 任何情况下都能显示文件   D. 只能显示文件名，不能显示扩展名

34. 以下关于对话框的叙述中，不正确的是（   ）。

    A. 对话框没有最大化按钮   B. 对话框没有最小化按钮

    C. 对话框没有关闭按钮   D. 对话框不能改变形状大小

35. 更改文件的扩展名后，结果是（   ）。

    A. 文件内容完全消失   B. 启动文件时会产生病毒

    C. 可能会导致文件不可用   D. 没有任何影响

36. 在 Windows 中，呈灰色显示的菜单命令表示（   ）。

    A. 该菜单正在使用   B. 该菜单当前不可用

    C. 选中该菜单会弹出对话框   D. 计算机中病毒的表现

37. 在 Windows 7 桌面上，不能被删除的图标是（   ）。

    A. 我的文档   B. 回收站   C. 计算机   D. 网络

38. 进行磁盘碎片整理的目的是（   ）。

    A. 增大磁盘的容量   B. 增加磁盘的转速

    C. 增加磁盘的缓存   D. 提高访问文件的速度

39. 在 Windows 的附件中不包含下列（   ）应用程序。

    A. 记事本   B. 计算器   C. 用户账户   D. 写字板

40. 下列软件中，（   ）一定是系统软件

    A. 自编的一个 C 语言程序   B. Windows 7

    C. 用汇编语言编写的程序   D. 存储计算机基本 I/O 系统的 ROM 芯片

三、多项选择题

1. Windows 操作系统最基本的特点是（   ）。

    A. 提供了图形界面   B. 能同时运行多个程序

    C. 具有硬件即插即用功能   D. 是普遍使用的操作系统

2. 下列关于任务栏的叙述中，正确的是（   ）。

    A. 可以对打开的窗口进行排列   B. 可以对桌面图标进行排列

    C. 可以设置开始菜单   D. 任务栏大小可以调整

3. 下列关于 Windows 桌面图标的叙述中，正确的是（   ）。

    A. 所有图标都可以重命名   B. 所有图标都可以重新排列

    C. 回收站图标不能删除   D. 所有图标都可以移动

4. 在 Windows 7 中可以完成窗口切换的方法有（   ）。

    A. ALT+TAB   B. CTRL+ESC

    C. 单击要切换窗口的任何可见部位   D. 单击任务栏上要切换的应用程序按钮

5. 在 Windows 7 中最大化窗口的方法有（   ）。

    A. 单击最大化按钮   B. 双击标题栏

    C. 拖拽窗口到屏幕顶端   D. 双击任务栏窗口按钮

6. 在 Windows 7 的个性化设置中包括（　　　）。
　　A. 桌面背景　　　　B. 窗口颜色　　　　C. 声音　　　　D. 屏幕保护程序
7. Windows 7 包含下列（　　　）版本。
　　A. 家庭普通版　　B. 家庭高级版　　C. 专业版　　　D. 旗舰版
8. 下列关于文件复制的描述正确的是（　　　）。
　　A. 利用鼠标左键拖动可以实现文件的复制
　　B. 利用鼠标右键拖动不可以实现文件的复制
　　C. 利用剪贴板可以实现文件的复制
　　D. 利用 CTRL+C 和 CTRL+V 可以实现文件的复制
9. 下列叙述不正确的是（　　　）。
　　A. 任务栏可以放到桌面四个边的任意边上
　　B. 开始菜单只能用鼠标单击开始按钮才能打开
　　C. 任务栏的大小可以改变
　　D. 开始菜单是系统生成的，用户不能再设置它
10. 下列关于开始菜单的叙述中，正确的是（　　　）。
　　A. 用户可以自定义开始菜单　　　　B. 开始按钮只能固定显示在桌面左下角
　　C. 开始菜单内有控制面板项　　　　D. 开始菜单的注销命令可以切换用户
11. 下列快捷键对应正确的有（　　　）。
　　A. 全选：CTRL+A　　　　　　B. 打印：CTRL+O
　　C. 打开：CTRL+P　　　　　　D. 粘贴：CTRL+V
12. 下列关于文件命名的叙述，正确的是（　　　）。
　　A. 支持长文件名　　　　　　B. 可以使用特殊符号，如"*""?"
　　C. 可以使用空格　　　　　　D. 可以使用"."
13. 桌面图标的排序方式有（　　　）。
　　A. 名称　　　　B. 大小　　　　C. 属性　　　　D. 修改日期
14. 下列关于回收站的说法，正确的有（　　　）。
　　A. 是内存中的一块区域　　　　B. 可以将回收站中的对象进行还原
　　C. 存放的是物理删除的对象　　　D. 存放的是逻辑删除的对象
15. 下列操作，（　　　）可以关闭应用程序。
　　A. 单击应用程序窗口右上角的"关闭"按钮
　　B. 双击应用程序窗口标题栏左侧的程序图标
　　C. 双击任务栏上的窗口图标
　　D. 快捷键是 ALT+F4
16. 用鼠标右键拖动某一对象到一个文件夹上，能够完成的操作有（　　　）。
　　A. 复制　　　　B. 移动　　　　C. 删除　　　　D. 创建快捷方式
17. 在 Windows 中，如果想弹出任务管理器窗口，可以通过（　　　）。
　　A. CTRL+ALT+DEL　　　　　　B. 在桌面点右键，选择启动任务管理器
　　C. CTRL+ALT+ESC　　　　　　D. 在任务栏点右键，选择启动任务管理器
18. 关于鼠标的操作有（　　　）。
　　A. 单击　　　　B. 双击　　　　C. 拖动　　　　D. 右击
19. 中英文标点符号对应正确的有（　　　）。
　　A. 对应/　　　B. 。对应.　　　C. ——对应_　　　D. ……对应&

20. 下列关于任务栏的操作，正确的有（   ）。

    A. 锁定   B. 自动隐藏   C. 层叠窗口   D. 分组相似任务栏

四、填空题

1. 操作系统的主要工作包括：处理机管理、存储管理、（   ）、（   ）、（   ）五大类。

2. 中英文输入法切换的快捷键是（   ）。

3. 剪贴板是（   ）中的一块区域。

4. "录音机"程序录制的声音文件的扩展名是（   ）。

5. "记事本"只能用来编辑（   ）文件。

6. Windows 7 是由（   ）公司开发的。

7. Ctrl+X 是（   ）命令的快捷键。

8. 安装 Windows 7 的最低配置中，内存的基本要求是（   ）GB 及以上。

9. 安装 Windows 7 操作系统时，系统磁盘分区应该为（   ）格式。

10. 全选的快捷键是（   ）。

11. 对话框中的 "?" 按钮的作用是（   ）。

12. 通配符 "?" 表示（   ），通配符 "*" 表示（   ）。

13. 要查找所有 txt 格式的文件，应该在搜索栏输入（   ）。

14. 在任务栏的最左边是（   ）按钮。

15. 将文件的属性设置成（   ）时，默认情况下在窗口中不显示该文件。

16. Windows 7 附件中提供的图像处理软件是（   ）。

17. 要安装 Windows 7，系统磁盘分区必须是（   ）格式。

18. 不能够在回收站中找到原文件的删除方式称为（   ）删除。

19. 文件的扩展名反映文件的（   ）。

20. 要选择多个连续的对象，应该按住（   ）键操作。

第3章
Word 2010

3.1　Office 概述

3.1.1　软件介绍

1．安装指南

对于 Office 2010 的安装和以往的版本安装在本质上没有任何变化，下面将安装步骤进行演示，如图 3.1 到 3.4 所示。

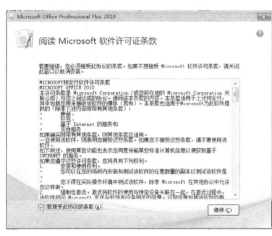

图 3.1　Office 2010 安装 1　　　　　　图 3.2　Office 2010 安装 2

2．界面介绍

这个版本的 Office 比起前几个版本，界面更加美观、功能更加强大。界面主要分成以下几个部分，如图 3.5 所示。

（1）标题栏：显示正在编辑的文档的文件名以及所使用的软件名。

（2）"文件"选项卡：基本命令如"新建"、"打开"、"关闭"、"另存为…"和"打印"位于此处。

（3）快速访问工具栏：常用命令位于此处，如"保存"和"撤消"，也可以添加个人常用命令。

（4）功能区：工作时需要用到的命令位于此处。它与其他软件中的"菜单"或"工具栏"相同。

（5）"编辑"窗口：显示正在编辑的文档。

（6）"显示"按钮：可用于更改正在编辑的文档的显示模式以符合个人要求。

图 3.3　Office 2010 安装 3　　　　　　　　　图 3.4　Office 2010 安装 4

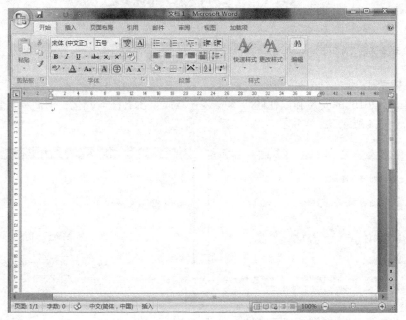

图 3.5　Office 2010 界面

（7）滚动条：可用于更改正在编辑的文档的显示位置。

（8）缩放滑块：可用于更改正在编辑的文档的显示比例设置。

（9）状态栏：显示正在编辑的文档的相关信息。

3.　导航窗口

用 Word 编辑文档，我们会遇到长达几十页，甚至上百页的超长文档，在以往的 Word 版本中，浏览这种超长的文档很麻烦，要查看特定的内容，必须双眼盯住屏幕，然后不断滚动鼠标滚轮，或者拖动编辑窗口上的垂直滚动条查阅，用关键字定位或用键盘上的 Pgup 和 Pgdn 查找，既不方便，也不精确，有时为了查找文档中的特定内容，会浪费了很多时间。随着 Word 2010 的到来，这一切都将得到改观，Word 2010 新增的"导航窗格"会为用户精确"导航"。

（1）打开"导航"窗格

运行 Word 2010，打开一份超长文档，单击菜单栏上的"视图"按钮，切换到"视图"功能区，勾选"显示"栏中的"导航窗格"，即可在 Word 2010 编辑窗口的左侧打开"导航窗格"。

（2）文档轻松"导航"

Word 2010 新增的文档导航功能的导航方式有四种：标题导航、页面导航、关键字（词）导航和特定对象导航，可以轻松查找、定位到想查阅的段落或特定的对象。

① 文档标题导航

文档标题导航是最简单的导航方式，使用方法也最简单，打开"导航"窗格后，单击"浏览你的文档中的标题"按钮，将文档导航方式切换到"文档标题导航"，Word 2010 会对文档进行智能分析，并将文档标题在"导航"窗格中列出，只要单击标题，就会自动定位到相关段落。

② 文档页面导航

用 Word 编辑文档会自动分页，文档页面导航就是根据 Word 文档的默认分页进行导航的，单击"导航"窗格上的"浏览你的文档中的页面"按钮，将文档导航方式切换到"文档页面导航"，Word 2010 会在"导航"窗格上以缩略图形式列出文档分页，单击分页缩略图，就可以定位到相关页面查阅。

③ 关键字或词导航

除了通过文档标题和页面进行导航，Word 2010 还可以通过关键（词）导航，单击"导航"窗格上的"浏览你当前搜索的结果"按钮，然后在文本框中输入关键（词），"导航"窗格上就会列出包含关键字（词）的导航链接，单击这些导航链接，就可以快速定位到文档的相关位置。

④ 特定对象导航

一篇完整的文档，往往包含有图形、表格、公式、批注等对象，Word 2010 的导航功能可以快速查找文档中的这些特定对象。单击搜索框右侧放大镜后面的"▼"，选择"查找"栏中的相关选项，就可以快速查找文档中的图形、表格、公式和批注

Word 2010 提供的四种导航方式各有优缺点，标题导航很实用，但是事先必须设置好文档的各级标题才能使用；页面导航很便捷，但是精确度不高，只能定位到相关页面，要查找特定内容还是不方便；关键字（词）导航和特定对象导航比较精确，但如果文档中同一关键字（词）很多，或者同一对象很多，就要进行"二次查找"。如果能根据自己的实际需要，将几种导航方式结合起来使用，导航效果会更佳。

4. 视图模式

Word 2010 中提供了多种视图模式供用户选择，这些视图模式包括"页面视图"、"阅读版式视图"、"Web 版式视图"、"大纲视图"和"草稿视图"等五种视图模式。用户可以在"视图"功能区中选择需要的文档视图模式，也可以在 Word 2010 文档窗口的右下方单击视图按钮选择视图。

（1）页面视图

"页面视图"可以显示 Word 2010 文档的打印结果外观，包括页眉、页脚、图形对象、分栏设置、页面边距等元素，是最接近打印结果的页面视图。

（2）阅读版式视图

阅读版式视图以图书的分栏样式显示 Word 文档，"文件"按钮、功能区等窗口元素被隐藏起来。在阅读版式视图中，用户还可以单击"工具"按钮选择各种阅读工具。

（3）Web 版式视图

"Web 版式视图"以网页的形式显示 Word 2010 文档，Web 版式视图适用于发送电子邮件和创建网页。

（4）大纲视图

大纲视图用于设置 Word 2010 文档的设置和显示标题的层级结构，并可以方便地折叠和展开各种层级的文档。大纲视图广泛用于 Word 长文档的快速浏览和设置中。

（5）草稿视图

草稿视图中没有页面边距、分栏、页眉页脚和图片等元素，仅显示标题和正文，是最节省计

算机系统硬件资源的视图方式。现在计算机系统的硬件配置都比较高，基本上不存在由于硬件配置偏低而使 Word 2010 运行遇到障碍的问题。

5. 样式窗口

在 Word 2010 的"样式"窗格中可以显示出全部的样式列表，并可以对样式进行比较全面的操作。在 Word 2010"样式"窗格中选择样式的步骤如下所述。

（1）打开 Word 2010 文档窗口，选中需要应用样式的段落或文本块。在"开始"功能区的"样式"分组中单击显示样式窗口按钮，如图 3.6 所示。

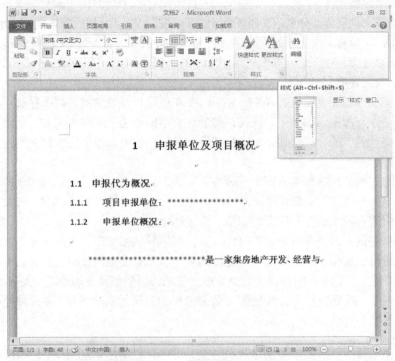

图 3.6 样式窗口

（2）在打开的"样式"任务窗格中单击"选项"按钮。

（3）打开"样式窗格选项"对话框，在"选择要显示的样子"下拉列表中选中"所有样式"选项，并单击"确定"按钮。

（4）返回"样式"窗格，可以看到已经显示出所有的样式。选中"显示预览"复选框可以显示所有样式的预览。

（5）在所有样式列表中选择需要应用的样式，即可将该样式应用到被选中的文本块或段落中。

6. 样式检查器

Word 2010 提供的"样式检查器"功能可以帮助用户显示和清除 Word 文档中应用的样式和格式，"样式检查器"将段落格式和文字格式分开显示，用户可以对段落格式和文字格式分别清除，操作步骤如下。

（1）打开 Word 2010 文档窗口，在"开始"功能区的"样式"分组中单击显示样式窗口按钮，打开"样式"窗格。然后在"样式"窗格中单击"样式检查器"按钮，如图 3.7 所示。

（2）在打开的"样式检查器"窗口中，分别显示出光标当前所在位置的段落格式和文字格式。分别单击"重设为普通段落样式"、"清除段落格式"、"清除字符样式"和"清除字符格式"按钮清除相应的样式或格式。

图 3.7　单击"样式检查器"按钮

7. 窗口添加按钮

Word 2010 文档窗口中的"快速访问工具栏"用于放置命令按钮，使用户快速启动经常使用的命令。

默认情况下，"快速访问工具栏"中只有数量较少的命令，用户可以根据需要添加多个自定义命令，操作步骤如下所述。

（1）打开 Word 2010 文档窗口，依次单击"文件"→"选项"命令。

（2）在打开的"Word 选项"对话框中切换到"快速访问工具栏"选项卡，然后在"从下列位置选择命令"列表中单击需要添加的命令，并单击"添加"按钮即可，如图 3.8 所示。

图 3.8　选择添加的命令

（3）重复步骤 2 可以向 Word 2010 快速访问工具栏添加多个命令，依次单击"重置"→"仅重置快速访问工具栏"按钮将"快速访问工具栏"恢复到原始状态。

3.1.2 文档编辑

1. 新建文档

（1）空白文档

首先打开 Word 2010，在"文件"菜单下选择"新建"项，在右侧单击"空白文档"按钮，就可以成功创建一个空白文档，如图 3.9 所示。

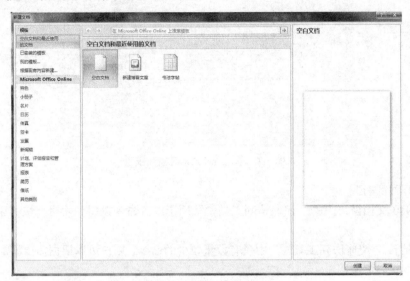

图 3.9 新建空白文档

（2）使用模板新建文档

在 Word 2010 中内置有多种用途的模板（例如书信模板、公文模板等），用户可以根据实际需要选择特定的模板新建 Word 文档，操作步骤如下所述。

① 打开 Word 2010 文档窗口，依次单击"文件"→"新建"按钮。

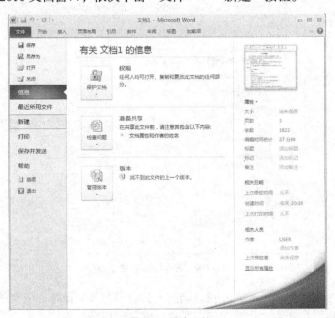

图 3.10 新建文档

② 打开"新建文档"对话框，在右窗格"可用模板"列表中选择合适的模板，并单击"创建"按钮即可。同时用户也可以在"Office.com 模板"区域选择合适的模板，并单击"下载"按钮。

图 3.11 模板选择

2. 保存文档

保存文档的方法很多，我们主要介绍常用的两种保存方法。

（1）在"文件"菜单下单击"保存"按钮，在弹出对话框中选择保存的路径、修改文件名后点击"保存"按钮即可。

（2）直接按快捷键 Ctrl+s，之后按照方法一中的操作即可。

3. 定时保存

Word 2010 在默认情况下每隔 10 分钟自动保存一次文件，用户可以根据实际情况设置自动保存时间间隔，操作步骤如下所述。

（1）打开 Word 2010 窗口，依次单击"文件"→"选项"命令。

（2）在打开的"Word 选项"对话框中切换到"保存"选项卡，在"保存自动恢复信息时间间隔"编辑框中设置合适的数值，并单击"确定"按钮。

3.1.3 Word 格式转换

1. doc 转成 pdf 格式

Word 格式的转换在使用过程中有时会用到，可以将文档进行转换。在"文件"菜单下选择"另存为"选项，如图 3.12 所示。

将保存类型选为 pdf 格式，单击"保存"后就可以将 doc 转成 pdf 了，如图 3.13 所示。

2. doc 转成 html 格式

在"另存为"对话框中的保存类型选择网页 html 格式，单击"保存"后就可以将 doc 转成 html 了。

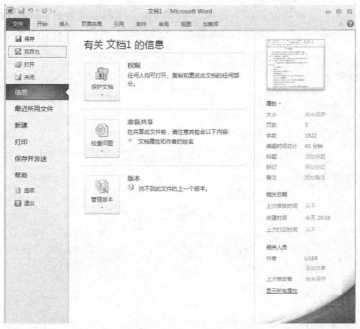

图 3.12　文档信息

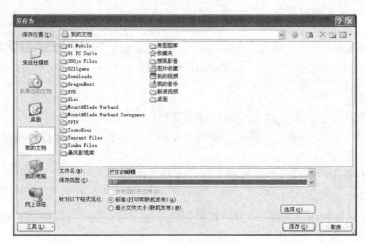

图 3.13　DOC 转换为 PDF

3. doc 与 docx 相互转换

Word 2010 默认保存文件的格式为 docx，低版本的 Word 如果没有装插件就打不开。如果需要，可以设置让 Word 2010 默认保存文件格式为 doc。

打开 Word 2010，单击"文件"→"选项"，在弹出的选项窗口中，在左边单击"保存"，然后在右边的窗口中，将"将文件保存为此格式"设置为"Word97.2003 文档（*.doc）"即可。

采用同样的方法，我们可以将 Excel 2010 和 PowerPoint 2010 的默认保存文件格式设置为低版本的 xls 和 ppt。

4. doc 转 txt

Word 是我们目前个人电脑中使用最普遍的文字处理工具，但是在一些专业的排版软件中，却需要使用 Txt 格式进行导入。这样则经常需要将 Word 文档的 Doc 格式转换成 Txt 格式。为了提高工作效率，我们可以将要转换的文档一次完成，实现批量转换。

首先新建两个文件夹，可以分别命名为 A、B；然后将要转换的 Word 文档全部保存到文件夹 A 中。做好这项工作之后就可以启动 Word，依次打开"文件→新建→其他文档→转换向导"命令，打开"转换向导"窗口。

在欢迎界面上单击"下一步"，然后选中"从 Word 文档格式转换为其他文件格式"，并在下拉菜单中选择要转换后的格式为"纯文本（Text）"；单击"下一步"，在"源文件夹"后单击"浏览"按钮将保存有 Word 文档的文件夹 A，再单击"目录文件夹"后的"浏览"按钮选择生成的 TXT 保存位置。

单击"下一步"，此时可以在"可用文件"栏中看到所有待转换的 Word 文档，单击"全选"按钮将其全部选中，单击"完成"按钮。

3.1.4 文档安全性

1. 文档加密

首先在"文件"菜单中选择"保护文档"中的"用密码进行加密"项，如图 3.14 所示。

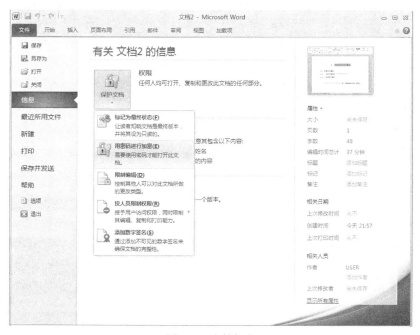

图 3.14 文档加密

在弹出的"加密文档"窗口中输入密码，如图 3.15 所示。

在下次启动该文档时就会出现图 3.16 中的现象，只有输入密码后才能正常打开。

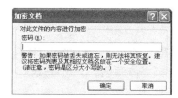

图 3.15 设置密码

图 3.16 输入密码

2. 清除打开文档记录

（1）为了保护隐私，可以在"文件>高级"中把"最近使用文挡"的显示数目设置为 0。

（2）在"最近的位置"一栏，还是能够找到这些文件存放的地址。

3.2 文档编辑

3.2.1 Word 字体编辑

1. 设置字体颜色

在使用 Word 2010 编辑文档的过程中，经常需要为字体设置各种各样的颜色，以使编辑的文档更富表现力。下面主要介绍一下设置字体颜色的两种方法。

（1）打开 Word 2010 文档页面，首先选中需要设置字体颜色的文字。在"字体"中单击"字体颜色"下三角按钮。在字体颜色列表中选择"主题颜色"或"标准色"中符合我们要求的颜色即可。

为了设置更加丰富的字体颜色，还可以选择"其他颜色"命令，如图 3.17 所示。

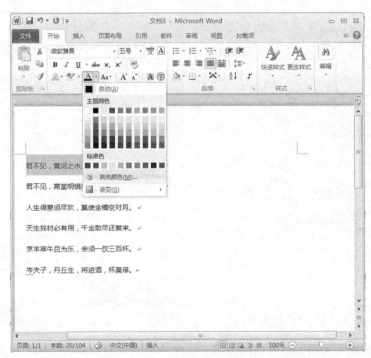

图 3.17 颜色选择

在"颜色"对话框中会显示更多的颜色，可以选择一种颜色，并单击"确定"按钮为选中的文字设置颜色。

（2）打开 Word 2010 文档页面，首先选中需要设置字体颜色的文字。然后在"字体"中单击"显示'字体'对话框"按钮。接着在"字体"对话框中单击"字体颜色"下三角按钮，在列表中选择符合要求的字体颜色，并单击"确定"按钮，如图 3.18 所示。

2. 更改文字字体和大小

首先选中想要更改的文字，单击"字体"中的"字号"下拉菜单，这时可以进行字号的选择。可以在"字体"中的"字体样式"下拉菜单中选择想要的字体样式。

图 3.18　编辑对话框

3．艺术字

Office 中的艺术字结合了文本和图形的特点，能够使文本具有图形的某些属性，如设置旋转、三维、映像等效果，在 Word、Excel、PowerPoint 等 Office 组件中都可以使用艺术字功能。用户可以在 Word 2010 文档中插入艺术字，操作步骤如下所述。

（1）打开 Word 2010 文档窗口，将插入点光标移动到准备插入艺术字的位置。在"插入"功能区中，单击"文本"分组中的"艺术字"按钮，并在打开的艺术字预设样式面板中选择合适的艺术字样式，如图 3.19 所示。

图 3.19　选择艺术字样式

（2）打开艺术字文字编辑框，直接输入艺术字文本即可。用户可以对输入的艺术字分别设置字体和字号。

4．汉字拼音

Word 2010 制作小学语文试题时，会为汉字添加拼音，并且要将拼音排到汉字的右侧，虽然可使用 Word 的"拼音指南"功能为汉字添加拼音，可是这样添加的拼音在文字上方，这并不是我们需要的，如果需要添加拼音的汉字较多时，手工输入很麻烦。

若要得到形如"拼 音 指 南"样式的汉字注音，就在使用"拼音指南"功能添加拼音时不要选择执行"组合"按钮，得到拼音后，复制到记事本中，再复制回 Word 即可。

（1）如要为"家用电脑"这四个汉字添加如"家 用 电 脑"形式的汉字注音。首先选中这些文字，单击"开始"→"拼音指南"→"组合"，把这些汉字组合成一行。最后单击"确定"，得到它们的拼音，如图 3.20 所示。

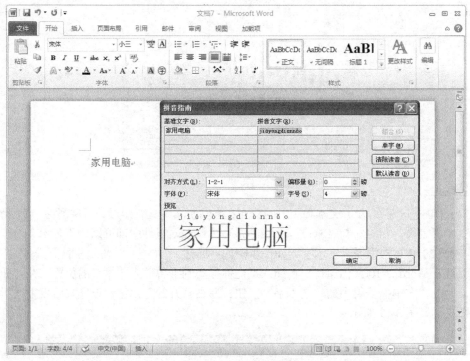

图 3.20　拼音指南

（2）接下来，把得到的注音文字选中，单击鼠标右键选择菜单下"复制"命令，将它们复制到剪切板上。再打开 Windows 系统自带的记事本程序窗口，将其粘贴到该记事本窗口，就得到了拼音排到汉字的右侧这种形式了。

（3）在记事本窗口中查看拼音无误后，将其复制并粘贴切回 Word 窗口中的需要位置，随后将字体、字号等元素设置成所需要的形式，让其与其他的文字格式相同，这样汉字拼音就自动排在所需要的地方了。

5．中英转换

英文比较差在写文章时很烦恼，Word 2010 翻译功能帮助快速解决问题。

（1）选择"审阅"—"翻译"—"翻译屏幕提示"，即开启翻译屏幕提示功能，如图 3.21 所示。

图 3.21　翻译屏幕提示功能

（2）将鼠标停留在单词上，系统会自动弹出翻译结果的浮动窗口。单击浮动窗口中的"播放按钮"，即可播放该单词读音，如图 3.22 所示。

图 3.22　翻译显示效果

（3）若想深入了解和学习这个单词，单击浮动窗口上的第一个"文本翻译"按钮，将在 Word 窗口右侧出现翻译窗口栏，显示单词的详细解释。

6. 文档格式编辑

对于已经应用了样式或已经设置了格式的 Word 2010 文档，用户可以随时将其样式或格式清除。可以通过以下两种方法清除 Word 2010 文档中的格式或样式。

（1）打开 Word 2010 文档窗口，选中需要清除样式或格式的文本块或段落。在"开始"功能区单击"样式"分组中的显示样式窗口按钮，打开"样式"窗格。在样式列表中单击"全部清除"按钮即可清除所有样式和格式，如图 3.23 所示。

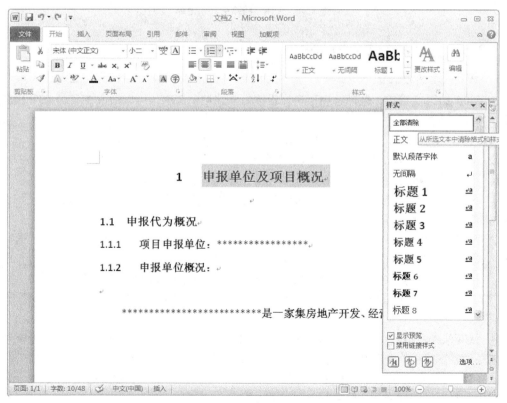

图 3.23　单击"全部清除"按钮

（2）选中需要清除样式或格式的文本块或段落。在"开始"功能区单击"样式"分组中的"其他"按钮，并在打开的快速样式列表中选择"清除格式"命令，如图 3.24 所示。

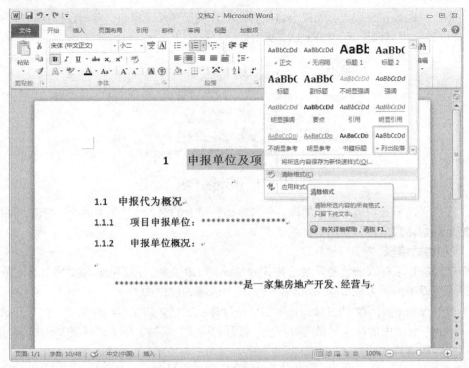

图 3.24 选择"清除格式"命令

3.2.2 文档的复制与粘贴

1. 复制、剪切和粘贴

在 Word 2010 文档中，粘贴选项很多，设置好默认粘贴选项，可以适应在各种条件下的粘贴需要，操作步骤如下。

（1）打开 Word 2010 文档窗口，依次单击"文件"→"选项"按钮。

（2）在打开的"Word 选项"对话框中切换到"高级"选项卡，在"剪切、复制和粘贴"区域可以针对粘贴选项进行设置。默认粘贴选项各项目的含义解释如下。

① 在同一文档内粘贴：在同一个 Word 2010 文档中粘贴内容时，选择"保留源格式"、"匹配目标格式"和"仅保留文本"三种格式之一。

② 跨文档粘贴：在两个具有相同样式定义的 Word 2010 文档之间进行粘贴操作时，选择"保留源格式"、"匹配目标格式"和"仅保留文本"三种格式之一。

③ 跨文档粘贴的情况下，样式定义发生冲突时的解决方法：在两个具有不同样式定义的 Word 2010 文档之间进行粘贴操作时，选择"保留源格式"、"匹配目标格式"和"仅保留文本"三种格式之一。

④ 从其他程序粘贴：从非 Word 程序复制的文本，在粘贴到 Word 2010 文档时，选择"保留源格式"、"匹配目标格式"和"仅保留文本"三种格式之一。

⑤ 将图片插入/粘贴为：将非文本对象（如图形、图像、剪贴画）粘贴到 Word 2010 文档时，选择"嵌入型"、"四周型"、"紧密型"等格式之一。

⑥ 使用"仅保留文本"选项粘贴文本时保留项目符号和编号：设置是否保留源文本的符号和编号。

⑦ 用 Insert 粘贴：选中该选项将键盘上的 Insert 键作为粘贴命令的快捷键（需要取消"使用

Insert 控制改写模式"选项）。

⑧ 粘贴内容时显示粘贴选项按钮：设置是否在粘贴内容右侧显示"粘贴选项"图标。

⑨ 使用智能剪切和粘贴：设置是否使用更高级的粘贴选项，如果需要进一步设置智能剪切和粘贴，可以单击"设置"按钮，打开"设置"对话框进行设置，如图 3.25 所示。

图 3.25　"剪切、复制和粘贴"设置选项

2. 格式刷

Word 2010 中的"格式刷"工具可以将特定文本的格式复制到其他文本中，当用户需要为不同文本重复设置相同格式时，即可使用"格式刷"工具提高工作效率，操作步骤如下所述。

（1）打开 Word 2010 文档窗口，并选中已经设置好格式的文本块。在"开始"功能区的"剪贴板"分组中双击"格式刷"按钮，如图 3.26 所示。

图 3.26　双击"格式刷"按钮

小提示：如果单击"格式刷"按钮，则"格式刷"记录的文本格式只能被复制一次，不利于同一种格式的多次复制。

（2）将鼠标指针移动至 Word 文档文本区域，鼠标指针已经变成刷子形状。按住鼠标左键拖选需要设置格式的文本，则格式刷刷过的文本将被应用为被复制的格式。释放鼠标左键，再次拖选其他文本实现同一种格式的多次复制。

（3）完成格式的复制后，再次单击"格式刷"按钮关闭格式刷。

3.2.3　查找替换

1. 查找替换

在 Word 中进行查找时,可以精确地定位到一个字符串。比如在一份有关职员的 Word 表格中,因为单位人员多,人的姓名往往有一定的重合性和包含关系,比如一个员工"杨群",另外一个员工"杨群芳",此时我们想直接查找到员工"杨群"时,可以利用通配符的方法来实现功能,如图 3.27 所示。

图 3.27　文字查找

按下 CTRL+H(Word 2010 下按 Ctrl+F 会出现在导航条上的),单击"查找"标签,再勾选"使用通配符",在"特殊格式"中就可以看到与"通配符"有关的各种选项了。比如查找"杨群",我们只要在姓名"杨群"的前后加入"单词开头"和"单词结尾"的通配符,再单击"下一处"即可精确地定位到姓名"杨群"的位置,而不会定位到"杨群芳"了。

2. 批量替换

批量替换的操作步骤如下。

(1)先打开文档,再打开菜单栏上的"编辑"中的"替换"命令,同样,你也可以直接按 Ctrl+H 替换的快捷键,来打开"替换"功能窗口。

(2)在替换中"查找内容"中输入你的错别字。

(3)在"替换为"中输入正确的字。

(4)然后按下面的"全部替换"按钮,此时,文中所有错别字已经全部替换成正确字了,如图 3.28 所示。

图 3.28　批量替换

3.2.4　选择删除文本

1. 纵向选择文字

选择纵向文字,首先按键盘的 Alt 键,同时用光标进行纵向选择文本即可。

2. 段落选择

选中文字很多只需要按鼠标左键后在段落文字上进行拖动就可以了,但是如果需要选中好几页的内容,这样拖动太慢了。有一个非常简单的方法,瞬间就可以选中多页的段落文字。

首先将光标移到所要选中文字的最前端,在第一个字前单击,这时光标就在最前端闪烁,接着，按住键盘的 Shift 键并且在所要选中段落的最后再单击就可以了。

3. 选中部分文字

选择文章当中不规则的区域。首先选中第一个字，然后按住 ctrl 键，之后就可以在后续文章中选择需要的文字了，如图 3.29 所示。

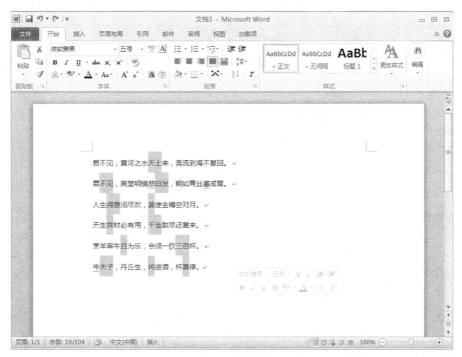

图 3.29 选择不规则区域

3.2.5 输入符号、公式

1. 带圈字符

在文档编辑过程中需要输入带圈的字符。具体操作步骤如下：

（1）打开 Word 2010，在"开始"功能栏中选择"带圈字符"功能按钮，如图 3.30 所示。

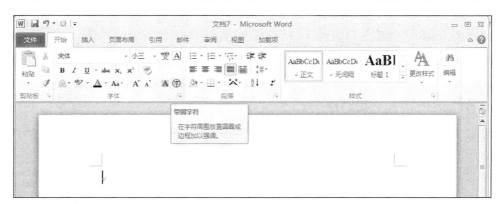

图 3.30 带圈字符

（2）在弹出的"带圈字符"窗口中选择要加圈的文字、样式及其圈号，按"确认"按钮。

（3）返回 Word 2010，我们就可以看到编辑框中出现了带圈的字符，如图 3.31 所示。

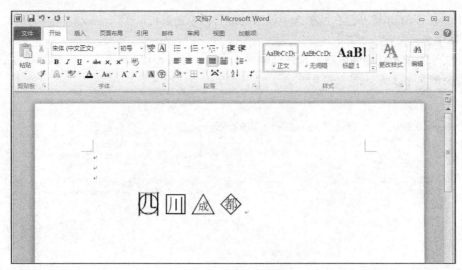

图 3.31　带圈字符效果

2. 特殊符号

经常在 Word 文档中输入一些直径符号、人民币符号、小圆点、分割符等，但是在 Word 中每次插入符号都需要打开"特殊符号"窗口然后选择自己需要的符号再插入，插入一次两次还好，如果使用符号过于频繁，那就有点繁琐了。将常用的一些符号设置合适的快捷键，下次使用起来只需按快捷键即可快速插入符号。

在 Word 文档中，鼠标放到需要插入圆点处单击，然后打开"插入"标签，在符号栏中单击"符号"按钮，一些常用符号会在此列出，如果有需要，单击选中即可。如果这里没有需要的圆点，则单击菜单底部的"其它符号"链接，如图 3.32 所示。

图 3.32　特殊符号

图 3.32　特殊符号（续）

弹出符号对话窗后，在"子集"下拉菜单中选择一个合适的符号种类。这里，我们选择"广义标点"来举例。选中圆点图标后，单击"插入"按钮。

先选中目标符号，然后单击"快捷键"按钮，如图 3.33 所示。

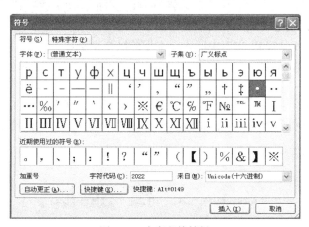

图 3.33　自定义快捷键

会弹出一个"自定义键盘"窗口。"命令"栏中显示的既是刚才选定的目标符号，将鼠标放到"请按新快捷键"栏中单击。单独一个键盘按钮不行，需要使用组合键。Ctrl 组合或是 Alt 组合都可以。

3. 公式

在数学、物理等学科中往往会出现各种公式符号，Word 2010 中的公式功能，可以帮助轻松完成各种公式的设计。

例如：需要插入一个二次公式和创建一个自定义公式，操作方法如下。

（1）单击"插入"—"公式"，下拉列表中列出了各种常用公式，单击"二次公式"即可加入 Word 文档，如图 3.34 所示。

图 3.34　选择公式

（2）若要创建自定义公式，可单击"插入"—"公式"—"插入新公式"。

（3）显示"在此处键入公式"控件。

（4）利用公式工具的"设计"选项卡，即可自定义设计各种复杂公式。

（5）完成公式创建。

单击公式控件右侧的下拉箭头，可"另存为新公式"。

4. 日期时间

在使用 Word 2010 编辑文档的时候，有时需要在文档中插入日期和时间，操作步骤如下。

（1）打开 Word 2010 文档，将光标移动到合适的位置，单击"插入"选项卡。

（2）在"文本"区单击"日期和时间"按钮。

（3）在"日期和时间"对话框的"可用格式"列表中选择合适的日期或时间格式。

（4）选中"自动更新"选项，实现每次打开 Word 文档自动更新日期和时间，单击"确定"按钮即可。

3.2.6　文本框

通过使用 Word 2010 文本框，用户可以将 Word 文本很方便地放置到 Word 2010 文档页面的指定位置，而不必受到段落格式、页面设置等因素的影响。Word 2010 内置有多种样式的文本框供用户选择使用，在 Word 2010 文档中插入文本框的操作步骤如下。

（1）打开 Word 2010 文档窗口，切换到"插入"功能区，在"文本"分组中单击"文本框"按钮。

（2）单击"文本框"按钮，在打开的内置文本框面板中选择合适的文本框类型。

（3）选择内置文本框，返回 Word 2010 文档窗口，所插入的文本框处于编辑状态，直接输入用户的文本内容即可。

3.3　文　档　排　版

3.3.1　对齐方式

在使用 Word 2010 编辑文档的过程中，经常需要为一个或多个段落设置该段文字在页面中的对齐方式。

段落对齐方式的设置，一般有以下两种方法。

（1）打开 Word 2010 文档页面，选中一个或多个段落。在"段落"中可以选择"左对齐"、"居中对齐"、"右对齐"、"两端对齐"和"分散对齐"选项之一，以设置段落对齐方式，如图 3.35 所示。

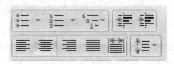

图 3.35　对齐方式

（2）打开 Word 2010 文档页面，选中一个或多个段落，在"段落"中单击"显示'段落'对话框"按钮，如图 3.36 所示。

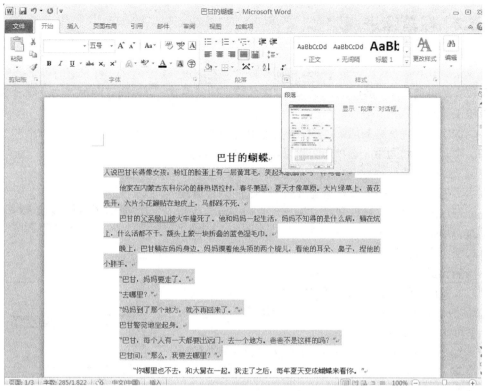

图 3.36　段落对齐方式

在"段落"对话框中单击"对齐方式"下三角按钮，在列表中选择符合实际需求的段落对齐方式，并单击"确定"按钮使设置生效，如图 3.37 所示。

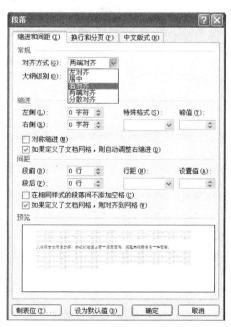

图 3.37　段落对话框

3.3.2 段落缩进

1. 段落缩进

在 Word 2010 中，可以设置整个段落向左或者向右缩进一定的字符，在排版时经常会使用到，例如可以在缩进的位置，通过插入文本框，来放置其他的内容，可以通过两种方法设置段落缩进。

方法 1：

（1）选中要设置缩进的段落，【右键】【段落】，打开段落选项卡；

（2）在"缩进和间距"选项卡，设置段落缩进就可以了。

方法 2：

在水平标尺上，有四个段落缩进滑块：首行缩进、悬挂缩进、左缩进以及右缩进。按住鼠标左键拖动它们即可完成相应的缩进，如果要精确缩进，可在拖动的同时按住 Alt 键，此时标尺上会出现刻度。

2. 首行缩进

通过设置段落缩进，可以调整 Word 2010 文档正文内容与页边距之间的距离。用户可以在 Word 2010 文档中的"段落"对话框中设置段落缩进。

（1）打开 Word 2010 文档窗口，选中需要设置段落缩进的文本段落。在"开始"功能区的"段落"分组中单击显示段落对话框按钮，

（2）在打开的"段落"对话框中切换到"缩进和间距"选项卡，在"缩进"区域调整"左侧"或"右侧"编辑框设置缩进值。然后单击"特殊格式"下拉三角按钮，在下拉列表中选中"首行缩进"或"悬挂缩进"选项，并设置缩进值，通常情况下设置缩进值为 2。设置完毕单击"确定"按钮，如图 3.38 所示。

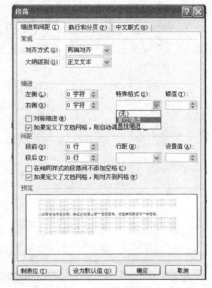

图 3.38　选中"首行缩进"选项

3.3.3 行间距、段间距

1. 行间距

在使用 Word 文档保存文字时，有时候某个段落太长，影响了美观，这时可以通过调整行间距来将此段落的距离调整短一点。

（1）打开 Word 文档，选中要调整行间距的文字。

（2）单击鼠标右键，在弹出的菜单中单击"段落"命令。

（3）在弹出来的界面单击"缩进和间距"选项卡。

（4）在间距下单击段前和段后的三角按钮来调整行间距。

（5）也可以通过行距中的 1.5 倍行距、2 倍行距、最小值、固定值、多倍行距数值来调整行间距。显示效果。

2. 段落间距

在使用 Word 2010 编辑文档的过程中，常常需要版面要求设置段落与段落之间的距离。介绍一下设置段落间距的三种方法。

方法一：

（1）打开 Word 2010 文档页面，选中需要设置段落间距的段落，当然也可以选中全部文档；

（2）在"段落"中单击"行和段落间距"按钮；

（3）在列表中选择"增加段前间距"或"增加段后间距"命令之一，以使段落间距变大或变小。

方法二：

（1）打开 Word 2010 文档页面，选中特定段落或全部文档；

（2）在"段落"中单击"显示'段落'对话框"按钮；

（3）在"段落"对话框的"缩进和间距"选项卡中设置"段前"和"段后"编辑框的数值，并单击"确定"按钮，从而可以设置段落间距。

方法三：

（1）打开 Word 2010 文档页面，单击"页面布局"选项卡；

（2）在"段落"中设置"段前"和"段后"编辑框的数值，以实现段落间距的调整。

3.3.4　样式

1．新建样式

在 Word 2010 的空白文档窗口中，用户可以新建一种新的样式，例如新的表格样式、新的列表样式等，操作步骤如下。

（1）打开 Word 2010 文档窗口，在"开始"功能区的"样式"分组中单击显示样式窗口按钮。

（2）在打开的"样式"窗格中单击"新建样式"按钮，如图 3.39 所示。

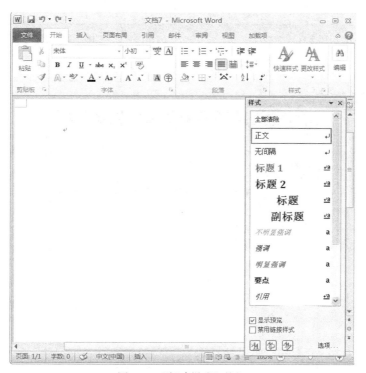

图 3.39　"新建样式"按钮

（3）打开"根据格式设置创建新样式"对话框，在"名称"编辑框中输入新建样式的名称。然后单击"样式类型"下拉三角按钮，在"样式类型"下拉列表中包含五种类型。

① 段落：新建的样式将应用于段落级别。

② 字符：新建的样式将仅用于字符级别。

③ 链接段落和字符：新建的样式将用于段落和字符两种级别。

④ 表格：新建的样式主要用于表格。

⑤ 列表：新建的样式主要用于项目符号和编号列表。选择一种样式类型，例如"段落"，如图 3.40 所示。

（4）单击"样式基准"下拉三角按钮，在"样式基准"下拉列表中选择 Word 2010 中的某一种内置样式作为新建样式的基准样式，如图 3.41 所示。

图 3.40　选择样式类型　　　　　　　　图 3.41　选择样式基准

（5）单击"后续段落样式"下拉三角按钮，在"后续段落样式"下拉列表中选择新建样式的后续样式，如图 3.42 所示。

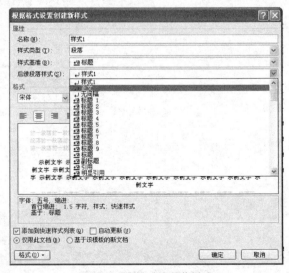

图 3.42　选择后续段落样式

（6）在"格式"区域，根据实际需要设置字体、字号、颜色、段落间距、对齐方式等段落格式和字符格式。如果希望该样式应用于所有文档，则需要选中"基于该模板的新文档"单选框。设置完毕单击"确定"按钮。

2．修改默认样式

在 Word 文档的默认样式，会觉得字号小看起来费劲，时间长了还容易引起眼睛疲劳，或者觉得段落间距不够明显。可以通过修改默认样式来改变。

操作步骤如下。

（1）打开 Word，在"开始"选项卡"样式"选项组右下角单击小箭头按钮。

（2）或者直接在键盘上按组合键"Ctrl+Alt+Shift+s"调出"样式"窗口，单击底部"管理样式"按钮。

（3）在"管理样式"窗口中，切换到"设置默认值"选项卡。可以在这里重新设置文档的默认格式，包括中西文字体，字号，段落位置，段落间距等。完成设置后，选择新样式的适用范围，最后单击"确定"保存设置就可以了。

3.3.5　标题编号

在 Word 2010 的编号格式库中内置有多种编号，还可以根据实际需要定义新的编号格式。在 Word 2010 中定义新编号格式的步骤如下。

（1）打开 Word 2010 文档窗口，在"开始"功能区的"段落"分组中单击"编号"下拉三角按钮，并在打开的下拉列表中选择"定义新编号格式"选项，如图 3.43 所示。

图 3.43　选择"定义新编号格式"选项

（2）在打开的"定义新编号格式"对话框中单击"编号样式"下拉三角按钮，在"编号样式"下拉列表中选择一种编号样式，并单击"字体"按钮。

（3）打开"字体"对话框，根据实际需要设置编号的字体、字号、字体颜色、下划线等项目，并单击"确定"按钮。

（4）返回"定义新编号格式"对话框，在"编号格式"编辑框中保持灰色阴影编号代码不变，根据实际需要在代码前面或后面输入必要的字符。例如，在前面输入"第"，在后面输入"项"，并将默认添加的小点删除。然后在"对齐方式"下拉列表中选择合适的对齐方式，并单击"确定"按钮。

（5）返回 Word 2010 文档窗口，在"开始"功能区的"段落"分组中单击"编号"下拉三角按钮，在打开的编号下拉列表中可以看到定义的新编号格式。

3.3.6 纵横混排

1. 纵横混排

Word 中自带纵横混排的功能，但是用起来非常不方便，所以建议大家用文本框来实现纵横混排。而且还可以给文本框设置背景颜色，更改文字也非常灵活方便。操作步骤如下。

（1）打开 word，然后单击菜单栏上面的插入选项。

（2）在插入选项中，单击"文本"。

（3）在下拉列表中选择"文本框"。

（4）在次级列表中，选择一个简单文本框，这个文本框作为对联的横批。

（5）在文本框中输入文字"春意盎然"，调整文字的大小为小初

春意盎然

同样的方法，可以插入一个纵排文字：依次单击 文本——文本框——绘制纵排文本框。在该文本框中，输入文字"春雨丝丝润万物"，如图 3.44 所示。

图 3.44　竖排文本框

2. 双行合一

平时在使用 Word 编辑文档时，有时候会需要双行合一的排版效果。

（1）Word 双行合一效果

Word 双行合一就是在一行里显示两行文字。

WORD2010 一二三四

操作步骤如下。单击"开始——段落——中文版式——双行合一"。

（2）删除双行合一

将光标定位到已经双行合一的文本中，或者是直接选择双行合一的文本，然后单击"开始——段落——中文版式——双行合一"，弹出"双行合一"对话框，单击左下角的"删除"按钮，即可删除双行合一效果。

3. 合并字符

在制作 Word 文档时需要进行各种排版，介绍一下如何对字符进行合并。

（1）选中需要合并的文字，选中"段落"中"中文版式"下的合并字符选项。

（2）在合并字符对话框中可以对文字的字体、字号进行修改，修改完成后单击"确定"按钮。显示效果如图 3.45 所示。

图 3.45　合并字符

3.4　表 格 制 作

对一些信息和数据进行编辑和处理时，使用表格能起到更好的效果。在 Word 中，可以创建表格，并根据需要对表格和表格中的信息进行编辑和处理。下面将向大家介绍表格的创建、编辑、表格数据的处理等相关内容。

3.4.1　创建表格

根据不同的需要，可以用不同的方式创建表格，Word 中表格的创建有 4 种方法。

1. 使用"插入表格"窗口

（1）将光标插入到需要创建表格的位置。

（2）鼠标单击"插入"选项卡中的"表格"按钮打开下拉菜单。

（3）在"插入表格"窗口中移动鼠标，被选中的表格的列数和行数显示在窗口上方，当鼠标移动到需要插入的表格的大小时，单击鼠标，表格即插入到文档中光标所在位置，如图 3.46 所示。

利用这种方法最大可以创建 8 行 10 列的表格。

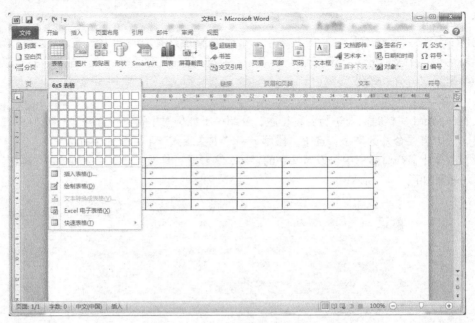

图 3.46 "插入表格"窗口创建表格

2. 使用"插入表格"对话框

如果要创建更多列数和行数的表格，可以使用"插入表格"对话框，具体步骤如下。

（1）将光标插入到需要创建表格的位置。

（2）鼠标单击"插入"选项卡中的"表格"打开下拉菜单，单击"插入表格"命令打开"插入表格"对话框，如图 3.47 所示。

（3）在对话框的"表格尺寸"中输入需要创建的表格的列数和行数，单击"确定"按钮，表格即插入到文档中光标所在位置。

利用这种方法最大可以创建 32767 行 63 列的表格。

3. 使用"绘制表格"命令

使用前两种方法创建的表格中每个单元格的行高和列宽都是相同的，如果要创建单元格大小不同或不规则的表格时，使用"绘制表格"命令有时候更方便，具体步骤如下。

图 3.47 "插入表格"对话框

（1）将光标插入到需要创建表格的位置。

（2）鼠标单击"插入"选项卡中的"表格"打开下拉菜单，单击"绘制表格"命令，鼠标指针变成笔的形状。

（3）在文档中需要创建表格的位置按住鼠标左键并斜向拖动鼠标，即可绘制出表格的边框。

（4）在边框中按住鼠标左键根据需要水平或垂直拖动鼠标绘制表格线，获得需要的表格样式。

（5）鼠标单击"设计"选项卡中的"绘制表格"按钮或在键盘上按下"Esc"键，完成表格的创建。

（6）如果在绘制表格的过程中需要去掉表格线，鼠标单击"设计"选项卡中的"擦除"按钮，鼠标指针变成橡皮的形状，将鼠标移动到表格线上单击，即可去掉表格线。鼠标再次单击"擦除"按钮或在键盘上按下"Esc"键，取消擦除状态。

4. 使用"快速表格"命令

在 Word 2010 中内置了一些不同用途和不同样式的表格模板供用户快速创建表格，具体步骤如下。

（1）将光标插入到需要创建表格的位置。

（2）鼠标单击"插入"选项卡中的"表格"打开下拉菜单，再将鼠标移动到"快速表格"命令上即打开内置表格窗口，如图 3.48 所示。

（3）用户根据需要选择自己需要的表格样式，并在选中的表格样式上单击鼠标，表格即插入到文档中光标所在处。

图 3.48　"快速表格"命令

3.4.2　编辑表格

通过上述操作创建表格后，在使用表格的过程中还需要对表格进行调整，主要包括表格内容的对齐，表格中的行、列和单元格的插入和删除，修改表格、单元格的大小和行高列宽，单元格和表格的拆分等操作。

1．表格的选择

对表格进行编辑之前，首先要选中需要进行操作的表格、行、列、单元格。

（1）选择表格

第一种方法：将鼠标移动到表格上，在表格的左上角会出现一个内含十字的小方按钮，鼠标单击此按钮即可选中整个表格。

第二种方法：鼠标单击表格中的任意一个单元格，然后单击"布局"选项卡中的"选择"按钮，在弹出的下拉菜单中选择"选择表格"命令，整个表格被选中。

（2）选择行

第一种方法：将鼠标移动到要选中行的左端，当鼠标变成一个指向右上的箭头时，单击鼠标即选中此行。

第二种方法：将鼠标移动到要选中行的某个单元格中，然后单击"布局"选项卡中的"选择"按钮，在弹出的下拉菜单中选择"选择行"，则此行被选中。

（3）选择列

第一种方法：将鼠标移动到要选中列的顶端，当鼠标变成一个黑色的指向下方的箭头时，单击鼠标即选中此列。

第二种方法：将鼠标移动到要选中列的某个单元格中，然后单击"布局"选项卡中的"选择"按钮，在弹出的下拉菜单中选择"选择列"，则此列被选中。

（4）选择单元格

第一种方法：将鼠标移动到要选中单元格的左下角，当鼠标变成一个黑色的指向右上方的箭头时，单击鼠标即选中此单元格。

第二种方法：将鼠标移动到要选中的单元格中，然后单击"布局"选项卡中的"选择"按钮，在弹出的下拉菜单中选择"选择单元格"，则此单元格被选中。

（5）选择矩形区域

如果要选中表格中的一个矩形区域，可以将鼠标移动到表格内，按住鼠标左键并拖动即可选中表格中的一个矩形区域。

2. 表格内容的对齐方式

在 Word 2010 中可以通过以下 3 种方式设置表格内容的对齐方式。

（1）使用"布局"选项卡

首先选中表格中需要设置对齐方式的内容，鼠标单击"布局"选项卡，在"对齐方式"分组中有九种对齐方式供用户选择，分别为："靠上两端对齐"、"靠上居中对齐"、"靠上右对齐"、"中部两端对齐"、"水平居中"、"中部右对齐"、"靠下两端对齐"、"靠下居中对齐"和"靠下右对齐"，如图 3.49 所示。

（2）使用"表格属性"对话框

首先选中表格中需要设置对齐方式的内容，鼠标单击"布局"选项卡，在"表"分组中单击"属性"按钮，打开"表格属性"对话框，在对话框中选择"单元格"选项卡，然后在"垂直对齐方式"区域选择合适的垂直对齐方式后单击"确定"按钮，如图 3.50 所示。

图 3.49　"布局"选项卡中的九种对齐方式　　　　图 3.50　"表格属性"对话框

打开"表格属性"对话框也可以通过先选中表格中需要设置对齐方式的内容，单击鼠标右键，在弹出的快捷菜单中选择"表格属性"选项的方式打开。

（3）使用快捷菜单中的"单元格对齐方式"

首先选中表格中需要设置对齐方式的内容，单击鼠标右键弹出快捷菜单，将鼠标指向快捷菜单中的"单元格对齐方式"选项将出现和第一种方法相同的 9 种对齐方式供用户选择，如图 3.51 所示。

图 3.51 "单元格对齐方式"命令

3. 表格中的行、列和单元格的插入和删除

（1）插入行、列

在表格中插入行、列通常有两种方法。

第一种方法：首先鼠标右键单击要插入行、列的相邻任意单元格弹出快键菜单，鼠标指向菜单中的"插入"命令，在下级菜单中有四种插入行、列的方式供用户选择，如图 3.52 所示。

图 3.52 通过快捷菜单插入行、列

第二种方法：首先鼠标单击要插入行、列的相邻任意单元格，再选择"布局"选项卡，在"行和列"分组中包括了四个不同方式插入行、列的按钮。

（2）插入单元格

首先鼠标单击需要插入单元格的相邻单元格弹出快键菜单，鼠标指向菜单中的"插入"命令，在下级菜单单击"插入单元格"命令弹出"插入单元格"对话框，对话框中提供了两种单元格插入方式供用户选择，如图 3.53 所示。

（3）删除行、列

删除表格中的行、列通常有两种方法。

第一种方法：选中需要删除的行或列，单击鼠标右键弹出快捷菜单，选择"删除行"或"删除列"命令即可删除选中的行或列。

图 3.53 "插入单元格"对话框

第二种方法：鼠标单击表格中要删除的行或列中的任意一单元格，在"布局"选项卡的"行和列"分组中单击"删除"按钮，在下拉菜单中选择"删除行"或"删除列"命令即可删除选中的行或列，如图 3.54 所示。

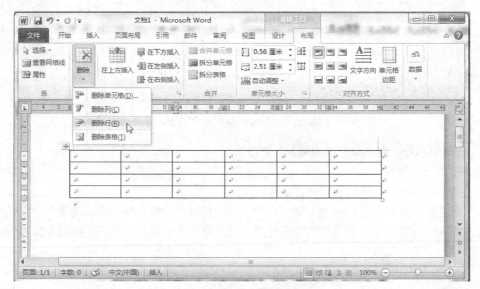
图 3.54 利用"布局"选项卡删除行、列

（4）删除单元格

删除单元格通常有两种方法。

第一种方法：鼠标右键单击需要删除的单元格弹出快捷菜单，选择"删除单元格"命令打开"删除单元格"对话框，对话框中提供了两种单元格的删除方式，如图 3.55 所示。

第二种方法：鼠标单击表格中要删除的行或列中的任意一单元格，在"布局"选项卡的"行和列"分组中单击"删除"按钮，在下拉菜单中选择"删除单元格"命令打开"删除单元格"对话框。

4. 表格、单元格大小和行高列宽的修改

创建好表格后，可以根据需要对表格和单元格的大小及行高列宽进行修改，修改的方法主要有 3 种。

（1）使用鼠标拖动修改表格

将鼠标移动到需要修改的表格线上，按住鼠标左键不动，根据需要上下或左右拖动表格线，即可改变表格和单元格大小以及行高和列宽。使用这种方法可以快速的修改表格，但不能准确控制表格中的行高和列宽。

（2）使用"布局"选项卡修改表格

选中表格中需要修改的区域后，单击"布局"选项卡，在"单元格大小"分组中提供了"自动调整"、"高度"、"宽度"、"分布行"和"分布列" 5 个按钮可以实现表格大小的自动调整、行高列宽的设置以及行高列宽的平均分布等功能，如图 3.56 所示。

图 3.55 "删除"单元格对话框 　　　　　图 3.56 利用"布局"选项卡修改表格

（3）使用"表格属性"对话框修改表格

选中表格中需要修改的区域后，鼠标右键单击弹出快捷菜单，选择"表格属性"命令，打开"表格属性"对话框，如图 3.57 所示，在该对话框中，通过"表格"、"行"、"列"、"单元格"4个选项卡可以对表格和单元格大小以及行高和列宽进行设置。

5. 单元格的拆分与合并

（1）单元格的拆分通常有两种方法。

第一种方法：鼠标右键单击需要拆分的单元格，在弹出的快捷菜单中选择"拆分单元格"命令，打开"拆分单元格"对话框，如图 3.58 所示，设置好需要拆分的行列后点击"确定"按钮完成拆分。

第二种方法：鼠标左键单击需要拆分的表格，单击"布局"选项卡"合并"分组中的"拆分单元格"按钮，弹出"拆分单元格"对话框，设置好需要拆分的行列后点击"确定"按钮完成拆分。

图 3.57 "表格属性"对话框 　　　　　图 3.58 "拆分单元格"对话框

（2）单元格的合并。

单元格的合并通常有两种方法。

第一种方法：首先用鼠标选中需要合并的单元格，单击鼠标右键弹出快捷菜单，选择"合并单元格"命令，选中的单元格即合并为一个单元格。

第二种方法：首先用鼠标选中需要合并的单元格，单击"布局"选项卡"合并"分组中的"合并单元格"按钮，选中的单元格即合并为一个单元格。

6. 表格的拆分

首先选中表格拆分成为第二个表格首行中的任意单元格，单击"布局"选项卡"合并"分组中的"拆分表格"按钮，原表格即拆分为两个表格。

3.4.3　美化表格

表格的美化主要通过设置表格的边框和底纹来实现。边框和底纹的设置可以通过"设计"选项卡和"边框和底纹"对话框进行。

1. 通过"设计"选项卡设置边框底纹

首先选中需要设置边框和底纹的区域，单击"设计"选项卡，然后在"表格样式"分组中有"底纹"和"边框"两个按钮。

（1）底纹的设置

选中需要设置底纹的表格区域，单击"底纹"按钮左边的小图标，选中的区域即被设置为"底纹"按钮当前显示的颜色，如果需要更改颜色，可以单击"底纹"按钮右边的下拉箭头，在弹出的列表中可以选择颜色或者由用户自己设置颜色，如图 3.59 所示。

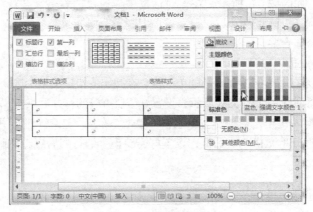

图 3.59　底纹的设置

（2）边框的设置

选中需要设置边框的表格区域，单击"边框"按钮右边的下拉箭头，在弹出的列表中提供了 13 种边框线供用户选择，如图 3.60 所示。

图 3.60　边框的设置

2. 通过"边框和底纹"对话框设置边框底纹

使用"边框"和"底纹"按钮可以快速地设置表格中的边框和底纹，如果需要进行更详细的设置，可以通过"边框和底纹"对话框进行。打开"边框和底纹"对话框的方法很多，选中表格区域后，单击鼠标右键弹出快捷菜单，选择"边框和底纹"命令打开"边框和底纹"对话框；也可以单击"表格工具"功能区中"设计"选项卡"表格样式"分组中"边框"按钮右边下拉箭头，在打开的下拉菜单中选择"边框和底纹"打开对话框；还可以直接单击"边框"按钮左边的小图标打开对话框。

（1）边框的设置

打开"边框和底纹"对话框后切换到"边框"选项卡，如图 3.61 所示，在"设置"区域选择边框显示位置；在"样式"列表中选择边框的样式；在"颜色"下拉菜单中选择边框使用的颜色；单击"宽度"下拉三角按钮选择边框的宽度尺寸；在"预览"区域，可以通过单击某个方向的边框按钮来确定是否显示该边框。

图 3.61　利用"边框"选项卡设置边框

（2）底纹的设置

打开"边框和底纹"对话框后切换到"底纹"选项卡，如图 3.62 所示，在"填充"下拉菜单中选择表格填充的颜色；在"图案"下方的"样式"下拉菜单中选择填充图案的样式，在"颜色"下拉菜单中选择填充图案的颜色，在对话框右边的预览窗口中可以看到选择后的填充效果。

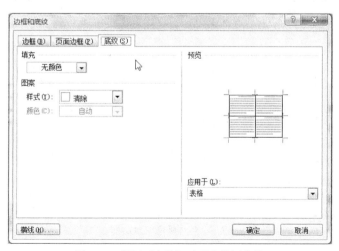

图 3.62　利用"底纹"选项卡设置底纹

3.4.4　文本与表格之间的转换

1．文本转换为表格

（1）首先选中要转换成表格的所有文本，单击"插入"选项卡"表格"分组中"表格"按钮，选择弹出菜单中的"文本转换成表格"命令。

（2）选择"文本转换成表格"后将打开"将文字转换为表格"对话框，如图 3.63 所示，根据需要设置好表格尺寸和文字分隔位置后按"确定"按钮完成转换。

2. 表格转换为文本

（1）首先选中表格中的需要转换为文本的内容，单击"布局"选项卡"数据"分组中的"转化为文本"按钮，将弹出"表格转换成文本"对话框，如图 3.64 所示。

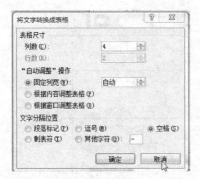

图 3.63 "将文字转换成表格"对话框　　　　图 3.64 "表格转换成文本"对话框

（2）在对话框中选择好文字分隔符后单击"确定"按钮完成转换。

3.4.5 表格排序与数字计算

Word 2010 提供了对表格中的数据进行处理的方法，其中常用的是表格排序和数字计算。

1. 表格排序

将表格中的数据按照一定的方法进行排序，能使用户更方便地查看和分析表格中的数据，步骤如下。

（1）将光标插入表格中任意单元格，单击"布局"选项卡"数据"分组中的"排序"按钮，打开"排序"对话框，如图 3.65 所示。

图 3.65 "排序"对话框

（2）根据需要选择排序的关键字、类型、排序方式、有无标题行等，然后按"确定"按钮完成排序。如：主要关键字选择"计算机成绩"，类型选择"数字"，排序方式选择"降序"，次要关键字选择"英语成绩"，类型选择"数字"，排序方式选择"降序"，列表选择"有标题行"，按"确定"按钮后，表格中的数据按照计算机成绩由高到低排列，在计算机成绩相同时按照英语成绩由高到低排列。

2. 数字计算

当需要对表格中的数据进行计算时，可以使用公式和函数两种方式。

（1）公式计算

① 鼠标左键单击存放计算结果的单元格后单击"布局"选项卡"数据"分组中的"公式"按钮，打开"公式"对话框，如图 3.66 所示。

图 3.66　"公式"对话框

② 在"公式"对话框中的"公式"编辑栏中输入计算的公式，例如："=90+87"，如图 3.67 所示，公式输入完成后单击"确定"按钮即可在选定单元格中得到计算结果。

（2）函数计算

① 鼠标左键单击存放计算结果的单元格后单击"布局"选项卡"数据"分组中的"公式"按钮，打开"公式"对话框。

② 对话框打开后，在"公式"编辑框中会自动出现一个函数，例如："=SUM（LEFT）"，这个函数表示对选中单元格左边所有单元格中的数据进行求和运算，并在选中单元格中显示计算结果。如果要使用其他函数，则单击"粘贴函数"编辑框左边的下拉按钮，在打开的下拉列表中选择需要的函数，如图 3.68 所示。

图 3.67　"公式"编辑栏中编辑公式

图 3.68　在"粘贴函数"列表中选择函数

③ 在函数中的括号内根据计算的数据与选中单元格的相对位置填写相应的参数，参数共有四个，分别是 LEFT（单元格左侧）、RIGHT（单元格右侧）、ABOVE（单元格上面）和 BELOW（单

元格下面），完成公式的编辑后单击"确定"按钮即可得到计算结果。

3.5 图 文 混 排

Word 2010 新增了针对图形、图片、图表、艺术字、自动形状、文本框等对象的样式设置，样式包括了渐变效果、颜色、边框、形状和底纹等多种效果，可以帮助用户快速设置上述对象的格式。

3.5.1 插入图片和剪贴画

1. 插入图片
用户可以将多种格式的图片插入到 Word 2010 文档中，从而创建图文并茂的 Word 文档，操作步骤如下所述：单击插入选项卡，选择图片按钮，插入图片，如图 3.69 所示。

图 3.69　插入图片　　　　　图 3.70　在 Word 2010 文档中插入可更新的图片链接

在 Word 2010 文档中插入图片以后，如果原始图片发生了变化，用户需要向 Word 2010 文档中重新插入该图片。借助 Word 2010 提供的"插入和链接"功能，用户不仅可以将图片插入 Word 2010 文档中，而且在原始图片发生变化时，Word 2010 文档中的图片可以进行更新，操作步骤同插入图片方法一致，区别在于单击要插入的图片后，单击"插入"按钮右侧的下拉三角按钮，并选择"插入和链接"命令，如图 3.70 所示。

选中的图片将被插入到 Word 2010 文档中，当原始图片内容发生变化（文件未被移动或重命名）时，重新打开 Word 2010 文档将看到图片已经更新（必需在关闭所有 Word 2010 文档后重新打开插入图片的 Word 2010 文档）。如果原始图片位置被移动或图片被重命名，则 Word 2010 文档中将保留最近的图片版本。

小提示：如果在"插入"下拉菜单中选择"链接到文件"命令，则当原始图片位置被移动或图片被重命名时，Word 2010 文档中将不显示图片。

2. 插入剪贴画
当在 Word 2010 文档窗口中插入一张剪贴画，单击插入选项卡，选择剪贴画按钮，单击图中剪贴画对话框中任意图片，插入即可。

3. 屏幕截图功能插入图片
借助 Word 2010 的"屏幕截图"功能，用户可以方便地将已经打开且未处于最小化状态的窗口截图插入当前 Word 文档中。需要注意的是，"屏幕截图"功能只能应用于文件扩展名为.docx 的 Word 2010 文档中，在文件扩展名为.doc 的兼容 Word 文档中是无法实现的。

在 Word 2010 文档中插入屏幕截图的步骤如下所示。

第 1 步，将准备插入到 Word 2010 文档中的窗口处于非最小化状态，然后打开 Word 2010 文档窗口，切换到"插入"功能区。在"插图"分组中单击"屏幕截图"按钮.

第 2 步，打开"可用视窗"面板，Word 2010 将显示智能监测到的可用窗口。单击需要插入截图的窗口即可。插入窗口屏幕截图的效果如图 3.71 所示。

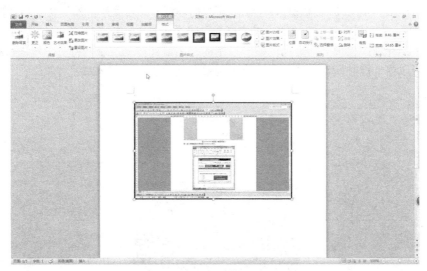

图 3.71　插入窗口屏幕截图的效果

如果用户仅仅需要将特定窗口的一部分作为截图插入到 Word 文档中，则可以只保留该特定窗口为非最小化状态，然后在"可用视窗"面板中选择"屏幕剪辑"命令。

3.5.2　图片的编辑操作

图片和剪贴画的编辑操作大致相似，下面以图片为例介绍图片编辑。

1．图片样式设置

单击选中该图片后，会自动打开"图片工具|格式"功能区。在"格式"功能区的"图片样式"分组中，可以使用预置的样式快速设置图片的格式。值得一提的是，当鼠标指针悬停在一个图片样式上方时，Word 2010 文档中的图片会即时预览实际效果，如图 3.72 所示。

图 3.72　选中"图片样式"

2. 图片裁剪

在 Word 2010 文档中，用户可以方便地对图片进行裁剪操作，以截取图片中最需要的部分，操作步骤如下所述。

第 1 步，打开 Word 2010 文档窗口，首先将图片的环绕方式设置为非嵌入型。然后单击选中需要进行裁剪的图片。在"图片工具"功能区的"格式"选项卡中，单击"大小"分组中的"裁剪按钮。

第 2 步，图片周围出现 8 个方向的裁剪控制柄，用鼠标拖动控制柄将对图片进行相应方向的裁剪，同时可以拖动控制柄将图片复原，直至调整合适为止，如图 3.73 所示。

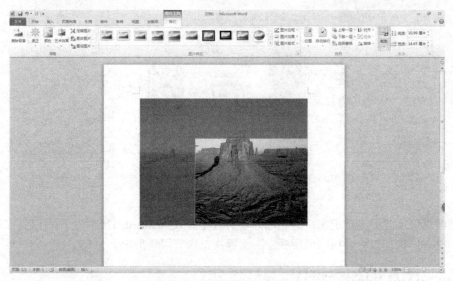

图 3.73 拖动控制柄裁剪图片

第 3 步，将鼠标光标移出图片，则鼠标指针将呈剪刀形状。单击鼠标左键将确认裁剪，如果想恢复图片只能单击快速工具栏中的"撤销裁减图片"按钮或"Ctrl+Z"快捷键，如图 3.74 所述。

图 3.74 确认裁剪图片

3. 图片亮度设置

在 Word 2010 文档中，用户可以通过两种方式设置图片亮度。

（1）在"图片工具"功能区设置图片亮度

打开 Word 2010 文档窗口，选中需要设置亮度的图片。在"图片工具"功能区"格式"选项卡中，单击"调整"分组中的"更正"按钮。打开"更正"列表，在"亮度和对比度"区域选择合适的亮度和对比度选项（例如选择"亮度+40，对比度 20%"），如图 3.75 所示。

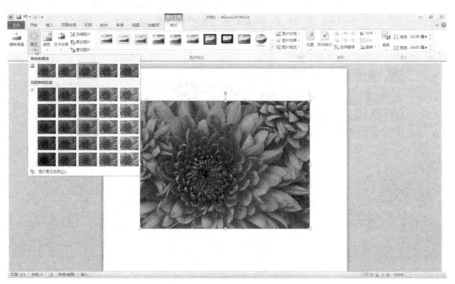

图 3.75　选择图片亮度选项

（2）在"设置图片格式"对话框设置图片亮度

如果希望对图片亮度进行更细微的设置，可以在"设置图片格式"对话框中进行，操作步骤如下所述。

第 1 步，打开 Word 2010 文档窗口，选中需要设置亮度的图片。在"图片工具"功能区"格式"选项卡中，单击"调整"分组中的"更正"按钮，打开"更正"列表，选择"图片更正选项"命令。

第 2 步，打开"设置图片格式"对话框，在"图片更正"选项卡中调整"亮度"微调框，以 1% 为增减量进行细微的设置，如图 3.76 所示。

图 3.76　Word 2010 "设置图片格式"对话框

4. 图片重新着色

在 Word 2010 文档中，用户可以为图片重新着色、设置颜色饱和度或调整色调，实现图片的灰度、褐色、冲蚀、黑白等显示效果，操作步骤如下所述。

第 1 步，打开 Word 2010 文档窗口，选中准备重新着色的图片。在"图片工具"功能区的"格式"选项卡中，单击"调整"分组中的"颜色"按钮，如图 3.77 所示。

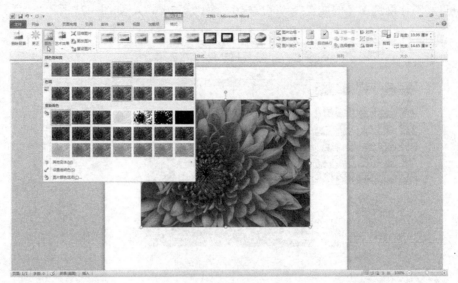

图 3.77 单击"颜色"按钮

第 2 步，在打开的颜色模式面板中，用户在可以分别设置颜色饱和度、色调，或者在"重新着色"区域选择"灰度"、"橄榄色"、"冲蚀"或"紫色"等选项为图片重新着色。

5. 图片阴影效果设置

第 1 步，打开 Word 2010 文档窗口，选中需要设置阴影效果的图片。

第 2 步，在"图片工具"功能区的"格式"选项卡中，单击"图片样式"分组中的"图片效果"按钮。将鼠标指向"阴影"选项，并在打开的阴影列表中选择合适的阴影即可，如图 3.78 所示。

图 3.78 选择图片阴影

6. 图片映像效果设置

所谓映像就是为选中的 Word 图片创建一份图片副本，实现图片的倒影效果。在 Word 2010

中提供了图片映像功能，操作步骤如下所述。

第 1 步，打开 Word 2010 文档窗口，选中需要设置映像的图片。

第 2 步，在"图片工具"功能区的"格式"选项卡中，单击"图片样式"分组中的"图片效果"按钮。选择"映像"选项，并在打开的映像列表中选择需要的映像效果即可，如图 3.79 所示。

图 3.79　选择映像效果

7. 图片柔化边缘效果设置

借助 Word 2010 提供的图片柔化边缘功能，用户可以为 Word 2010 文档中的图片设置柔化边缘效果，使图片的边缘呈现比较模糊的效果，操作步骤如下所述：

第 1 步，打开 Word 2010 文档窗口，选中需要设置柔化边缘的图片。

第 2 步，在"图片工具"功能区的"格式"选项卡中，单击"图片样式"分组中的"图片效果"按钮，选择"柔化边缘"选项，并在打开的柔化边缘效果列表中选择合适的柔化边缘效果即可，如图 3.80 所示。

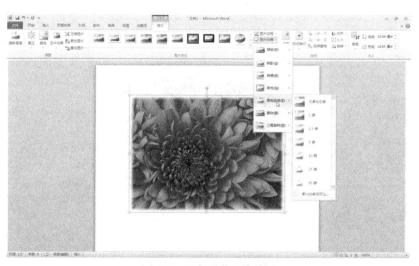

图 3.80　选择柔化边缘效果

8. 图片发光效果设置

Word 2010 文档中的图片发光效果究其实质就是在图片周围添加彩色边框，跟"柔化边缘"

功能配合使用，使图片看上去似乎在背后有彩色光照。步骤如下所述。

第1步，打开 Word 2010 文档窗口，选中需要设置发光效果的图片。

第2步，在"图片工具"功能区的"格式"选项卡中，单击"图片样式"分组中的"图片效果"按钮，选择"发光"选项，并在打开的发光效果列表中选择合适的发光效果即可，如图 3.81 所示。

图 3.81　选择合适的发光效果

9. 图片棱台效果设置

在 Word 2010 文档中，用户可以为图片设置棱台效果，从而实现图片的多种立体化效果，例如棱纹、斜面、凸起等棱台效果，操作步骤如下所述。

第1步，打开 Word 2010 文档窗口，选中需要设置棱台效果的图片。

第2步，在"图片工具"功能区的"格式"选项卡中，单击"图片样式"分组中的"图片效果"按钮，选择"棱台"选项，并在打开的棱台效果列表中选择合适的图片棱台效果，如图 3.82 所示。

图 3.82　选择图片棱台效果

10. 图片三维旋转效果设置

为图片设置三维旋转效果是 Word 2010 新增的图片处理功能，以前的 Word 2003 等版本不具备该功能。借助三维旋转功能，用户可以对选中的图片沿着 X 轴、Y 轴、Z 轴 3 个纬度进行立体旋转，从而实现立体化旋转效果，操作步骤如下所述。

第 1 步，打开 Word 2010 文档窗口，选中需要设置三维旋转效果的图片。

第 2 步，在"图片工具"功能区的"格式"选项卡中，单击"图片样式"分组中的"图片效果"按钮，选择"三维旋转"选项，并在打开的三维旋转列表中选择平行、透视、倾斜等三维旋转效果，如图 3.83 所示。

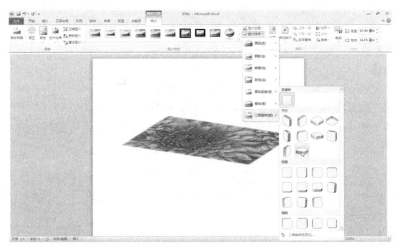

图 3.83　选择图片三维旋转效果

11. 图片预设效果设置

Word 2010 中提供了多种图片预设效果，这些预设效果综合应用了 Word 2010 图片阴影效果、映像效果、柔化边缘效果、棱台效果等多种效果。通过应用图片的预设效果，用户可以快速设置选中的一个或多个图片，操作步骤如下所述。

第 1 步，打开 Word 2010 文档窗口，选中需要应用预设效果的一个或多个图片。

第 2 步，在"图片工具"功能区的"格式"选项卡中，单击"图片样式"分组中的"图片效果"按钮，选中"预设"选项，并在打开的预设列表中选中需要的预设效果（例如选中"预设 10"），如图 3.84 所示。

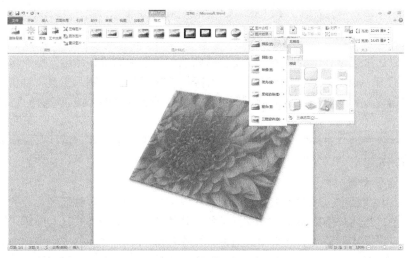

图 3.84　选择图片预设效果

12. 图片旋转设置

在 Word 2010 文档中旋转图片的方法有 3 种，一种是使用旋转手柄，一种是应用 Word 2010 预设的旋转效果，另外一种是输入旋转的角度值。

（1）使用旋转手柄旋转图片

如果对于 Word 2010 文档中图片的旋转角度没有精确要求，用户可以使用旋转手柄旋转图片。首先选中图片，图片的上方将出现一个绿色的旋转手柄。将鼠标移动到旋转手柄上，鼠标光标呈现旋转箭头的形状。按住鼠标左键沿圆周方向正时针或逆时针旋转图片即可。

（2）应用 Word 2010 预设旋转效果

Word 2010 预设了 4 种图片旋转效果，即向右旋转 90°，向左旋转 90°，垂直翻转和水平翻转，操作步骤如下所述。

第 1 步，打开 Word 2010 文档窗口，选中需要旋转的图片。

第 2 步，在"图片工具"功能区的"格式"选项卡中，单击"排列"分组中的"旋转"按钮，并在打开的旋转菜单中选中"向右旋转 90°"、"向左旋转 90°"、"垂直翻转"或"水平翻转"效果，如图 3.85 所示。

图 3.85　选中"水平翻转"效果

（3）输入旋转角度数值旋转图片

用户还可以通过指定具体的数值，以便更精确地控制图片的旋转角度，操作步骤如下所述。

第 1 步，打开 Word 2010 文档窗口，选中需要旋转的图片。"图片工具"功能区的"格式"选项卡中，单击"排列"分组中的"旋转"按钮，并在打开的旋转菜单中选择"其他旋转选项"命令。

第 2 步，在打开的"布局"对话框中切换到"大小"选项卡，在"旋转"区域调整"旋转"编辑框的数值，并单击"确定"按钮即可旋转图片，如图 3.86 所示。

13. 图片边框设置

在 Word 2010 文档中，用户可以为选中的图片设置多种颜色、多种粗细尺寸的实线边框或虚线边框。实际上，当用户使用 Word 2010 预设的图片样式时，某些样式已经应用了图片边框。当然，用户也可以根据实际需要自定义图片边框，操作步骤如下所述。

第 1 步，打开 Word 2010 文档窗口，选中需要设置边框的一张或多张图片。

图 3.86　输入图片旋转角度数值

第 2 步，在"图片工具"功能区的"格式"选项卡中，单击"图片样式"分组中的"图片边框"按钮。在打开的图片边框列表中将鼠标指向"粗细"选项，并在打开的粗细尺寸列表中选择合适的尺寸，如图 3.87 所示。

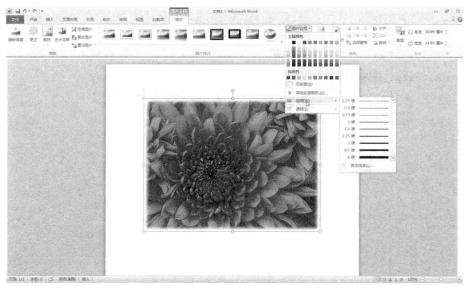

图 3.87　选择图片边框粗细尺寸

第 3 步，在"图片边框"列表中将鼠标指向任意线条选项。

第 4 步，在"图片边框"列表中单击需要的边框颜色，则被选中的图片将被应用所设置的边框样式。如果希望取消图片边框，则可以单击"无轮廓"命令，如图 3.88 所示。

14. 图片透明色设置

在 Word 2010 文档中，对于背景色只有一种颜色的图片，用户可以将该图片的纯色背景色设置为透明色，从而使图片更好地融入到 Word 文档中。该功能对于设置有背景颜色的 Word 文档尤其适用。在 Word 2010 文档中设置图片透明色的步骤如下所述。

第 1 步，选中需要设置透明色的图片，在"图片工具"功能区的"格式"分组中，单击"调整"分组中的"颜色"按钮，并在打开的颜色模式列表中选择"设置透明色"命令，如图 3.89 所示。

图 3.88　选择图片边框颜色

图 3.89　选择"设置透明色"命令

　　第 2 步，鼠标箭头呈现彩笔形状，将鼠标箭头移动到图片上并单击需要设置为透明色的纯色背景，则被单击的纯色背景将被设置为透明色，从而使得图片的背景与 Word 2010 文档的背景色一致。

15. 图片设置艺术效果设置

　　在 Word 2010 文档中，用户可以为图片设置艺术效果，这些艺术效果包括铅笔素描、影印、图样等多种效果，操作步骤如下所述。

　　第 1 步，打开 Word 2010 文档窗口，选中准备设置艺术效果的图片。在"图片工具"功能区的"格式"选项卡中，单击"调整"分组中的"艺术效果"按钮，如图 3.90 所示。第 2 步，在打开的艺术效果面板中，单击选中合适的艺术效果选项即可。

16. 图片文字环绕方式设置

　　默认情况下，插入到 Word 2010 文档中的图片作为字符插入到 Word 2010 文档中，其位置随着其他字符的改变而改变，用户不能自由移动图片。而通过为图片设置文字环绕方式，则可以自由移动图片的位置，操作步骤如下所述。

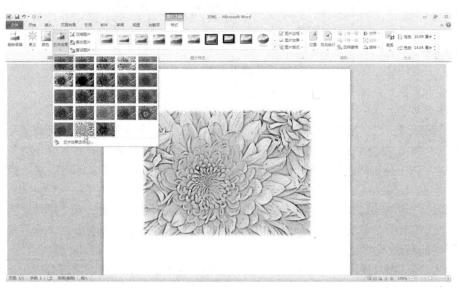

图 3.90　设置艺术效果

第 1 步，打开 Word 2010 文档窗口，选中需要设置文字环绕的图片。

第 2 步，在打开的"图片工具"功能区的"格式"选项卡中，单击"排列"分组中的"位置"按钮，则在打开的预设位置列表中选择合适的文字环绕方式。这些文字环绕方式包括"顶端居左，四周型文字环绕"、"顶端居中，四周型文字环绕"、"中间居左，四周型文字环绕"、"中间居中，周型文字环绕"、"中间居右，四周型文字环绕"、"底端居左，四周型文字环绕"、"底端居中，四周型文字环绕"、"底端居右，四周型文字环绕"九种方式，如图 3.91 所示。

图 3.91　选择文字环绕方式

如果用户希望在 Word 2010 文档中设置更丰富的文字环绕方式，可以在"排列"分组中单击"自动换行"按钮，在打开的菜单中选择合适的文字环绕方式即可。

Word 2010"自动换行"菜单中每种文字环绕方式的含义如下所述。

（1）四周型环绕：不管图片是否为矩形图片，文字以矩形方式环绕在图片四周。

（2）紧密型环绕：如果图片是矩形，则文字以矩形方式环绕在图片周围，如果图片是不规则图形，则文字将紧密环绕在图片四周。

（3）穿越型环绕：文字可以穿越不规则图片的空白区域环绕图片。

（4）上下型环绕：文字环绕在图片上方和下方。

（5）衬于文字下方：图片在下、文字在上分为两层，文字将覆盖图片。

（6）浮于文字上方：图片在上、文字在下分为两层，图片将覆盖文字。

（7）编辑环绕顶点：用户可以编辑文字环绕区域的顶点，实现更个性化的环绕效果。

在 Word 2010 文档中，用户不仅可以为图片设置"紧密型环绕"、"上下型环绕"等常规型的文字环绕方式，还可以使用"编辑环绕顶点"功能实现个性化的文字环绕效果。操作步骤如下所述。

第 1 步，打开 Word 2010 文档窗口，选中需要设置文字环绕的图片。在"图片工具"功能区的"格式"选项卡中，单击"排列"分组中的"自动换行"按钮，并在打开的文字环绕菜单中选择"编辑环绕顶点"命令。

第 2 步，拖动图片周围的环绕顶点，设置合适的环绕形状后，单击文字部分应用该形状，如图 3.92 所示。

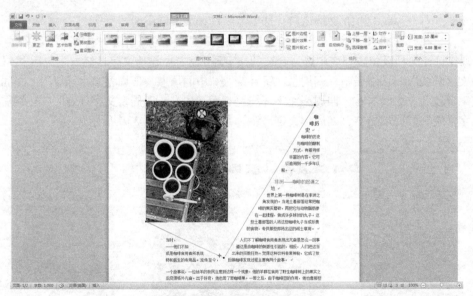

图 3.92　拖动环绕顶点设置环绕形状

17. 图片在页面中的位置设置

Word 2010 内置了 10 种图片位置，用户可以通过选择这些内置的图片位置来确定图片在 Word 2010 文档中的准确位置。一旦确定这些位置，则无论文字和段落位置如何改变，图片位置都不会发生变化。设置图片位置的步骤如下所述。

第 1 步，打开 Word 2010 文档窗口，选中需要设置位置的图片。

第 2 步，在"图片工具"功能区的"格式"选项卡中，单击"排列"分组中的"位置"按钮，并在位置列表中选择合适的位置选项即可，如图 3.93 所示。

尽管 Word 2010 提供了多种内置的图片位置供用户选择，但在实际排版工作当中，用户往往希望能更精确地设置图片在 Word 文档页面中的位置，操作步骤如下所述。

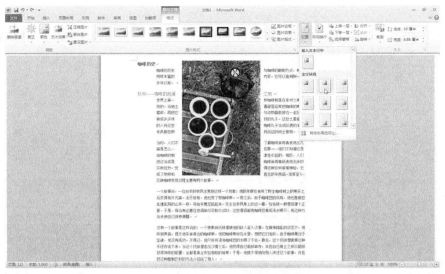

图 3.93　选择图片位置

第 1 步，打开 Word 2010 文档窗口，选中需要精确设置位置的图片。在"图片工具"功能区的"格式"选项卡中，单击"排列"分组中的"位置"按钮，并在打开的菜单中选择"其他布局选项"命令，如图 3.94 所示。

第 2 步，在打开的"高级版式"对话框中切换到"文字环绕"选项卡，选中除"嵌入型"以外的其中一种文字环绕方式（如"四周型"），并单击"确定"按钮。

第 3 步，切换到"图片位置"选项卡，在"水平"区域提供了多种图片位置设置选项。"对齐方式"选项用于设置图片相对于页面或栏左对齐、居中或右对齐；"书籍版式"选项用于设置在奇偶页排版时图片位置在内部还是外部；"绝对位置"选项用于精确设置图片自页面或栏的左侧开始，向右侧移动的距离数值。

图 3.94　选择"其他布局选项"命令

"垂直"区域的设置与"水平"区域的设置基本相同，设置完毕单击"确定"按钮。

18．图片尺寸设置

在 Word 2010 中，用户可以通过多种方式设置图片尺寸。例如拖动图片控制手柄、指定图片宽度和高度数值等，下面介绍最常用的 3 种方式。

（1）拖动图片控制手柄

用户在 Word 文档中选中图片的时候，图片的周围会出现 8 个方向的控制手柄。拖动四角的控制手柄可以按照宽高比例放大或缩小图片的尺寸，拖动四边的控制手柄可以向对应方向放大或缩小图片，但图片宽高比例将发生变化，从而导致图片变形。

（2）直接输入图片宽度和高度尺寸

如果用户需要精确控制图片在 Word 文档中的尺寸，则可以直接在"图片工具"功能区中输入图片的宽度和高度尺寸。设置方法如下。

打开 Word 2010 文档窗口，选中需要设置尺寸的图片。在"图片工具"功能区"格式"选项卡的"大小"分组中，分别设置"宽度"和"高度"数值即可，。

（3）在"大小"对话框设置图片尺寸

如果用户希望对图片尺寸进行更细致的设置，可以打开"大小"对话框进行设置，操作步骤如下所述。

第 1 步，打开 Word 2010 文档窗口，右键单击需要设置尺寸的图片，在打开的快捷菜单中选择"大小和位置"命令，如图 3.95 所示。

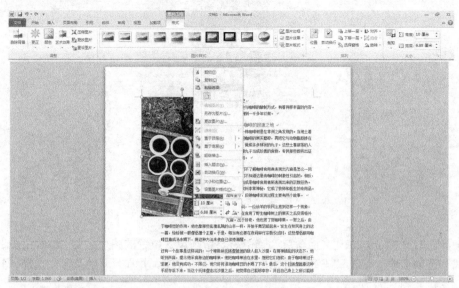

图 3.95   选择"大小和位置"命令

第 2 步，在打开的"布局"对话框中，切换到"大小"选项卡。在"尺寸和旋转"区域可以设置图片的高度和宽度尺寸；在"缩放比例"区域选中"锁定纵横比"和"相对于图片原始尺寸"复选框，并设置高度或宽度的缩放百分比，对应的宽度或高度缩放百分比将自动调整，且保持纵横比不变；如果改变图片尺寸后不满意，可以单击"重置"按钮恢复图片原始尺寸。设置完毕单击"关闭"按钮即可。

19. 压缩图片

在 Word 2010 文档中插入图片后，如果图片的尺寸很大，则会使 Word 文档的文件体积变得很大。即使在 Word 文档中改变图片的尺寸或对图片进行裁剪，图片的大小也不会改变。不过用户可以对 Word 2010 文档中的所有图片或选中的图片进行压缩，这样可以有效减小图片的体积大小，同时也会有效减小 Word 2010 文件的大小。在 Word 2010 文档中压缩图片的步骤如下所述。

第 1 步，打开 Word 2010 文档窗口，选中需要压缩的图片。如果有多个图片需要压缩，则可以在按住 Ctrl 键的同时单击多个图片。

第 2 步，打开"图片工具"功能区，在"格式"选项卡的"调整"分组中单击"压缩图片"按钮，如图 3.96 所示。

第 3 步，打开"压缩图片"对话框，选中"仅应用于所选图片"复选框，并根据需要更改分辨率（例如选中"Web/屏幕"单选按钮）。设置完毕单击"确定"按钮即可对选中图片进行压缩。

20. 保存文档时压缩图片尺寸

尽管用户可以在 Word 2010 中压缩所有图片或选中图片的尺寸，以减小文件的大小，但每次都执行压缩操作未免太繁琐。用户可以设置图片压缩选项，实现在保存文档时自动压缩图片尺寸的目的，操作步骤如下所述。

第 1 步，打开含有图片的 Word 2010 文档窗口，单击"文件"按钮。在打开的"文件"面板中单击"另存为"命令。

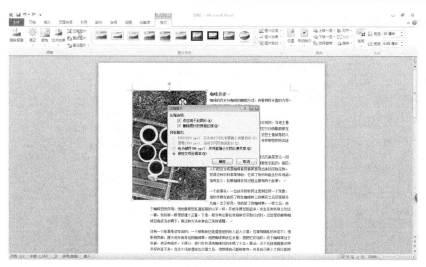

图 3.96　单击"压缩图片"按钮

第 2 步，在打开的"另存为"对话框中单击"工具"按钮，并在打开的工具菜单中选择"压缩图片"命令，如图 3.97 所示。

图 3.97　选择"压缩图片"命令

第 3 步，打开"压缩图片"对话框，选中合适的压缩选项［如选中"打印（220ppi）"］单选按钮，并单击"确定"按钮即可。

第 4 步，返回"另存为"对话框，单击"保存"按钮即可在保存 Word 2010 文档的同时按照设置压缩图片。

3.5.3　插入艺术字

Office 中的艺术字（英文名称为 WordArt）结合了文本和图形的特点，能够使文本具有图形的某些属性，如设置旋转、三维、映像等效果，在 Word、Excel、PowerPoint 等 Office 组件中都可以使用艺术字功能。

打开 Word 2010 文档窗口，将插入点光标移动到准备插入艺术字的位置。在"插入"功能区中，单击"文本"分组中的"艺术字"按钮，并在打开的艺术字预设样式面板中选择合适的艺术字样式，如图 3.98 所示。

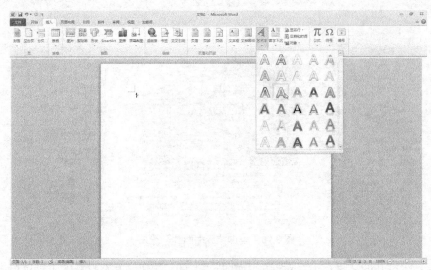

图 3.98　选择艺术字样式

打开艺术字文字编辑框，直接输入艺术字文本即可。用户可以对输入的艺术字分别设置字体和字号，以及设置艺术字样式。

3.5.4　编辑艺术字

插入艺术字后，在文本框上单击选择艺术字，便可激活其"格式"选项卡，其中各组的主要作用介绍如下：

"插入形状"组：可以为艺术字添加形状边框。

"形状样式"组：在其列表框中选择一种形状样式选项，也可单击右侧的按钮自定义形状的填充颜色、轮廓颜色等。

"艺术字样式"组：用于设置艺术字的特殊效果，包括文本填充、文本轮廓和文字效果等，其中文字效果中的各种效果比较常用，如图 3.99 所示。

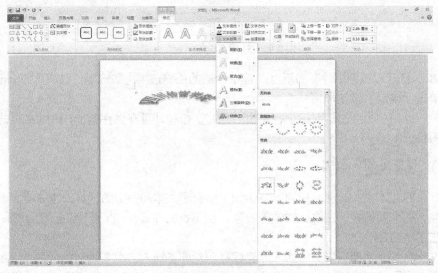

图 3.99　文字效果

"文本"组：用于设置艺术字文本的排列方式和对齐位置。

"大小"组用于设置艺术字文本大小。

艺术字文本效果的比较全面的设置在如图鼠标处单击，弹出"设置文本效果格式"对话框，如图 3.100 所示。

图 3.100　设置文本效果格式

3.5.5　插入文本框

在较早版本的 Word 中同样有文本框的功能，但是多少显得有些单薄。Word 2010 对文本框作了改进，文本框作为一个特殊的图片，可以在插入文本框时进行装饰和美观方面的处理。

通过使用 Word 2010 文本框，用户可以将 Word 文本很方便地放置到 Word 2010 文档页面的指定位置，而不必受到段落格式、页面设置等因素的影响。

Word 2010 内置有多种样式的文本框供用户选择使用，在 Word 2010 文档中文本框应用如下所述：选择文本框类型—输入文字—文本框设计—文本框布局—文本框格式。

打开 Word 2010 文档窗口，切换到"插入"功能区。在"文本"分组中单击"文本框"按钮。单击"文本框"按钮，在打开的内置文本框面板中选择合适的文本框类型，如图 3.101 所示。

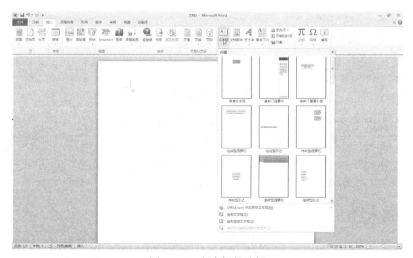

图 3.101　文本框的选择

同样的方法，我们可以插入一个纵排文字：依次单击"文本—文本框—绘制纵排文本框"，如图 3.102 所示。

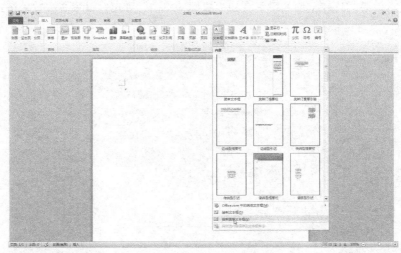

图 3.102　添加竖排文本框

3.5.6　编辑文本框

选择内置文本框，返回 Word 2010 文档窗口，所插入的文本框处于编辑状态，直接输入用户的文本内容即可，如图 3.103 所示。

图 3.103　输入文本框内容

Word 2010 提供了多达三十多种样式供选择，主要排版位置、颜色、大小有所区别，可根据需要选择一种。插入后可看到文本框工具栏已经弹出，输入所需要的内容，之后对文本进行美化。

在"文本框样式"一栏，可对文本框填充颜色、外观颜色进行调整。还可单击下拉小箭头，如弹出"设置自选图形格式"对话框，可以设置大小、版式等。

3.5.7　插入图形

在 Word 2010 文档中，提供了多种形状图形，包括线条、正方形、椭圆、箭头、流程图、旗帜等，将这些形状插入到文档中，并对其进行编辑，可以制作非常漂亮的文档。

打开 Word 2010 文档窗口，切换到"插入"功能区。在"插图"分组中单击"形状"按钮，并在打开的菜单中选择所需形状，如图 3.104 所示，当鼠标指针变成 + 形状时，在文档的合适位置按住鼠标左键不放并拖拽鼠标，即可绘制出各种形状图形。

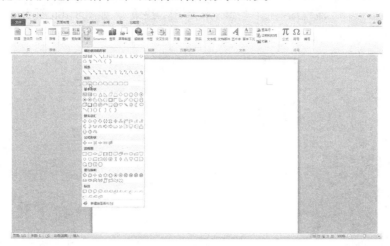

图 3.104　形状下拉列表

小提示：绘制正圆形，正方形要同时按住 Shift 键选择椭圆、矩形绘制即可。

3.5.8　编辑图形

插入形状后，用户可通过"绘图工具"→"格式"选项卡对其大小和外观等进行编辑，还可为其添加和更换不同的样式。

选项卡中的"排列""大小"组的作用和设置方法与前面介绍过的"图片工具"的格式设置基本类似，下面主要介绍其他各组主要选项的作用。

"插入形状"组：选择绘制的形状图形，单击"编辑形状"按钮，在打开的列表中选择"更改形状"下的形状样式，可以更改当前形状的样式；选择"编辑顶点"选项，拖动图形四周出现的控制柄可改变其形状。

"形状样式"组：在其列表框中选择一种图形样式选项，也可点击右侧的 3 个按钮自定义形状的填充颜色、轮廓颜色和阴影效果等。

"艺术字样式"组：在绘制的形状上单击鼠标右键，在弹出的快捷菜单中选择"添加文字"命令，形状中将出现文本插入点，输入文字后可通过该组设置形状中文字的艺术效果，如图 3.105 所示。

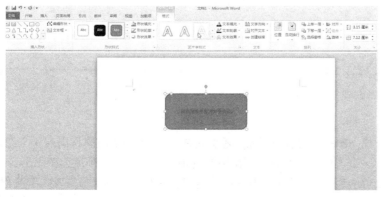

图 3.105　图形中文字添加艺术字效果

3.5.9 绘制流程图

在"插入"功能区的"插图"分组中单击"形状"按钮，并在"流程图"类型中选择插入合适的流程图。例如选择"流程图：过程"和"流程图：决策"，如图 3.106 所示。

图 3.106 选择插入流程图形状

在 Word 2010"插入"功能区的"插图"分组中单击"形状"按钮，并在"线条"类型中选择合适的连接符，例如选择"箭头"和"肘形箭头连接符"，如图 3.107 所示。

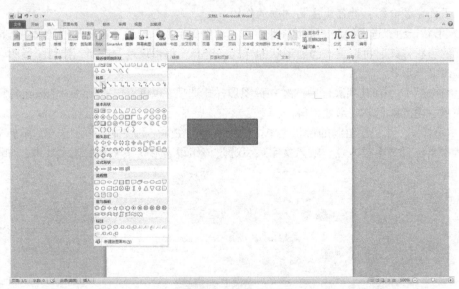

图 3.107 选择连接符

将鼠标指针指向第一个流程图图形（不必选中），则该图形四周将出现 4 个红色的连接点。鼠标指针指向其中一个连接点，然后按下鼠标左键拖动箭头至第二个流程图图形，则第二个流程图图形也将出现红色的连接点。定位到其中一个连接点并释放左键，则完成两个流程图图形的连接。重复前面步骤连接其他流程图图形，成功连接的连接符两端将显示红色的圆点。

在形状中添加文字，在图形上鼠标右键单击，快捷菜单里面选择添加文字。根据实际需要在流程图图形中添加文字，完成流程图的制作。

3.6　页面设置和打印

在文档差不多完成以后，最后的工作就是页面设置和打印了，要形成一片完整的文档，离不开页面设置，下面我们就介绍页面设置和打印中用户可以操作的部分。

3.6.1　页眉、页脚、页码的设置

1．给文章添加页码

如果希望每个页面都显示页码，并且不希望包含任何其他信息（例如，文档标题或文件位置），可以快速添加库中的页码，也可以创建自定义页码或包含总页数的自定义页码（第 X 页，共 Y 页）。

（1）在"插入"选项卡上的"页眉和页脚"组中，单击"页码"，如图 3.108 所示。

（2）单击所需的页码位置。

（3）滚动浏览库中的选项，然后单击所需的页码格式。

（4）若要返回至文档正文，请单击"页眉和页脚工具"下的"设计"选项卡上的"关闭页眉和页脚"。

2．添加自定义页码

（1）双击页眉区域或页脚区域（靠近页面顶部或页面底部），这将打开"页眉和页脚工具"下的"设计"选项卡。

（2）若要将页码放置到页面中间或右侧，请执行下列操作：若要将页码放置到中间，请单击"设计"选项卡的"位置"组中的"插入'对齐方式'选项卡"，单击"居中"，再单击"确定"。若要将页码放置到页面右侧，请单击"设计"选项卡的"位置"组中的"插入'对齐方式'选项卡"，单击"靠右"，再单击"确定"。

（3）在"插入"选项卡上的"文本"组中，单击"文档部件"，然后单击"域"，如图 3.109 所示。

图 3.108　插入页码　　　　　图 3.109　添加自定义页码

（4）在"域名"列表中，单击"Page"，再单击"确定"。

（5）若要更改编号格式，请单击"页眉和页脚"组中的"页码"，再单击"设置页码格式"。

（6）若要返回至文档正文，请单击"设计"选项卡（位于"页眉和页脚工具"下）上的"关闭页眉和页脚"。

3．添加包含总页数的自定义页码

库中的一些页码含有总页数（第 X 页，共 Y 页）。但是，如果要创建自定义页码，请执行下列操作：

（1）双击页眉区域或页脚区域（靠近页面顶部或页面底部）。这将打开"页眉和页脚工具"下的"设计"选项卡。

（2）若要将页码放置到页面中间或右侧，请执行下列操作：若要将页码放置到中间，请单击"设计"选项卡的"位置"组中的"插入'对齐方式选项卡"，单击"居中"，再单击"确定"。若要将页码放置到页面右侧，请单击"设计"选项卡的"位置"组中的"插入'对齐方式'选项卡"，单击"靠右"，再单击"确定"。

（3）在"插入"选项卡上的"文本"组中，单击"文档部件"，然后单击"域"。

（4）在"域名"列表中，单击"Page"，再单击"确定"。

（5）在该页码后键入一个空格，再依次键入页、逗号、共，然后再键入一个空格。

（6）在"插入"选项卡上的"文本"组中，单击"文档部件"，然后单击"域"。

（7）在"域名"列表中，单击"NumPages"，然后单击"确定"。

（8）在总页数后键入一个空格，再键入页。

（9）若要更改编号格式，请单击"页眉和页脚"组中的"页码"，再单击"设置页码格式"。

（10）若要返回至文档正文，请单击"设计"选项卡（位于"页眉和页脚工具"下）上的"关闭页眉和页脚"。

4. 添加包含页码的页眉或页脚

如果希望在文档顶部或底部添加图形或文本，则需要添加页眉或页脚。可以从库中快速添加页眉或页脚，也可以添加自定义页眉或页脚。您可以使用上述与添加不带页码的页眉或页脚相同的步骤。

（1）在"插入"选项卡上的"页眉和页脚"组中，单击"页眉"或"页脚"。

（2）单击要添加到文档中的页眉或页脚。

（3）若要返回至文档正文，请单击"设计"选项卡（位于"页眉和页脚工具"下）上的"关闭页眉和页脚"。

5. 添加自定义页眉或页脚

（1）双击页眉区域或页脚区域（靠近页面顶部或页面底部），这将打开"页眉和页脚工具"下的"设计"选项卡。

（2）若要将信息放置到页面中间或右侧，请执行下列任一操作：若要将信息放置到中间，请单击"设计"选项卡的"位置"组中的"插入'对齐方式'选项卡"，单击"居中"，再单击"确定"。若要将信息放置到页面右侧，请单击"设计"选项卡的"位置"组中的"插入'对齐方式'选项卡"，单击"靠右"，再单击"确定"。

（3）执行下列操作之一：键入要在页眉中包含的信息。添加域代码，方法是：依次单击"插入"选项卡、"文档部件"和"域"，然后在"域名"列表中单击所需的域。可使用域来添加的信息的示例包括：Page（表示页码）、NumPages（表示文档的总页数）和FileName（可包含文件路径）。

（4）如果添加了"Page"域，则可以通过单击"页眉和页脚"组中的"页码"，再单击"设置页码格式"来更改编号格式。

（5）若要返回至文档正文，请单击"设计"选项卡（位于"页眉和页脚工具"下）上的"关闭页眉和页脚"。

小提示：可以在文档的第二页开始编号，也可以在其他页面上开始编号。从第二页开始编号的方法如下。

（1）双击页码。这将打开"页眉和页脚工具"下的"设计"选项卡。

（2）在"设计"选项卡的"选项"组中，选中"首页不同"复选框，如图3.110所示。

（3）若要从1开始编号，请单击"页眉和页脚"组中的"页码"，再单击"设置页码格式"，然后单击"起始编号"并输入"1"。

（4）若要返回至文档正文，请单击"设计"选项卡（位于"页眉和页脚工具"下）上的"关闭页眉和页脚"。

若要从其他页面而非文档首页开始编号，在要开始编号的页面之前需要添加分节符。

（1）单击要开始编号的页面的开头。按 Home 可确保光标位于页面开头。

（2）在"页面布局"选项卡上的"页面设置"组中，单击"分隔符"，如图 3.111 所示。

图 3.110　页眉和页脚工具

图 3.111　页面布局选项卡

（3）在"分节符"下，单击"下一页"。

（4）双击页眉区域或页脚区域（靠近页面顶部或页面底部），这将打开"页眉和页脚工具"选项卡。

（5）在"页眉和页脚工具"的"导航"组中，单击"链接到前一节"以禁用它。

（6）按照添加页码或添加包含页码的页眉和页脚中的说明操作。

（7）若要从 1 开始编号，请单击"页眉和页脚"组中的"页码"，再单击"设置页码格式"，然后单击"起始编号"并输入"1"。

（8）若要返回至文档正文，请单击"设计"选项卡（位于"页眉和页脚工具"下）上的"关闭页眉和页脚"。

6. 在文档的不同部分添加不同的页眉和页脚或页码

可以只向文档的某一部分添加页码，也可以在文档的不同部分中使用不同的编号格式。

例如，可能希望对目录和简介采用 i、ii、iii 编号，对文档的其余部分采用 1、2、3 编号，而不会对索引采用任何页码。

此外，还可以在奇数和偶数页上采用不同的页眉或页脚。

（1）单击要在其中开始设置、停止设置或更改页眉、页脚或页码编号的页面开头。按 Home 可确保光标位于页面开头。

（2）在"页面布局"选项卡上的"页面设置"组中，单击"分隔符"。

（3）在"分节符"下，单击"下一页"。

（4）双击页眉区域或页脚区域（靠近页面顶部或页面底部）。这将打开"页眉和页脚工具"下的"设计"选项卡。

（5）在"设计"的"导航"组中，单击"链接到前一节"以禁用它。

（6）执行下列操作之一。

① 按照添加页码或添加包含页码的页眉和页脚中的说明操作。

② 选择页眉或页脚，然后按 Delete 键。

（7）若要选择编号格式或起始编号，请单击"页眉和页脚"组中的"页码"，单击"设置页码格式"，再单击所需格式和要使用的"起始编号"，然后单击"确定"。

（8）若要返回至文档正文，请单击"设计"选项卡（位于"页眉和页脚工具"下）上的"关闭页眉和页脚"。

7. 在奇数和偶数页上添加不同的页眉和页脚或页码

（1）双击页眉区域或页脚区域（靠近页面顶部或页面底部），这将打开"页眉和页脚工具"选项卡。

（2）在"页眉和页脚工具"选项卡的"选项"组中，选中"奇偶页不同"复选框。

（3）在其中一个奇数页上，添加要在奇数页上显示的页眉、页脚或页码编号。

（4）在其中一个偶数页上，添加要在偶数页上显示的页眉、页脚或页码编号。

8. 删除页码、页眉和页脚

（1）双击页眉、页脚或页码。

（2）选择页眉、页脚或页码。

（3）按 Delete 键。

（4）在具有不同页眉、页脚或页码的每个分区中重复步骤（1）～（3）。

3.6.2 在 Word 2010 页面布局的相关设置

1. 纸张大小的设置

方式 1：打开 Word 2010 文档窗口，切换到"页面布局"功能区。在"页面设置"分组中单击"纸张大小"按钮，并在打开的"纸张大小"列表中选择合适的纸张即可，如图 3.112 所示。

方式 2：在方式 1 的"纸张大小"列表中只提供了最常用的纸张类型，如果这些纸张类型均不能满足用户的需求，可以在"页面设置"对话框中选择更多的纸张类型或自定义纸张大小，操作步骤如下所述。

第 1 步，打开 Word 2010 文档窗口，切换到"页面布局"功能区。在"页面设置"分组中单击显示"页面设置"对话框按钮。

第 2 步，在打开的"页面设置"对话框中切换到"纸张"选项卡，在"纸张大小"区域单击"纸张大小"下拉三角按钮选择更多的纸张类型，或者自定义纸张尺寸，如图 3.113 所示。

图 3.112　选择纸张大小

图 3.113　"纸张"选项卡

2. 页面边距的设置

页边距是正文和页面边缘之间的距离，在页边距中可以存在页眉、页脚和页码等对象，为了使打印出来的文档美观，可以设置合适的页边距。

页边距的效果只有在页面视图中可以看见，所以设置页边距应在页面视图中进行，设置步骤如下。

方法 1．选择页面布局功能区，选择页边距设置按钮，如图 3.114 所示。

图 3.114　页边距设置方法 1

方法 2.　在"打印"窗口中，选择页边距设置，如图 3.115 所示。

图 3.115　页边距设置方法 2

3. 纸张方向的设置

方法.　选择页面布局功能区，选择纸张方向设置，如图 3.116 所示。

图 3.116　纸张方向设置

4. 行号选项的设置

通过设置行号选项,可以更有效地控制行号在文档中的间隔、距正文距离等参数,从而使显示行号的 Word 文档更美观。在 Word 2010 文档中设置行号选项的步骤如下所述。

第 1 步,打开 Word 2010 文档窗口,切换到"页面布局"功能区。在"页面设置"分组中单击"行号"按钮,并在打开的"行号"列表中选择"行编号选项"命令,如图 3.117 所示。

图 3.117　选择"行编号选项"命令

第 2 步,在打开的"页面设置"对话框中单击"行号"按钮,如图 3.118 所示。

第 3 步,打开"行号"对话框,选中"添加行号"复选框。在"起始编号"编辑框中自定义起始编号;"距正文"选项以厘米为单位设置行号于 Word 文档正文之间的距离;"行号间隔"选项用于设置行号的出现频次,如果设置为 3,则在第 3、6、9 行分别显示行号 3、6、9;"编号"区域用于设置"每页重新编号"、"每节重新编号"或"连续编号"。设置完毕单击"确定"按钮,如图 3.119 所示。

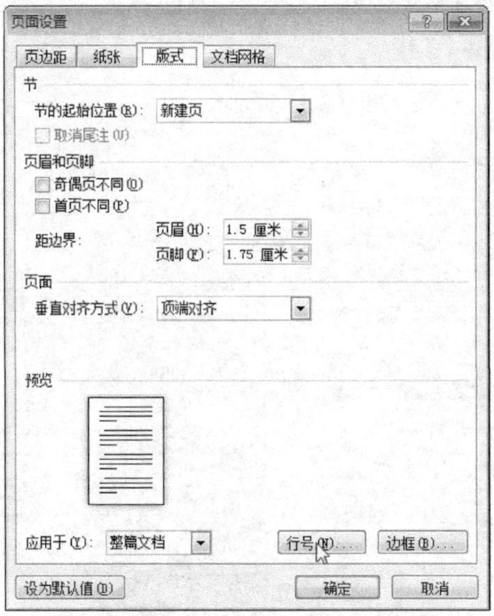

图 3.118　单击"行号"按钮

图 3.119　"行号"对话框

3.6.3　打印设置

1. 打印份数和打印方式设置

在 Word 2010 中打印文档时，用户可以自由设置打印的份数，以及多份打印时的打印方式，即"逐份打印"或"逐页打印"。操作步骤如下所述：在打开的 Word 2010 "打印"窗口中，调整"打印"区域的"份数"数值设置打印份数，然后单击"设置"区域的"调整"下拉按钮。在打开的列表中选中"调整"选项将在完成第 1 份打印任务时再打印第 2 份、第 3 份……；选中"取消排序"选项，将逐页打印足够的份数，如图 3.120 所示。

图 3.120　打印设置

2. 在 Word 2010 打印窗口中选择打印机

如果用户的电脑中安装有多台打印机，在打印 Word 2010 文档时就需要选择合适的打印机，操作步骤如下所述。

第 1 步，打开 Word 2010 文档窗口，依次单击"文件"→"打印"命令。

第 2 步，在打开的"打印"窗口中，单击"打印机"下拉三角按钮。在打印机列表中选择准备使用的打印机即可。

3. 打印范围设置

用户在打印文档时，常常需要的一个操作就是打印范围的选择，用户可根据需要选择选择打印整篇文档，或者文档的一页、一段或者其中的几页。

4. 纸张方向设置

确定了打印范围后，接下来可以根据文档的需要选择纸张的方向，纸张方向和用户页面设置中保持一致。

5. 纸张大小设置

最后用户根据页面设置中设置的纸张大小，选择对应的纸张。

6. 缩放设置

Word 2010 的一个增强的功能就是打印时，选择是否缩放，可以按原比例打印，也可以根据实际需求选择缩放的比例。

为方便用户操作，在打印对话框中选择页面设置按钮，也可以直接弹出教材前面介绍的页面设置对话框。

3.6.4　在 Word 2010 中使用打印预览功能

用户可以通过使用"打印预览"功能查看 Word 2010 文档打印出的效果，以及时调整页边距、分栏等设置，操作步骤如下所述。

第 1 步，打开 Word 2010 文档窗口，并依次单击"文件"→"打印"命令。

第 2 步，在打开的"打印"窗口右侧预览区域可以查看 Word 2010 文档打印预览效果，用户所做的纸张方向、页面边距等设置都可以通过预览区域查看效果。并且用户还可以通过调整预览区下面的滑块改变预览视图的大小。

本章习题

一、填空题

1．Word 2010 默认的文档格式为（　　　）

2．启动 Word 2010 的常用方法：①使用桌面上的（　　　）；②使用"开始"菜单→（　　　）→（　　　）→（　　　）命令；③打开任意 Word 文档时启动 Word 2010 程序。

3．在 Word 2010 程序窗口中包含标题栏、（　　　）、（　　　）、（　　　）、文档编辑区、滚动条、状态栏和标尺等。

4．每个选项卡中包含有不同的操作命令组，称为（　　　）。

5．使用以下方法，可以关闭当前 Word 文档和窗口：

方法一：使用（　　　）选项卡的（　　　）命令（最后一个 Word 窗口不关）；

方法二：单击当前文件标题栏右侧的（　　　）按钮；

方法三：单击标题栏前端的程序控制图标，在弹出的快捷菜单中选择（　　　）命令，或双击标题栏前端的程序控制图标；

方法四：使用快捷键（　　　）；

方法五：使用快捷键（　　　）或（　　　）（最后一个 Word 窗口不关）；

方法六：若要一次性关闭所有文档，可以单击（　　　）选项卡中的（　　　）命令。

6．Word 2010 提供了（　　　）视图、（　　　）视图、（　　　）视图、（　　　）视图、（　　　）视图等多种视图方式。

7．（　　　）视图可以直接看到文档的外观、图形、文字、页眉页脚、脚注尾注等，还可以显示出水平标尺和垂直标尺，可以对页眉页脚进行编辑。

8．（　　　）视图用于显示、修改或创建文档的大纲。

9．（　　　）视图以网页的形式来显示文档中的内容。

10．默认情况下，Word 2010 是以可读写的方式打开文档的，为了保护文档不被修改，用户可以以（　　　）方式或（　　　）方式打开文档。

11．要限制修改 Word 文档格式或限定 Word 文档部分内容的修改权限，应使用（　　　）选项卡（　　　）功能区的（　　　）按钮，在出现的（　　　）任务窗格中进行设置。

12．保存新建文档时，会弹出（　　　）对话框；保存已有文档时，程序不会做任何提示，直接将修改保存下来。

13．单击（　　　）选项卡的（　　　）功能区中的（　　　）按钮，弹出（　　　）对话框，可以在文档中插入日期和时间。

14. 输入特殊符号，可以使用（　　　）选项卡（　　　）功能区中的（　　　）下拉按钮可以打开"符号"面板。单击"符号"面板的（　　　）命令，可以弹出（　　　）对话框。

15. 单击（　　　）选项卡（　　　）功能区的扩展按钮，可以打开"剪贴板"任务窗格。剪贴板中最多可以同时存放（　　　）个项目。

16. Word 2010 提供的查找功能主要用于在当前文档中搜索指定的（　　　）或（　　　）。

17. Word 2010 可以使用（　　　）窗格进行查找，也可以在（　　　）对话框中进行高级查找。

18. 使用（　　　）对话框进行高级查找和替换操作时，可以对查找和替换的对象进行格式设置和限定，可以区分大小写、区分全/半角、设置是否全字匹配，还可以使用通配符。

19. 在 Word 2010 中，使用快捷键 Ctrl+F 打开（　　　），使用 Ctrl+H 打开（　　　）。

20. 打开"字体"对话框的方法：

① 单击（　　　）选项卡（　　　）功能区右下角的扩展按钮；

② 使用快捷键（　　　）；

③ 在文档编辑区右键菜单中选择（　　　）命令。

21. 在 Word 2010 的两种表示字号的方法中，磅数越大，显示字符越（　　　）；字号越大，显示字符越（　　　）。

22. Word 2010 中要设置首字下沉、首字悬挂等效果，应使用（　　　）选项卡的（　　　）选项区中的（　　　）按钮。首字下沉行数最多可设置为（　　　）行。

23. 段落格式主要包括段落对齐、段落缩进、行距、段间距和段落的修饰等。当需要对某一段落进行格式设置时，首先要（　　　）该段落，或者将（　　　）放在该段落中，开可以开始对此段落进行格式设置。

24. Word 2010 中提供的段落对齐方式主要包括（　　　）、（　　　）、（　　　）、（　　　）、（　　　）五种方式，其中 Word 默认的是（　　　）。

25. 使用 Word 2010 的（　　　）选项卡（　　　）功能区中的（　　　）按钮，可以在页面中插入页码。

26. Word 2010 中表格的对齐方式有（　　　）、（　　　）、（　　　）。

27. Word 2010 拆分窗口可以使用（　　　）选项卡（　　　）功能区中的（　　　）按钮。

28. Word 2010 中分节符的类型有（　　　）、（　　　）、（　　　）、（　　　）。

29. 在 Word 2010 中选择（　　　）选项卡的（　　　）选项，或使用快速访问工具栏上自行添加的（　　　）按钮后，进入打印设置窗口，可以对当前文档进行打印预览、打印设置及打印操作。

30. 在表格工具的（　　　）选项卡中可以设置表格的样式、边框和底纹。

二、单选题

1. Word 是 Microsoft 公司提供的一个（　　　）。
   A. 操作系统　　　　　　　　　　B. 表格处理软件
   C. 文字处理软件　　　　　　　　D. 数据库管理系统

2. 启动 Word 是在启动（　　　）的基础上进行的。
   A. Windows　　　B. UCDOS　　　C. DOS　　　D. WPS

3. 在 Word "文件"菜单底部列出的文件名表示（　　　）。
   A. 该文件正在使用　　　　　　　B. 该文件正在打印
   C. 扩展名为 DOC 的文件　　　　D. Word 最近处理过的文件

4. Word 文档文件的扩展名是（　　　）。
   A. txt　　　　　B. wps　　　　C. doc　　　　D. wod

5. 第一次保存文件，将出现（　　　）对话框。
   A. 保存　　　　　　B. 全部保存　　　　C. 另存为　　　　D. 保存为

6. 在 Word 编辑窗口中要将光标移到文档尾可用（　　　）。
   A. Ctrl+<End>　　B. <End>　　　　C. Ctrl+<Home>　　D. <Home>

7. 要打开菜单，可用（　　　）键和各菜单名旁带下划线的字母。
   A. Ctrl　　　　　　B. Shift　　　　　C. Alt　　　　　D. Ctrl+Shift

8. 以下关于"Word 文本行"的说法中，正确的说法为（　　　）。
   A. 输入文本内容到达屏幕右边界时，只有按回车键才能换行
   B. Word 文本行的宽度与页面设置有关
   C. 在 Word 中文本行的宽度就是显示器的宽度
   D. Word 文本行的宽度用户无法控制

9. "剪切"命令用于删除文本和图形，并将删除的文本或图形放置到（　　　）。
   A. 硬盘上　　　　　B. 软盘上　　　　C. 剪贴板上　　　D. 文档上

10. 关于 Word 查找操作的错误说法是（　　　）。
    A. 可以从插入点当前位置开始向上查找
    B. 无论什么情况下，查找操作都是在整个文档范围内进行
    C. Word 可以查找带格式的文本内容
    D. Word 可以查找一些特殊的格式符号，如分页线等

11. 打印预览中显示的文档外观与（　　　）的外观完全相同。
    A. 普通视图显示　　　　　　　　　　B. 页面视图显示
    C. 实际打印输出　　　　　　　　　　D. 大纲视图显示

12. 当编辑具有相同格式的多个文档时，可使用（　　　）。
    A. 样式　　　　　　B. 向导　　　　　C. 连机帮助　　　D. 模板

13. 若要设置打印输出时的纸型，应从（　　　）菜单中调用"页面设置"命令。
    A. 视图　　　　　　B. 格式　　　　　C. 编辑　　　　　D. 文件

14. 中文输入法的启动和关闭是用（　　　）键。
    A. Ctrl+Shift　　B. Ctrl+Alt　　　C. Ctrl+Space　　D. Alt+Space

15. 输入文档时，键入的内容出现在（　　　）。
    A. 文档的末尾　　　　　　　　　　　B. 鼠标指针处
    C. 鼠标"I"形指针处　　　　　　　　D. 插入点处

16. 要将插入点快速移动到文档开始位置应按（　　　）键。
    A. Ctrl+Home　　B. Ctrl+PageUp　C. Ctrl+↑　　　　D. Home

17. 如果要复制一段文本，可以用下面哪个操作（　　　）。
    A. 先指定一段文字，在指定区域内按鼠标右键选"粘贴"命令，然后移动光标到想复制的位置，按鼠标右键选"复制"命令。
    B. 先指定一段文字，在指定区域内按鼠标右键选"复制"命令，然后移动光标到想复制的位置，按鼠标右键选"粘贴"命令。
    C. 指定一段文字，直接在指定区域内按鼠标右键选"复制"命令。
    D. 指定一段文字，直接在指定区域内按鼠标右键选"粘贴"命令。

18. 在 Word 字处理的编辑过程中，中英文输入法切换用（　　　）。
    A. Alt+空格键　　B. Ctrl+空格键　C. Shift+空格键　D. Alt+Ctrl+空格键

19. 在 Word 字处理软件中，光标和鼠标的位置是（　　）。
    A. 光标和鼠标的位置始终保持一致
    B. 光标是不动的，鼠标是可以动的
    C. 光标代表当前文字输入的位置，而鼠标则可以用来确定光标的位置
    D. 没有光标和鼠标之分

20. 在 Word 文档中，插入表格的操作时，以下哪种说法正确（　　）。
    A. 可以调整每列的宽度，但不能调整高度
    B. 可以调整每行和列的宽度和高度，但不能随意修改表格线
    C. 不能划斜线
    D. 以上都不对

21. 如果要在文字中插入符号"&"，可以（　　）。
    A. 用"插入"菜单中的"对象"操作
    B. 用"插入"菜单中的"图片"操作
    C. 用"拷贝"和"粘贴"的办法从其他的图形中复制一个
    D. 用"插入"菜单中的"符号"或在光标处单击鼠标右键选择"符号"后再进行

22. 如果在 Word 的文字中插入图片，那么图片只能放在文字的（　　）。
    A. 左边　　　　　　B. 中间　　　　　　C. 下面　　　　　　D. 前三种都可以

23. 通常在输入标题的时候，要让标题居中，可以用以下（　　）的操作。
    A. 用空格键来调整　　　　　　　　　　　B. 用 Tab 键来调整
    C. 选择"工具栏"上的"居中"按钮来自动定位　　D. 用鼠标定位来调整

24. 要把相邻的两个段落合并为一段，应执行的操作是（　　）。
    A. 将插入点定位于前段末尾，单击"撤消"工具按钮
    B. 将插人点定位于前段末尾，按退格键
    C. 将插入点定位于后段开头，按 Delete 键
    D. 删除两个段落之间的段落标记

25. 要选定一个段落，以下哪个操作是错误的（　　）？
    A. 将插入点定位于该段落的任何位置，然后按 Ctrl+A 快捷键
    B. 将鼠标指针拖过整个段落
    C. 将鼠标指针移到该段落左侧的选定区双击
    D. 将鼠标指针在选定区纵向拖动，经过该段落的所有行

26. 在 Word 字处理编辑中，一段文字没结束，遇到提行时应（　　）操作。
    A. 在提行时，用回车键　　　　　　　B. 在提行时，用空格键
    C. 没有操作，Word 会自动换行　　　　D. 手稿上提行，就敲回车

27. 当工具栏上的"剪切"和"复制"按钮颜色黯淡，不能使用时，表示（　　）。
    A. 此时只能从"编辑"菜单中调用"剪切"和"复制"命令
    B. 在文档中没有选定任何内容
    C. 剪贴板已经有了要剪切或复制的内容
    D. 选定的内容太长，剪贴板放不下

28. 在文档中设置了页眉和页脚后，页眉和页脚只能在（　　）才能看到。
    A. 普通视图方式下　　　　　　　B. 大纲视图方式下
    C. 页面视图方式下　　　　　　　D. 页面视图方式下或打印预览中

29. 在 Word 2010 中，对标尺、缩进等格式设置除了使用以厘米为度量单位外，还增加了字符为度量单位，可通过（   ）显示的对话框中的有关复选框来进行度量单位的选取。

    A. "工具"菜单中"选项"命令的"常规"标签

    B. "工具"菜单中"选项"命令的"编辑"标签

    C. "格式"菜单中的"段落"命令

    D. "工具"菜单中"自定义"命令的"选项"标签

30. 关于编辑页眉页脚，下列叙述（   ）不正确。

    A. 文档内容和页眉页脚可在同一窗口编辑

    B. 文档内容和页眉页脚一起打印

    C. 编辑页眉页脚时不能编辑文档内容

    D. 页眉页脚中也可以进行格式设置和插入剪贴画

31. Word 2010 中，以下对表格操作的叙述，错误的是（   ）。

    A. 在表格的单元格中，除了可以输入文字、数字，还可以插入图片

    B. 表格的每一行中各单元格的宽度可以不同

    C. 表格的每一行中各单元格的高度可以不同

    D. 表格的表头单元格可以绘制斜线

32. 在 Word 2010 中，通过"表格"菜单中的"公式"命令，选择所需的函数对表格单元格的内容进行统计，以下叙述（   ）是正确的。

    A. 当被统计的数据改变时，统计的结果不会自动更新

    B. 当被统计的数据改变时，统计的结果会自动更新

    C. 当被统计的数据改变时，统计的结果根据操作者决定是否更新

    D. 以上叙述均不正确

33. 在 Word 表格中，欲对统计函数(如平均、最大、和等)的值有效排序，应选择排序的类型是（   ）。

    A. 按"笔画"排序   B. 按"数字"排序

    C. 按"日期"排序   D. 以上均不行

34. Word 的查找和替换功能很强，不属于其中之一的是（   ）。

    A. 能够查找和替换带格式或样式的文本

    B. 能够查找图形对象

    C. 能够用通配字符进行快速、复杂的查找和替换

    D. 能够查找和替换文本中的格式

35. 在 Word 默认情况下，输入了错误的英文单词时，会（   ）。

    A. 系统响铃，提示出错

    B. 在单词下有绿色下划波浪线

    C. 在单词下有红色下划波浪线

    D. 自动更正

36. 在 Word 的编辑状态，打开文档 ABC，修改后另存为 ABD，则（   ）。

    A. ABC 是当前文档   B. ABD 是当前文档

    C. ABC 和 ABD 均是当前文档   D. ABC 和 ABD 均不是当前文档

37. 在 Word 的编辑状态中，若设置一个文字格式为下标形式，应使用"格式"菜单中的菜单项为（   ）。

    A. 字体   B. 段落   C. 文字方向   D. 组合字符

38. 在 Word 的编辑状态中，统计文档的字数，需要使用的菜单是（　　）。

    A. 文件　　　　　　B. 视图　　　　　　C. 格式　　　　　　D. 工具

39. 在 Word 的编辑状态中，对已经文档输入的设置首字下沉，需要使用的菜单是（　　）。

    A. 编辑　　　　　　B. 视图　　　　　　C. 格式　　　　　　D. 工具

40. 在 Word 的文档中，选定文档某行内容后，使用鼠标拖动方法将其移动时，配合的键盘操作是（　　）。

    A. 按住 Esc 键　　　B. 按住 Ctrl 键　　C. 按住 Alt 键　　　D. 不做操作

三、判断题

1. Word 不具有绘图功能。　　　　　　　　　　　　　　　　　　　　　（　　）

2. 在 Word 中的段落格式与样式是同一个概念的两种不同说法。　　　　（　　）

3. Word 允许同时打开多个文档，但只能有一个文档窗口是当前活动窗口。（　　）

4. Word 进行打印预览时，只能一页一页地观看。　　　　　　　　　　　（　　）

5. 普通视图模式是 Word 文档的默认查看模式。　　　　　　　　　　　（　　）

6. 在普通视图中，需打开"插入"菜单，单击"脚注"或"尾注"，打开一个专门的注释内容编辑区，才能查看和编辑注释内容。　　　　　　　　　　　　　　　　（　　）

7. 页面视图所显示的文档的某些修饰性细节不能打印出来。　　　　　　（　　）

8. 在文档的一行中插入或删除一些字符后，该行会变得比其他行长些或短些，必须用标尺或对齐命令加以调整。　　　　　　　　　　　　　　　　　　　　　（　　）

9. "恢复"命令的功能是将误删除的文档内容恢复到原来位置。　　　　（　　）

10. 进行"列选定"的方法是按住 CTRL 键，同时将鼠标指针拖过要选定的字符。（　　）

11. "居中"、"右对齐"、"分散对齐"等对齐方式的效果，只在针对短行时才能表现出来。

                                                     （　　）

12. Word 把艺术字作为图形来处理。　　　　　　　　　　　　　　　　（　　）

13. 打印机打印文档的结果是不可显示的乱码，原因是没有选择好打印机。（　　）

14. 删除表格的方法是将整个表格选定，按 Delete 键。　　　　　　　　（　　）

16. 给 Word 文档设置的密码生效后，就无法对其进行修改了。　　　　（　　）

17. 在 Word 中，要在页面上插入页眉、页脚，应使用"视图"菜单下的"页眉和页脚"命令。

                                                     （　　）

18. 在 Word 2010 文档窗口中，可以同时打开多个文档窗口，但在屏幕上只能见到一个文档窗口　　　　　　　　　　　　　　　　　　　　　　　　　　　　　　（　　）

19. 在 Word 文本区最左边缘区域，当鼠标指针移入此区时，指针将变　　　　（　　）
成向右上倾斜的空心箭头，指针将变成十字，此区域称选定文本区域。　　（　　）

20. 在 Word 2010 中，使用"自动更正"功能的步骤是单击"文件"→"选项"→"校对"选项卡，在"自动更正选项"区域单击"自动更正选项"按钮。　　　　（　　）

四、多选题

1. 在 Word 中，段落对齐的方式有（　　）。

    A. 左对齐　　　　　B. 分散对齐　　　　C. 居中对齐　　　　D. 两端对齐

2. 在 Word 中打印时叙述错误的是（　　）。

    A. 当处于"打印预览"状态下时，若要打印文档，必须首先退出"打印预览"状态

    B. 可直接在"打印预览"状态下执行打印操作

    C. 只有在执行"打印预览"后，才能进行文档打印

    D. 只有在进行至少一次文档打印后，才能执行"打印预览"命令

3. 在 Word 中，对于插入文档中的图片能够进行的操作是（   ）。

    A. 裁剪   B. 旋转   C. 调整颜色   D. 调整亮度

4. 在 Word 中，利用"绘图"工具栏中的"矩形"按钮绘制一个矩形后，则该矩形的（   ）。

    A. 大小能改变

    B. 位置能改变

    C. 线条粗细能改变

    D. 形状不能改变（例如变成平行四边形、梯形等）

5. 在 Word 编辑状态下，下列（   ）信息会出现在状态栏中。

    A. 当前正在编辑的文档名   B. 当前的时间

    C. 当前光标所在的页码   D. 当前光标所在的行号

6. 打开 Word 时，默认打开的工具栏有（   ）。

    A. "常用"   B. "符号"   C. "格式"   D. "表格和边框"

7. 下列 Word 中，不能够进行翻转或旋转的对象是（   ）。

    A. 文字   B. 表格   C. 图片   D. 图形

8. 在 Word 窗口中的"文件"菜单底部列有若干文档名，（   ）。

    A. 这些文件是最近用 Word 打开过的文档

    B. 这些文件是目前处于打开状态的所有 Word 文档

    C. 这些文件名的数目默认为 4

    D. 这些文件名的数目最多为 9

9. 下列选项中（   ）是选项卡中的内容。

    A. 格式   B. 窗口   C. 工具   D. 帮助

10. 下列关于"选定 Word 对象操作"的叙述，正确的是（   ）。

    A. 鼠标左键双击文本选定区可以选定一个段落

    B. 将鼠标移动到该行的左侧，直到鼠标变成一个指向右边的箭头，单击，可以选定一行

    C. 按 Alt 键的同时用拖动鼠标左键可以选定一个矩形区域

    D. 执行编辑菜单中的"全选"命令可以选定整个文档

第4章

Excel 2010

4.1　Excel 2010 基础

Microsoft Excel 是一个功能完整、操作简易的电子表格软件，它提供丰富的函数及强大的图表、报表制作等功能，有助于有效率的建立与管理资料。

Excel 2010 的主要功能如下。

（1）数据记录与整理。Excel 2010 用图形化的用户界面为用户提供各种便捷的操作，方便用户记录多种类型的数据。

（2）数据计算。Excel 2010 可以使用户通过公式、函数参数等提示，运用 11 类函数进行复杂的科学计算。

（3）数据分析。Excel 2010 可以使用户对大量的数据进行排序、筛选、统计分析等。

（4）图表制作。用户可以将表格中的数据用图表的方式更形象直观的表示出来。

（5）数据透视表动态视图。用户可以直接在 Excel 表中建立和操作数据透视表试图。

安装 Excel 2010 后，用户可以通过以下方法启动 Excel 2010 程序。

（1）通过"开始"菜单，单击"所有程序"，选择"Microsoft Excel 2010"。

（2）双击桌面的"Microsoft Excel 2010"快捷方式图标。

（3）通过打开已有的 Excel 文档。

（4）通过新建 Excel 文档。

退出 Excel 2010 程序，用户可以采用以下方法。

（1）单击 Excel 2010 窗口右上角的"关闭"按钮。

（2）选择"文件"菜单中的"退出"命令。

（3）双击标题栏最左侧的控制菜单图标。

（4）单击控制菜单图标，在打开的快捷菜单中选择"关闭"命令。

（5）右键单击标题栏，在打开的快捷菜单中选择"关闭"命令。

（6）在任务栏中右键点击 Excel 2010 图表，在打开的菜单中选择"关闭窗口"命令。

（7）用快捷键"Alt+F4"。

Excel 2010 窗口如图 4.1 所示，主要组成部分有标题栏、菜单标签、功能区、编辑栏、工作表选项卡、状态栏等。

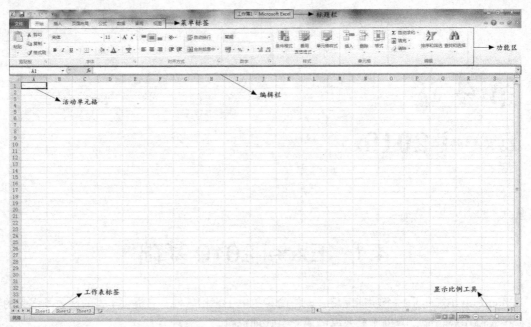

图 4.1   Excel 窗口

（1）标题栏。标题栏位于整个窗口的最上方，用于显示软件名称和当前打开的文档的名称。Excel 2010 默认的主文件名为"工作薄 1"，后缀名为".xlsx"。在默认情况下，标题栏的最左边分别是"控制菜单图标"、"保存"、"撤销"和"恢复"4 个按钮，用户也可以单击旁边的"自定义快速访问工具栏"，根据使用习惯和需求对快速访问工具栏进行自定义，如图 4.2 所示，将需要显示的内容勾选即可。标题栏的右侧分别是"最小化"、"最大化/还原"和"关闭"按钮，用户可以通过这 3 个按钮对窗口进行控制操作。

图 4.2   Excel 标题栏

（2）菜单标签。Excel 2010 的菜单标签区域中有"文件"、"开始"、"插入"、"页面布局"、"引用"、"邮件"、"审阅"和"视图"。每个菜单标签下都有很多操作按钮提供给用户使用。

（3）功能区。在 Excel 2010 的功能区所显示的是相应的菜单下的操作按钮。

（4）编辑栏。编辑栏位于功能区和单元格区域之间，由名称框、编辑按钮和编辑框组成。

名称框用于显示当前光标所在单元格，这个单元格被黑色粗线包围着，称其为活动单元格或当前单元格，在名称框中显示的就是活动单元格的地址。在工作表中，单元格的地址的表示格式为：列标+行号，如 A1、F4 等。

编辑栏上有三个编辑按钮，用于编辑活动单元格的内容。

① 取消按钮：取消对活动单元格内容的修改，并退出编辑状态。

② 确认按钮：确认对活动单元格内容的修改，并退出编辑状态。回车键也具有确认输入的作用，两者的区别在于：确认按钮执行后活动单元格的位置不改变，回车键执行后活动单元格下移一个单元格。

③ 函数按钮：可以向单元格中插入函数。单击函数按钮可以打开插入函数对话框，用户可以选择需要的函数。

编辑栏最右侧是编辑框，单击编辑框将插入点放置在编辑栏中就可以输入数据或者公式了。当用户往单元格输入数据的时候，数据会同时显示在编辑框和单元格中，用户可以直接选中单元格然后输入数据，也可以在编辑框中输入。单元格最初只显示 8 个字符，每个单元格最多可以容纳 32767 个字符。

（5）活动单元格。在 Excel 2010 中，每张工作表最多有 1048576 行和 16384 列，行和列交叉的小方格就是单元格，其中由黑色粗线包围着的单元格叫做活动单元格，或当前单元格。单元格地址由行号和列标组成。行号用数字 1～1048576 依次表示，列标用字母和字母的组合从 A～XFD 依次表示。

（6）工作表标签。在窗口左下角是工作表标签。默认情况下，每个工作薄有 3 张工作表，工作表名称分别为 sheet1、sheet2 和 sheet3，工作表数量和名称可以由用户自行更改，用户也可以根据需要重新设置打开工作薄的时候出现的工作表的数量。具体操作为：在"文件"菜单中执行"选项"命令，打开"Excel 选项"对话框，在"常规"项中更改新建工作薄时包含的工作表数目，如图 4.3 所示，图中"包含的工作表数"的设置范围为 1～255 的整数。

图 4.3　Excel 选项

（7）显示比例工具。工作窗口的右下角是显示比例工具。用户可以直接拖动显示比例工具中的滑动块调整整个工作表的显示大小。

（8）滚动条。在窗口的右方和下方分别有垂直滚动条和水平滚动条。当数据内容较多一屏显示不全的时候，用户可以拖动垂直滚动条和水平滚动条，在垂直方向和水平方向上对窗口进行显示调整。

（9）状态栏。状态栏位于窗口的最下方，用于显示当前的状态等。Excel 2010 的状态栏还用于一些简单计算结果的显示，如平均值、计数、最大值、最小值和求和等，如图 4.4 所示。用户右键单击状态栏还可以对状态栏进行自定义，如图 4.5 所示，勾选需要显示的内容即可。

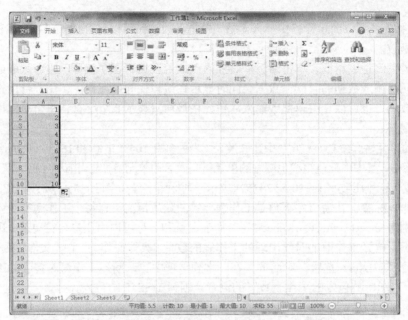

图 4.4　利用状态栏完成计算

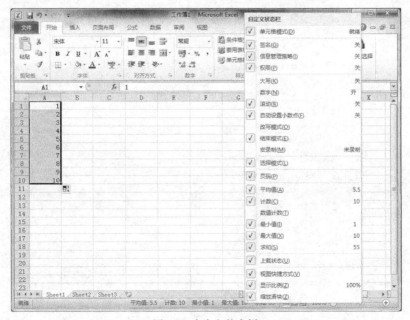

图 4.5　自定义状态栏

4.2 Excel 2010 的数据输入

4.2.1 单元格与区域的选择

在输入数据或者编辑数据的时候，通常需要先选择中某个单元格或者某一块单元格区域。

1. 选取单元格

选择单元格的方法有多种，用户可以根据实际情况和使用习惯来选择。

直接用鼠标单击所需要的单元格，被黑色粗框线围住的单元格就是活动单元格，或者叫做当前单元格，用户可以往活动单元格中输入数据。

利用"转到"命令，具体步骤如下。

（1）在"开始"菜单标签中点击"查找和选择"，选择中"转到"命令，打开"定位"对话框，如图 4.6 所示。

（2）在"引用位置"输入要选择的单元格地址，如 AH105。

（3）单击"确定"按钮，或回车，此时 AH105 就成为活动单元格。

图 4.6 定位单元格

2. 移动单元格

用户输入数据确认结果后，还可以根据需要直接用鼠标点击选择其他单元格来移动活动单元格的位置，也可以利用键盘将单元格快速定位到一些特定的位置上，表 4.1 中的快捷键可以来移动活动单元格。

表 4.1 移动单元格快捷键

快捷键	功能	快捷键	功能
←或→	左移或右移一个单元格	Home	移动到行首
↑或↓	上移或下移一个单元格	Shift+Enter	上移一个单元格
Ctrl+←	移动到本行第一个单元格	Enter	下移一个单元格
Ctrl+→	移动到本行最后一个单元格	PageUp	向上移动一屏
Ctrl+↑	移动到本列第一个单元格	PageDown	向下移动一屏
Ctrl+↓	移动到本列最后一个单元格	Alt+PageUp	向左移动一屏
Ctrl+Home	移动到工作表的开头	Alt+PageDown	向右移动一屏
Ctrl+End	移动到工作表的最后一个单元格	Tab	向右移动一个单元格

3. 选择单元格区域

多个单元格组成单元格区域，连续的单元格可以用区域名来表示，即由区域左上角和右下角的地址组成，例如：A1：C5。用户可以利用鼠标或键盘来选择一个连续或不连续的单元格区域。

（1）用键盘选择一块连续的区域的方法。

① 单击区域的左上角的单元格。

② 按住 Shift 键。

③ 单击区域的右下角的单元格。

（2）用键盘选择一块不连续的区域的方法。

① 单击区域的一个单元格。

② 按住 Ctrl 键。

③ 依次单击需要选择的单元格。

（3）选择行或列。要选择整行或整列，用户可以直接点击行号或列标即可。

如果要选择连续的多行或多列，用户可以单击第一行或第一列，然后拖动鼠标选择其他行列，或者按住 Shift 键选择连续的多行或多列。如果要选择不连续的多行或多列，按住 Ctrl 键选择不连续的多行或多列。

（4）选择整张工作表。用户可以通过位于 A1 单元格的左上方的全选按钮来选择整张工作表，或者使用"Ctrl+A"快捷键。

4.2.2 输入常量数据

数据处理是电子表格的重要功能，用户使用 Excel 时可以输入的数据有两种类型：常数和公式。

在单元格中输入数据的可以通过以下方式。

（1）双击要编辑的单元格，将插入点放到其中，然后对其中的数据进行编辑。

（2）单击需要编辑的单元格，使其成为活动单元格，按 F2 键将插入点放到其中，然后进行编辑。

（3）激活需要编辑的单元格，在编辑栏进行数据的编辑。

（4）选中单元格，直接输入新的数据覆盖原有数据。

常数可以是字符、数字以及日期和时间。常数一旦输入后，除非用户特意去改变，否则它不会改变一直保留在工作表中。

公式是基于用户输入的值进行某种计算，如果公式的计算条件发生改变，其相应单元格的计算结果会自动改变，以反映公式计算结果的变化。

1. 输入数值

在单元格中可以以整数、小数、分数和科学计数法的形式直接输入数值型数据，在默认情况下，数值型数据在所在单元格中均右对齐，用户也可以根据需要通过格式设置来改变其对齐方式。

当输入的数字的长度超过 11 位时将自动转为科学计数法显示，显示长度为 11 位，如图 4.7 所示。在 Excel 中无论输入的数值有多少位，都将保留 15 位的数字精度，超过 15 位的数值将进行四舍五入处理。对于长的数字，如学号、身份证号等，用户可以将内容作为文本形式输入，方法是：在输入数据前先输入单引号"'"，Excel 就会把数值当作文本进行处理。

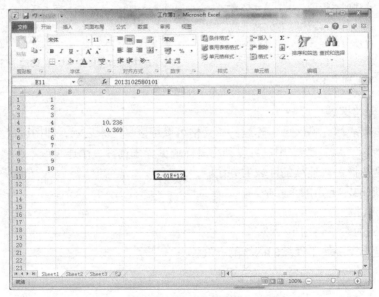

图 4.7　输入数值数据

　　在单元格中输入分数的时候，需要按照"整数部分+空格+真分数部分"的格式，如果需要输入不含整数部分的分数的话，需要输入"0+空格+真分数"，如"0 1/2"，如图 4.8 所示。

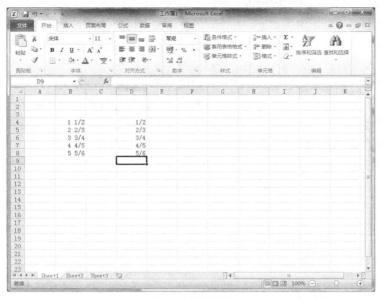

图 4.8　输入分数

2．输入时间和日期

　　在 Excel 2010 工作表中，用户可以将被选中的单元格设置为日期和时间专用的数字格式，以便更适合实际需要。Excel 2010 提供了多种日期数字格式和多种时间数字格式，例如中国常用的时间格式"2014 年 9 月 1 日"。

　　用户可以在 Excel 中插入当前日期和时间。具体操作为：单击单元格使其成为活动单元格，然后按下"Ctrl+;"键，在单元格中插入当前日期；按下"Ctrl+Shift+;"键，在单元格中插入当前时间，如图 4.9 所示。

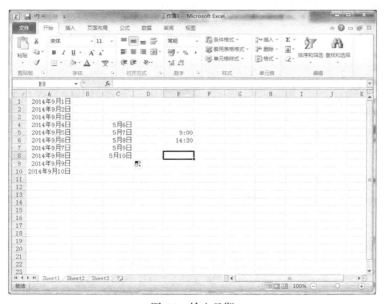

图 4.9　输入日期

3. 输入文本

在 Excel 中输入的汉字、英文字母、符号等都属于文本型数据，在默认情况下。文本型数据在单元格中左对齐，用户同样可以根据需要调整对齐方式。

默认情况下，每个单元格的宽度为 8 个字符宽，最多可以容纳下 32767 个字符。当输入的内容超过 8 个字符时，如果右侧单元格为空白，它将跨单元格显示，如果右侧单元格不为空，它将只显示最初的 8 个字符，后面的内容将会被遮盖掉。

如果需要在一行中显示多行文本，用户可以通过单元格格式设置来自动换行，这样当输入的信息超过单元格宽度的时候，将会自动在边界换行，设置方法如图 4.10 所示，在"设置单元格格式"对话框的"对齐"选项卡中勾选"自动换行"。用户也可以将光标放置在单元格中，在需要换行的地方使用组合键"Alt+Enter"来换行。

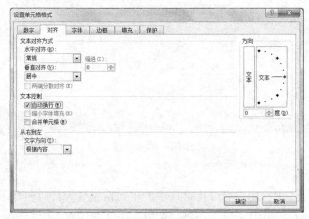

图 4.10　自动换行

在单元格中输入的数据如果包含字母或者其他字符时，Excel 将会把内容作为文本信息，如图 4.11 所示。如果需要将数值数据作为文本数据的话，除了前面介绍的在数值前先输入单引号"'"外，还可以输入等号，然后用双引号把数值引用起来，如要输入文本数字"2012102360101"，可以输入：'2012102360101 或者输入：＝"2012102360101"。

图 4.11　输入文本

4.2.3　自动填充数据

有时用户需要向单元格区域输入大量的数据，或者在一行或一列上输入某些有规律的数据序列，如等差序列、等比序列、日期、时间等，用户可以使用 Excel 的自动填充功能来提高输入效率。

1. 向区域填充相同数据

用户快速地在一个连续或不连续的区域中填充相同内容的数据，如图 4.12 所示，操作步骤如下。

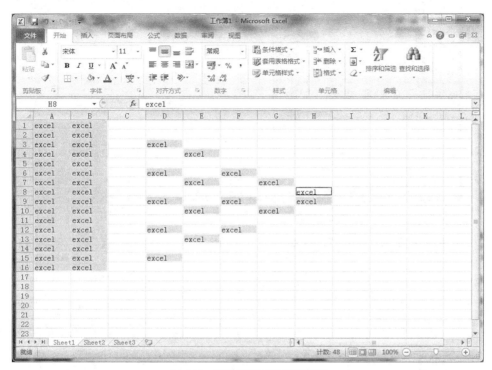

图 4.12　向单元格区域填充数据

（1）选中需要填充数据的单元格区域。

（2）在选中区域中的最后一个单元格中输入数据。

（3）按下组合键"Ctrl+Enter"确认输入。

2. 常规填充

选中单元格后，单元格右下角的黑色小方格就是填充柄，利用填充柄，用户可以在行或列的方向上复制或者有规律的填充序列。

（1）复制。如果选中的单元格数据是普通的文本，不是系统默认或用户自定义序列中的数据，系统将内容直接复制到其他单元格中。

（2）序列延伸。如果选中的单元格数据是系统默认或用户自定义序列中的数据，比如数字、日期或时间等，系统在填充时将按照序列的规律延伸而不是简单的复制。序列延伸的操作方法和利用填充柄复制一样，如图 4.13 所示。

3. 按指定步长值填充

步长值是指在序列延伸时每一步延伸的幅度。用户可以自行设定步长值，设置方法如下。

在"开始"菜单卡中点击"填充"按钮，打开"序列"对话框，如图 4.14 所示，用户可以选择行列产生的方向、类型，也可以选择日期单位。

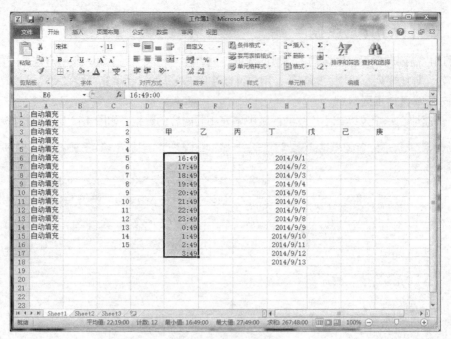

图 4.13 自动填充数据

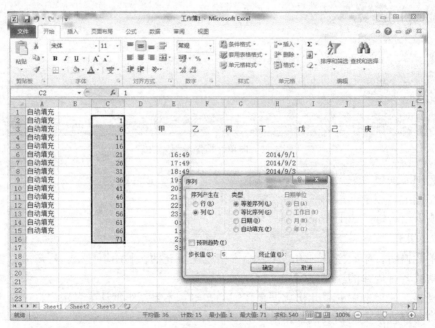

图 4.14 设定步长

4. 自定义序列自动填充

如果需要经常用到一个序列，但是这个序列并不是系统默认的可延伸的序列，用户可以把该序列自定义为自动填充序列。

在"文件"菜单中单击"选项"命令，打开"Excel选项"对话框，选择左侧"高级"选项，单击"编辑自定义列表"，打开"自定义序列"对话框，完成新序列的输入，或者从单元格中导入序列，如图 4.15 所示。完成自定义序列以后，在单元格输入序列中的任一项进行填充时，单元格中都会按照自定义序列中的规律进行填充，如图 4.16 所示。

图 4.15　编辑自定义列表

图 4.16　自定义序列自动填充

4.2.4　记忆式输入

记忆式输入是指用户在输入单元格数据时，系统自动根据用户已经输入过的数据给出提示，以减少用户的录入工作。在 Excel 单元格中输入数据时，如果键入的起始字符与该列其他单元格中数据的起始字符相同，Excel 自动会将相符合的数据作为建议显示出来，用户可以根据需要选择接受建议或者继续输入新的数据。

如果输入的数据与当前列中的其他单元格中的数据相同，可以利用组合键"Alt+↓"或者是在单元格上右键单击，从快捷菜单选择"从下拉列表中选择"来显示当前列中已有的数据列表，如图 4.17所示。

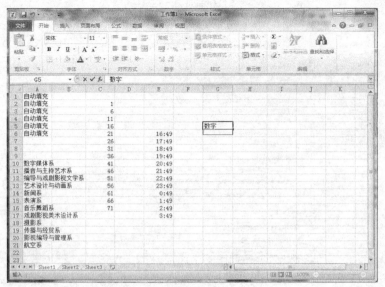

图 4.17　记忆式输入

4.2.5　数据有效性检验

用户可以预先设置一个或多个单元格允许输入的数据类型、范围，并且可以设置有效数据的输入提示信息和输入错误提示信息，这样可以有效避免一般的输入数据错误，提高工作效率。设置方法如下。

（1）如图 4.18 所示，在"数据"菜单中选择"数据有效性"命令，打开"数据有效性"对话框，如图 4.19 所示。

（2）在"数据有效性"对话框中设置有效性条件、输入信息、出错警告等。例如，某个单元格中要求只能输入表示月份的数字，所以在有效性条件下需要设定为介于 1～12 的整数，在相应的下拉菜单中选择"整数"、"介于"，然后输入最小值"1"、最大值"12"。

（3）单击"确定"完成。

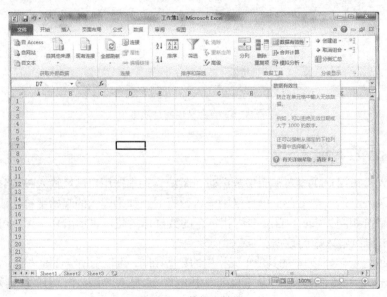

图 4.18　数据有效性

图 4.19　数据有效性对话框

当在这些单元格中输入的数据不满足所设定的有效性条件的时候，就会显示相应的出错信息，如图 4.20 所示，如果在这个单元格中输入了"1.5"，由于这个数不满足"介于 1～12 的整数"的条件，所以就会显示之前设定的出错警告的消息。

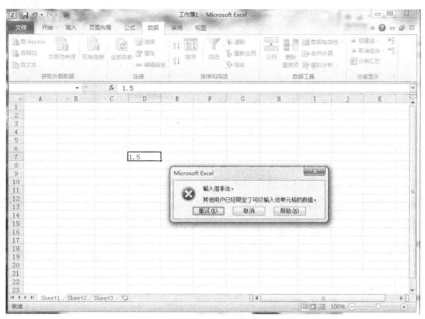

图 4.20　数据有效性的出错警告

4.3　Excel 2010 工作表的格式化

4.3.1　单元格的格式化

1. 字符格式

在 Excel 中设置字符格式有两种情况。

（1）对整个单元格中所有文本设置相同的格式。单击单元格，然后对其进行设置，则单元格中的文本的格式保持相同。

（2）对单元格中的不同字符设置不同的格式。将插入点放置于单元格内，选择中部分字符，然后单独对其进行设置即可。

进行格式设置可以通过"开始"菜单卡中的功能按钮来完成，或者通过右键单击单元格，选择快捷菜单中的"设置单元格格式"命令，打开"设置单元格格式"对话框来完成，在"字体"选项卡中选择需要的字体、字形、字号、颜色、特殊效果等即可，如图 4.21 所示。

图 4.21　设置字符格式

2. 对齐方式

单元格对齐方式是指文本在单元格中的排列方式，包括水平对齐和垂直对齐方式。用户可以打开"设置单元格格式"对话框中的"对齐"选项卡，在对应的下拉菜单中选择需要的对齐方式即可，如图 4.22 所示。

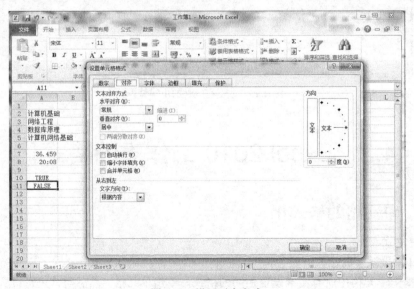

图 4.22　设置对齐方式

水平对齐方式中的"常规"是指单元格中不同类型数据的默认的对齐方式，即数值型数据右对齐，文本型数据左对齐，逻辑量居中对齐。

3. 文字方向与自动换行

在 Excel 中文本的排列方向也可以通过功能区的按钮或者"设置单元格格式"对话框中的"对齐"选项卡进行设置，如图 4.23 所示，通过单击图中的按钮可以直接将文本竖排，也可以通过拖动鼠标来设置角度，或者直接输入某一数值的角度，使文本按照这个角度排列。

图 4.23　设置文字方向

4. 数字格式

在工作表中，根据不同的需要，可以将数据以不同的格式显示出来。在"设置单元格格式"对话框"数字"选项卡中，可以进行相应设定，如设置小数位数、货币符号等，如图 4.24 所示，在左侧选择分类条目后，在右侧选择某种类型即可。

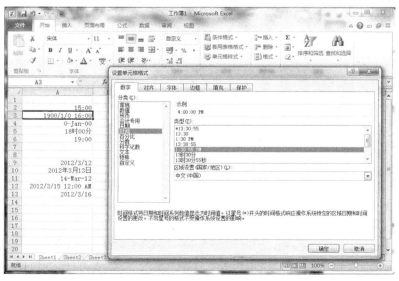

图 4.24　设置数字格式

5. 边框设置

在编辑工作表的时候，可以看到单元格都带有浅灰色的边框线，这些是为了便于用户编辑所用，实际打印出来的时候是没有的，如果希望打印出边框线，就需要对单元格进行边框设置。用户可以在"设置单元格格式"对话框"边框"选项卡中完成设置，如图 4.25 所示，用户可以选择线条的样式、颜色等。

图 4.25　设置边框

6. 填充设置

设置填充图案或颜色可以突出显示部分单元格内容。用户可以在"设置单元格格式"对话框"填充"选项卡中完成设置，如图 4.26 所示，用户可以根据需要单击选择背景色、图案颜色、图案样式等。

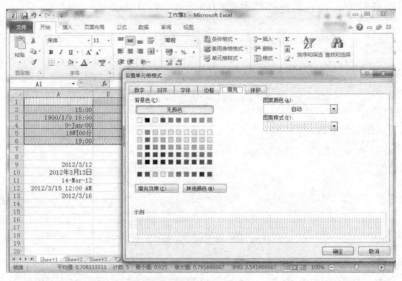

图 4.26　设置底纹

4.3.2　条件格式

条件格式是指对选中的单元格中满足某种特定条件的单元格进行格式设置。用户可以使用"开始"菜单卡中的"条件格式"命令中的下一级菜单快速完成设置，也可以选择菜单中的"新建格式规则"进行自定义，如图 4.27 所示。例如，用户可以设置当单元格中的数值小于 60 的时候就以红色加粗的字体显示，在图 4.28 中，设置条件为单元格值小于 60，再单击"格式"按钮，将文本格式设置为"红色"、"加粗"，确认后，表格中如果有数值小于 60 的单元格，则会以红色加粗的字体显示。

图 4.27　条件格式

图 4.28　设置条件格式的格式规则

4.3.3　设置行高和列宽

在新建空白工作薄的时候，系统会有默认的行高和列宽，用户可以对其进行设置。

1．用鼠标来调整行高列宽

将鼠标放置到行的下边界或者列的右边界，直接拖动就可以调整行高和列宽。选中多行或多列后，拖动某行或某列的边界可以调整区域中的所有行或列，使他们拥有相同的行高或列宽。

2. 用"开始"菜单卡中的"格式"调整行高列宽（见图 4.29）

图 4.29　设置行高和列宽

4.3.4　合并、分解单元格

1. 合并单元格

（1）利用"开始"菜单卡的"合并后居中"按钮

选择需要合并的单元格，单击"开始"菜单卡的"合并后居中"按钮，选中的多个单元格将会被合并为一个单元格，同时将合并后的单元格设置为水平居中对齐方式，如图 4.30 所示。

图 4.30　合并单元格

（2）利用"设置单元格格式"对话框的"对齐"选项卡

打开"设置单元格格式"对话框的"对齐"选项卡，勾选中"合并单元格"复选框。这种方法可以由用户自行设定单元格内容的对齐方式，如图 4.31 所示。

图 4.31　单元格的合并

2．分解单元格

如果需要将合并的单元格分解为合并前的独立单元格，可以先选中这个单元格，然后取消"开始"菜单卡的"合并后居中"按钮，或者打开"设置单元格格式"对话框的"对齐"选项卡，取消勾选中"合并单元格"复选框。

4.3.5　复制格式

如果需要将已设定的单元格格式应用到其他地方，可以利用"格式刷"按钮，操作方法和在 Word 中一样。

特殊的，在 Excel 中，用户还可以利用"选择性粘贴"来完成格式的复制。

（1）右键拖动需要复制格式的单元格至目标位置，在快捷菜单中选择"仅复制格式"命令，如图 4.32 所示。

图 4.32　复制格式

（2）将需要复制格式的单元格复制到"剪贴板"上，在目标单元格上点击右键，在快捷菜单中直接选择"粘贴选项"，或者单击"选择性粘贴"命令，如图 4.33 所示，打开"选择性粘贴"对话框，如图 4.34 所示，进一步选择需要粘贴的对象。

图 4.33　选择性粘贴

图 4.34　选择性粘贴对话框

（3）右键拖动单元格的填充柄，在快捷菜单中选择"仅填充格式"命令，即可复制格式，如图 4.35 所示。

图 4.35　填充柄复制格式

4.3.6　自动套用格式

Excel 提供多种专业报表格式供用户选择，用户可以快速的应用某种完整的格式。

选择需要设定格式的单元格范围，在"开始"菜单卡中单击"套用表格格式"按钮，在弹出来的内容中进行选择，如图 4.36 所示。

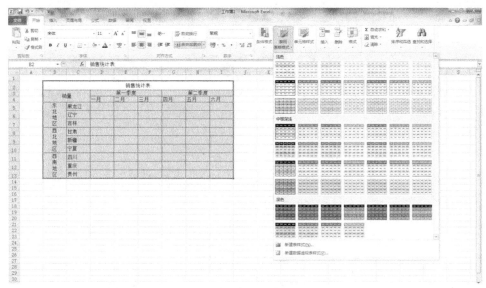

图 4.36　自动套用格式

4.4　公式与函数

Excel 利用公式来完成表格数据的计算，函数作为公式中的元素完成一些特定的计算，他们是 Excel 的重要组成部分，强大的计算能力靠它们来实现。

4.4.1　应用公式

1．基本概念

公式是指使用运算符和函数对工作表数据以及普通常量进行运算的方程式，用户使用公式可以进行算术运算、文本运算和逻辑运算等。公式既可以对同一张工作表的单元格数据进行计算，也可以对同一工作薄的不同工作表或者不同工作薄的工作表的数据进行计算。

2．输入公式

在输入公式开始运算时，必须以等号"="开始，由常量、变量、单元格、函数以及运算符组成，如公式"=sum（B2：E2）"。等号"="是公式的标记，如果不先输入等号，系统会将其作为普通的文本处理。

公式表达的不是一个具体的数值，而是一种计算关系。在输入公式计算后，单元格中会显示公式计算的结果，而编辑栏中会显示公式本身。

3．自动计算

在实际工作中，会较高频率的使用到求和、求均值等运算，除了可以手动输入公式来计算外，

Excel 还提供方便快捷的自动计算功能。

如图 4.37 所示，选中需要放置计算结果的单元格，在"开始"菜单卡中点击"自动求和"按钮就可以快速完成求和运算。用户也可以点击"自动求和"旁的下拉按钮，打开快捷菜单，在快捷菜单中选择"平均值"、"计数"、"最大值"、"最小值"等。

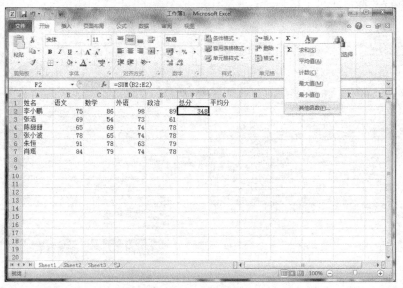

图 4.37　公式计算

另外，Excel 的状态栏也是进行快速自动计算的良好工具。如图 4.38 所示，选择中需要进行计算的单元格区域，在状态栏上可以直接查看自动计算的结果，如平均值、计数、求和等。

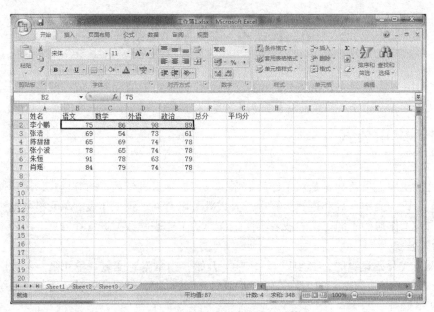

图 4.38　利用状态栏完成自动计算

4.4.2　运算符与优先级

对数据的各种运算是通过在公式中的运算符来表示的，运算符可以决定公式中各部分的运算顺序。在 Excel 中系统提供了四种运算符，分别是算术运算符、文本运算符、比较运算符和引用运算符。

（1）算术运算符。算术运算符完成基本的算术运算，如加、减、乘、除等。

（2）文本运算符。文本运算符只有一个"&"，作用是把两个或多个文本连接起来，形成一个连续的文本。如工作表中 A1 单元格内容为"计算机"，A2 单元格中内容为"一级"，A3 单元格内容为"等级考试"，在 A4 单元格中使用公式"=A1&A2&A3"，则 A4 单元格中内容为"计算机一级等级考试"。

（3）比较运算符。比较运算符可以完成两个值的比较并产生逻辑值，逻辑值只有两个 TRUE 和 FALSE。在默认情况下，逻辑值在单元格中居中对齐显示。

（4）引用运算符。引用运算符可以将单元格区域合并计算，主要包括冒号、逗号和空格。

① 冒号运算符：区域运算符，表示两个单元格之间的所有单元格，如 A1：A4，表示 A1、A2、A3 和 A4 一共 4 个单元格。冒号运算符也常用来表示一块单元格矩形区域，如 A1：C4，则表示一块 4 行 3 列的矩形区域。

② 逗号运算符：联合运算符，将多个引用合并为一个引用，如 sum（A1:A4，B5）表示对单元格 A1、A2、A3、A4 和 B5 单元格进行求和。

③ 空格运算符：交叉运算符，产生对同时属于两个引用单元格区域的部分，如 sum（A1:A4 A3:A5）表示求 A3、A4 单元格的和。

（5）运算符优先级。在 Excel 中对公式进行计算时，系统会根据运算符的优先级从高到低依次完成计算，运算符优先级见表 4.2。

表 4.2　　　　　　　　　　　　　　　　运算符优先级

运算符	含义
:（冒号）	引用运算
（空格）	
,（逗号）	
–	负号
%	百分比
运算符	含义
^	乘幂
*和/	乘和除
+和 –	加和减
&	文本运输
= <>< = >= <>	比较运算

4.4.3　使用函数

除了前面介绍的简单公式外，Excel 还提供了丰富的函数，利用这些函数用户可以完成一些复杂的计算和统计工作。

函数是一些预定义的计算关系，它可以将指定的参数按特定的顺序或者结构进行计算，并返回计算结果。函数由三部分组成，分别是函数名、括号和参数。

函数名表示函数的计算关系，如 sum 表示求和，average 表示求算术平均值等。括号中包含所有的参数。参数就是参与计算的数值或者目标单元格。

Excel 提供的函数非常多，其中包括财务、日期、统计等，函数只有放到公式中才能正确计算结果，否则系统将把函数作为普通文本。

要使用函数，常见的方法有两种。

（1）直接输入。如果用户对函数比较熟悉，可以直接在单元格中输入函数的名称和语法结构。用户只需要在单元格中先输入等号"="，然后再按照函数的语法直接完成输入，最后再进行确认即可。

（2）利用函数对话框。如需要计算成绩表中每位同学的总分，利用函数对话框来完成的步骤为：

① 单击选中要输入总分的单元格，然后单击编辑框左边的"插入函数"按钮，打开"插入函数"对话框。

② 在"插入函数"对话框中选择需要的函数，如 sum，单击"确定"，打开"函数参数"对话框，如图 4.39 和图 4.40 所示。

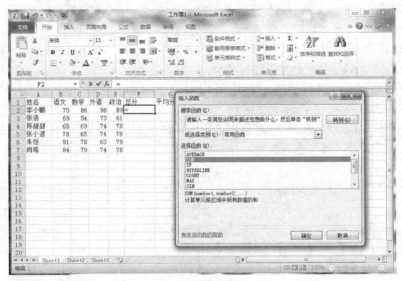

图 4.39　插入函数对话框

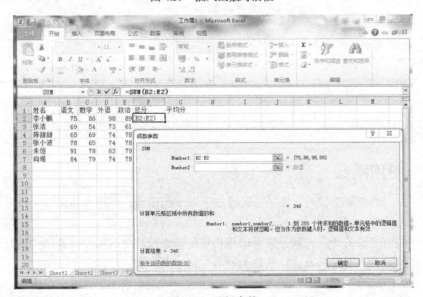

图 4.40　选择参数

③ 在"函数参数"对话框中输入函数需要的参数，如本例中，求"李小鹏"的总分则是"语文"、"数学"、"外语"和"政治"四项分数值的总和，在对话框中输入求和的单元格范围为"B2:E2"，

单击"确定"按钮，在 F2 单元格中就会显示求和结果。

如需要计算每位同学的平均分等，也可以采用以上方法。

4.4.4　单元格引用

在公式中把单元格地址作为变量，使单元格的值参与计算，称为单元格引用。通过引用可以在公式中使用工作表中的不同部分的数据，或者在多个地方使用同一单元格的数据，Excel 可以引用同一工作薄不同工作表的单元格，也可以引用不同工作薄的单元格。

在同一工作表引用单元格数据有三种引用方式，包括相对引用、绝对引用和混合引用。在不同工作表之间的引用称为外部引用。

1.　相对引用

如果单元格地址用列标和行号直接连接构成，就称为单元格的相对地址，例如 A1、B5 等。使用相对地址的引用就是相对引用。

在相对引用中，被引用单元的位置与公式单元格的位置相关，当公式单元格的位置发生改变时，引用单元格的位置会随之发生变化。

例如在 D1 单元格中输入公式"=C1"，这并不代表第 C 列第一行的单元格（绝对地址），而是表示相对于 D1 单元格的位置即 D1 单元格同一行左侧的单元格，当用户把公式复制到 D2 单元格时，D2 单元格的值应该是 C2 单元格的值。

相对引用的用处是在移动、复制或自动填充时，可以保持公式单元格和引用单元格的相对位置不变，如在图 4.41 中计算总分时，在单元格 F2 中输入公式"=SUM(B2:E2)"，计算出的是"李小鹏"四门课的总分 348 分，利用自动填充时，如在 F7 单元格中就应该为公式""=SUM(B7:E7)"，计算出的则是"肖瑶"的四门课的总分 315 分，求得的是 B7 到 E7 这四个单元格中数值的总和。

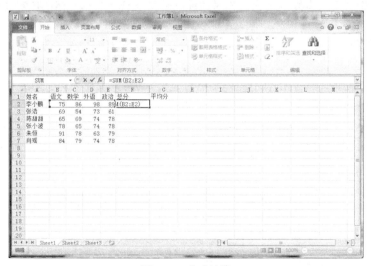

图 4.41　公式计算

2.　绝对引用

如果单元格地址在行号和列表前都加上"$"符号，就是单元格的绝对地址，例如$A$1、$B$5 等。使用绝对地址的引用就是绝对引用。

绝对引用与相对引用相反，绝对引用的单元格位置不会随着公式单元格位置的变化而变化。在复制公式时，单元格的引用始终是最初那个公式中所指定的单元格。如图 4.42 所示，在单元格 G2 中输入公式"=average($B$2:$E$2)"，确认后得到了"李小鹏"四门课的平均分 87 分，如果拖动填充柄将公式复制到 G7 单元格中，G7 单元格的计算结果仍然为"李小鹏"四门课的平均分 87 分，对应的公式是"=average($B$2: $E$2)"，求得的是 B2 到 E2 这四个单元格中数值的算术平均值。

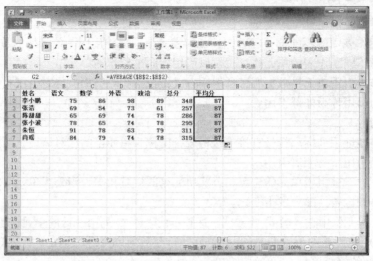

图 4.42　绝对引用

3. 混合引用

混合引用综合了相对引用和绝对引用。在混合引用中，可以对单元格的行号或者列标采用不同的方式，例如$B2 表示列方向采用绝对引用，行方向采用相对引用，C$5 则相反。

在混合引用中移动或者复制公式，相对地址部分将随着公式单元格的位置变化而变化，绝对引用部分则一直保持不变。

在单元格引用方式中，用户可以通过 F4 键在相对引用、绝对引用和混合引用几种方式之间转换。

4. 外部引用

引用同一工作簿的不同工作表中的单元格时，格式为："工作表名！单元格"，如"sheet2！D3"，表示引用 sheet2 工作表中的 D3 单元格，如图 4.43 所示。

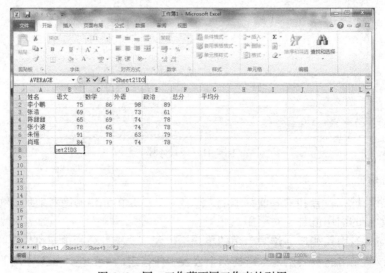

图 4.43　同一工作簿不同工作表的引用

在不同工作簿中引用单元格，格式为："［工作簿名］工作表名！单元格"，如"［工作簿 1］sheet2！D3"，表示引用工作簿 1 的 sheet2 工作表的 D3 单元格，如图 4.44 所示。

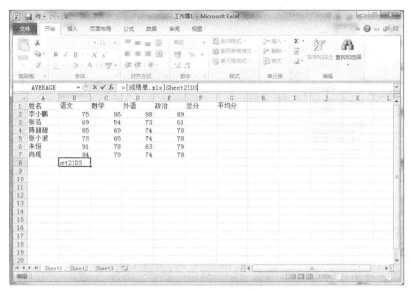

图 4.44　不同工作簿的引用

4.5　数　据　管　理

Excel 有强大的数据处理与分析功能，使用 Excel 的数据排序，数据筛选，数据分类汇总和数据透视表功能，可以方便有效地统计分析表格中的数据，使复杂的数据在处理和管理方面变得简单，从而更加得心应手。

4.5.1　数据排序

在数据表中输入数据时，一般是按照数据的输入顺序排列的，这样不利于查找所需的数据，而 Excel 中的数据排序功能可以使工作表中的数据按照规定的顺序排列，从而使工作表条理清晰，便于管理和使用。

1. 数据的排序规则

排序是对数据进行重新组织排列的一种方式，可以按升序或降序的方式对数据表进行。Excel 2010 默认的升序排列规则如下（降序相反）。

文本：按照首字拼音的第一个字母进行排序。

数字：按照从最小负数到最大正数的顺序进行排序。

日期：按照从最早日期到最晚日期的顺序进行排序。

逻辑值：在逻辑值中，FALSE 排在 TRUE 之前。

错误值：所有错误值的优先级相同。

空格（空白单元格）：按照升序或降序排序时都排在最后。

2. 简单排序

按一个条件排序是最简单也是最常用的一种排序方法。具体操作如下。

（1）选择要排序列的任意一单元格。

（2）单击"数据"选项卡。

（3）单击"排序和筛选"工具组中的"降序 ↓" 或 "升序 ↑"按钮，如图 4.45 所示：

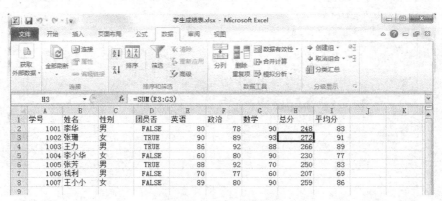

图 4.45　简单排序

3. 多关键字复杂排序

多关键字排序是指先按某一个关键字进行排序，若有相同的值，再按第二个关键字进行排序，依此类推。例如，将图 4.46 所示成绩表中的数据以"数学"为主关键字，"英语"和"政治"为次要关键字进行降序排序。

	A	B	C	D	E	F	G	H	I
1	学号	姓名	性别	团员否	英语	政治	数学	总分	平均分
2	1001	李华	男	FALSE	80	78	90	248	83
3	1002	张珊	女	TRUE	90	89	93	272	91
4	1003	王力	男	TRUE	86	92	88	266	89
5	1004	李小华	女	FALSE	60	80	90	230	77
6	1005	张芳	男	TRUE	88	92	70	250	83
7	1006	钱利	男	FALSE	70	77	60	207	69
8	1007	王小小	女	FALSE	89	80	90	259	86
9									

图 4.46　成绩表

具体操作如下：

（1）选择表格中的任意单元格，单击"数据"选项卡，然后在"排序和筛选"工具组中单击"排序"按钮，如图 4.47 所示。

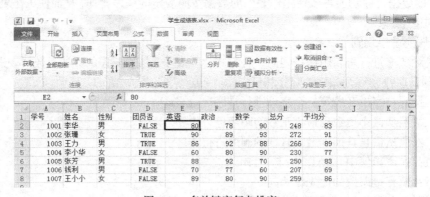

图 4.47　多关键字复杂排序-1

（2）打开"排序"对话框，在"列"下方的"主要关键字"列表中选择排序的主关键字，在"排序依据"列表中选择排序依据，在"次序"列表中选择排序方式，然后单击"添加条件"按钮，如图 4.48 所示。

图 4.48 多关键字复杂排序-2

（3）单击"添加条件"按钮后，增加"次要关键字"，选择次要关键字"英语"，排序依据为"数值"，排序次序为"降序"，然后单击"添加条件"按钮，如图 4.49 所示。

图 4.49 多关键字复杂排序-3

（4）使用上一步方法添加其他关键字，然后单击"确定"按钮，经过以上操作后的表格的排序效果如图 4.50 所示。

	A	B	C	D	E	F	G	H	I	J
1	学号	姓名	性别	团员否	英语	政治	数学	总分	平均分	
2	1002	张珊	女	TRUE	90	89	93	272	91	
3	1007	王小小	女	FALSE	89	80	90	259	86	
4	1001	李华	男	FALSE	80	78	90	248	83	
5	1004	李小华	女	FALSE	60	80	90	230	77	
6	1003	王力	男	TRUE	86	92	88	266	89	
7	1005	张芳	男	TRUE	88	92	70	250	83	
8	1006	钱利	男	FALSE	70	77	60	207	69	

图 4.50 多关键字复杂排序-4

在"排序"对话框中，单击"删除条件"按钮可以将添加的排序条件删除，单击"复制条件"按键，可以复制一个与已有排序条件相同的条件。在 Excel 2010 中最多可以添加和设置 64 个关键字。

4.5.2 数据筛选

数据筛选是指隐藏不准备显示的数据行，显示指定条件的数据行的过程。使用数据筛选可以快速显示选定数据行的数据，从而提高工作效率。

1. 自动筛选

自动筛选是指按一个或多个条件进行的数据筛选，从而显示符合条件的数据行。例如，筛选出如图 4.51 所示成绩表是女生团员的成绩。

	A	B	C	D	E	F	G	H	I	J
1	学号	姓名	性别	团员否	英语	政治	数学	总分	平均分	
2	1001	李华	男	FALSE	80	78	90	248	83	
3	1002	张珊	女	TRUE	90	89	93	272	91	
4	1003	王力	男	TRUE	86	92	88	266	89	
5	1004	李小华	女	FALSE	60	80	90	230	77	
6	1005	张芳	男	TRUE	88	92	70	250	83	
7	1006	钱利	男	FALSE	70	77	60	207	69	
8	1007	王小小	女	FALSE	89	80	90	259	86	

Sheet1 / Sheet2 / Sheet3

就绪

图 4.51　成绩表

具体操作如下：

（1）选择表格中的任意单元格，单击"数据"选项卡，然后单击"排序和筛选"工具组中的"筛选"按钮，如图 4.52 所示。

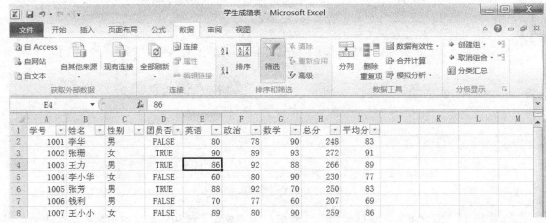

图 4.52　自动筛选-1

（2）表格进入筛选状态，单击"性别"右侧的"筛选控制"按钮，在打开的列表中选择要添加或删除的筛选选项，如图 4.53 所示。

图 4.53　自动筛选-2

然后单击"确定"按钮，效果如图 4.54 所示。

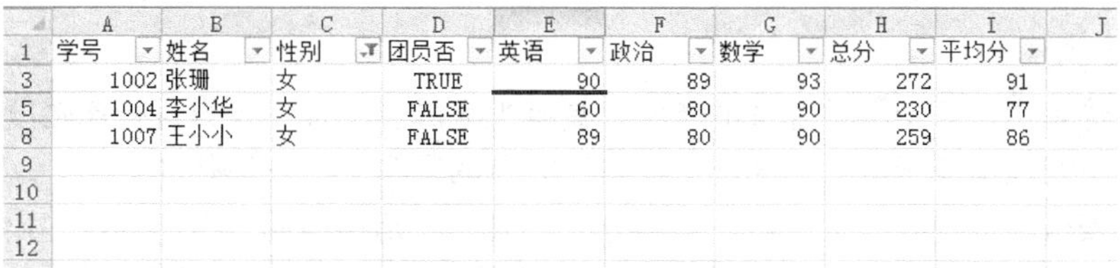

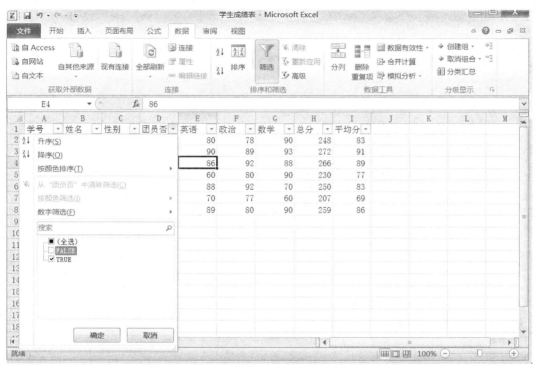

图 4.54 自动筛选-3

（3）单击"团员否"右侧的"筛选控制"按钮，在打开的列表中选择筛选条件，如图 4.55 所示。

图 4.55 自动筛选-4

然后单击"确定"按钮，效果如图 4.56 所示。

图 4.56 自动筛选-5

Excel 可以对数字、文本、颜色、日期或时间等数据进行筛选，所以根据选择列的不同，在其筛选列表中也会显示不同的筛选选项。例如，当筛选列中的内容为文本时，在筛选列表中显示的是"文本筛选"命令，当筛选列的内容为数字时，在筛选列表中显示的则是数字。

当确定筛选列时，在列标记的筛选控制会显示筛选标记，再次单击"排序和筛选"工具组中的"筛选"按钮,可以取消筛选半显示全部数据,单击"清除"按钮,可以显示所有数据,但不退出筛选状态。

2. 自定义筛选

自定义筛选是指自己定义要筛选的条件。具有很大的灵活性,可以进行比较复杂的筛选。例如,要筛选出平均成绩等于或大于 80 分,小于 90 分的同学。具体操作如下。

(1)进入表格的筛选状态,单击"平均分"右侧的"筛选控制"按钮,在弹出的列表中单击"数字筛选"命令,然后在下级列表中单击"自定义筛选",如图 4.57 所示。

图 4.57　自定义筛选-1

(2)打开"自定义自动筛选方式"对话框,设置筛选的自定义条件,大于或等 80,小于 90,然后单击"确定"按钮,如图 4.58 所示。

图 4.58　自定义筛选-2

经过以上操作后,表格自定义筛选出的记录如图 4.59 所示。

在"自定义筛选方式"对话框中的"与"和"或"两个选项,其表示的意思是:"与"是两个条件必须满足,"或"是满足一个条件即可。

图 4.59　自定义筛选-3

4.5.3　数据分类汇总

分类汇总是指根据指定的类别将数据以指定的方式进行统计，这样可以快速地将表格中的数据进行汇总与分析，以获得想要的统计数据。

1．创建分类汇总

在创建分类汇总之前需要将准备分类汇总的数据区域按关键字排序，从而使相同关键字的行排列在相邻行中，有利于分类汇总的操作。例如，要将表格中的数据以"性别"为分类字段，对"英语"进行平均汇总。具体操作如下：

（1）对需要分类汇总的字段进行排序，如图 4.60 所示。

图 4.60　分类汇总-1

经过排序后显示如图 4.61 所示。

	A	B	C	D	E	F	G	H	I	J
1	学号	姓名	性别	团员否	英语	政治	数学	总分	平均分	
2	1002	张珊	女	TRUE	90	89	93	272	91	
3	1004	李小华	女	FALSE	60	80	90	230	77	
4	1007	王小小	女	FALSE	89	80	90	259	86	
5	1001	李华	男	FALSE	80	78	90	248	83	
6	1003	王力	男	TRUE	86	92	88	266	89	
7	1005	张芳	男	TRUE	88	92	70	250	83	
8	1006	钱利	男	FALSE	70	77	60	207	69	

图 4.61　分类汇总-2

（2）选定数据区域中的任意一个单元格，切换到"数据"选项卡，在"分级显示"工具组中单击"分类汇总"按钮，如图 4.62 所示。

（3）打开的"分类汇总"对话框，在"分类字段"下拉列表表中选择要进行分类汇总的字段名称（排序名称"性别"），然后在"汇总方式"下拉列表中选择需要汇总的方式（如求平均），再在"选定汇总项"列表框中选择需要进行分类汇总的选项对应的复选框（如英语），如图 4.63 所示。

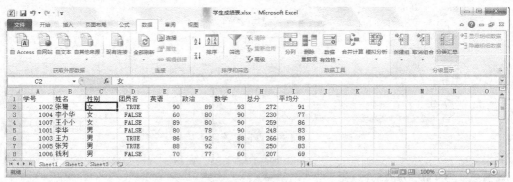

图 4.62 分类汇总-3

图 4.63 分类汇总-4

最后按确定后显示效果如图 4.64 所示。

对数据进行分类汇总后，在行标题的左侧出现了分级显示按钮 1 2 3 ，主要用于显示或隐藏某些明细数据。单击 1 按钮，将显示汇总字段中的总计项，单击 2 按钮，将按分类字符显示汇总字段的汇总数据，单击 3 按钮，将显示汇总字段中的详细信息。

2. 删除分类汇总

对数据表进行分类汇总后，若要恢复到分类汇总前的表格状态，则要删除分类汇总。其方法就是打开"分类汇总"对话框，单击"全部删除"按钮即可，如图 4.65 所示。

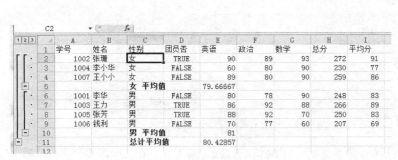

图 4.64 分类汇总-5

图 4.65 删除分类汇总

4.5.4 使用数据透视表分析数据

数据透视表是一种对大量数据快速汇总和创建交叉列表的交互式表格，可以用转换行和列来查看源数据的不同汇总结果，而且可以显示感兴趣区域的明细数据。数据透视表是一种动态工作表，它提供了一种以不同角度观看数据的简便方法。

1. 创建数据透视表

创建数据透视表时，需要连接到一个数据源，并输入报表位置，创建的方法如下：

（1）选择数据区域中的任意一个单元格，单击"插入"选项卡，在"表格"工具组中单击"数据透视表"按钮，在弹出的列表中选择"数据透视表"命令，如图 4.66 所示。

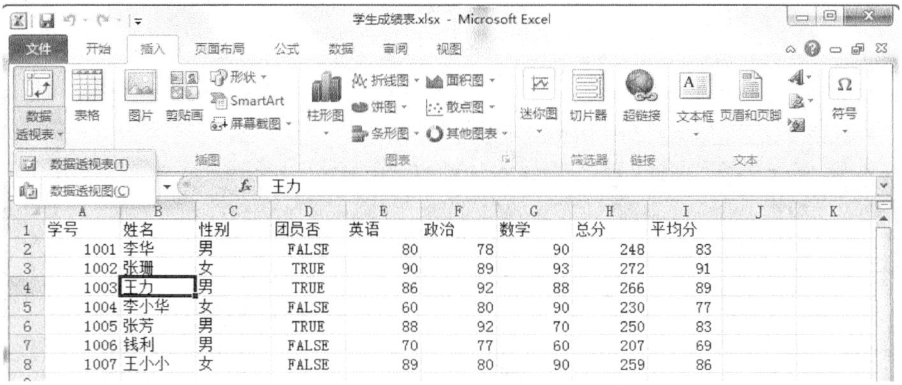

图 4.66　创建数据透视表-1

（2）打开"创建数据透视表"对话框，选择要创建数据透视表的数据区域，在"选择放置数据透视表的位置"处选择"新工作表"，然后单击"确定"按钮，如图 4.67 所示。

此时，将新建一张工作表，以 A1 单元格为起始位置显示数据透视表，并在窗口右侧显示"数据透视表字段列表"任务窗格，如图 4.68 所示。

图 4.67　创建数据透视表-2

图 4.68　创建数据透视表-3

（3）在"数据透视表字段列表"任务窗格的"选择要添加到报表的字段"列表中单击字段名称左侧的复选框，对应的字段名称会自动添加在下方的"在以下区域间拖动字段"列表中，工作表中的区域也将添加相应的字段名称和内容，如图4.69所示。

图 4.69　创建数据透视表-4

最后在空白单元格处单击，就完成数据透视表的创建，如图4.70所示。

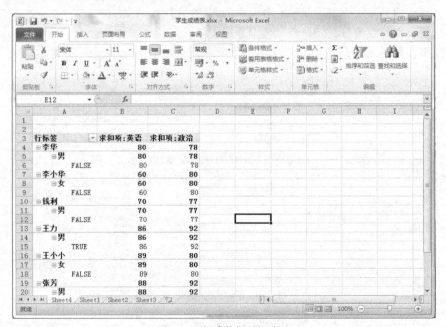

图 4.70　创建数据透视表-5

2. 删除数据透视表

创建数据透视表后，根据用户需要可以删除其中的字段，也可以删除整个数据表。例如要删除"英语"字段，只需在"选择要添加到列表的字段"区域中的取消"英语"前的复选标志即可，如图 4.71 所示。

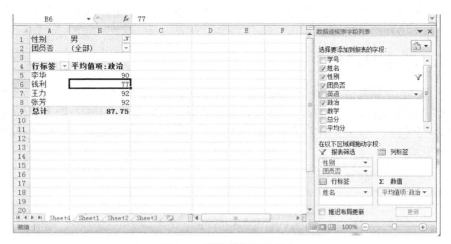

图 4.71　删除数据透视表-1

　　如果要删除整个数据透视表，其具体操作为：选择数据透视表的任意单元格，单击"选项"，再单击"操作"工具组中"选择"按钮，在弹出的列表中单击"整个数据透视表"命令，如图 4.72 所示。

图 4.72　删除数据透视表-2

　　选择整个数据透视表后，按 Delete 键即可。

4.6　图　　表

　　为了使数据更加直观，可以将数据以图表的形式展示出来，利用不同类型的图表可以形象地反映数据的差异，适合在各种情况下分析和展示数据。

Excel 2010 提供了 11 种标准的图表类型，主要包括柱形图、折线图、饼图、条形图、面积图、XY 散点图、股价图、曲面图、圆环图、气泡图、雷达图。每一种图表类型都分为几种子类型，其中包括二维图表和三维图表。

4.6.1　创建图表

创建图表时要根据数据的特点来决定采用哪种图表类型。图表既可以放在工作表上，也可以放在工作簿的图表工作表上。直接出现在工作表上的图表称为嵌入式图表，图表工作表是工作簿中仅包含图表的特殊工作表。嵌入式图表和图表工作表都与工作表的数据相链接，并随工作表数据的更改而更新。

创建图表的具体操作如下：

（1）选定要创建图表的数据，如图 4.73 所示。

图 4.73　创建图表-1

（2）选择"插入"选项卡，在"图表"工具组中选择要创建的图表类型，比如单击"柱形图"按钮，从菜单中选择需要的图表类型，如图 4.74 所示。

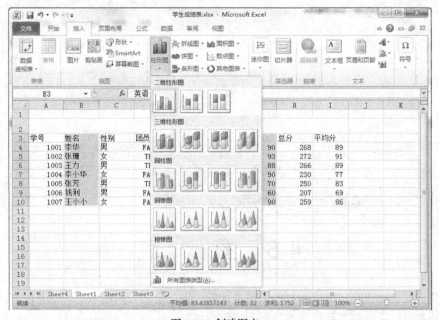

图 4.74　创建图表-2

经过以上操作即可以工作表中创建图表，如图 4.75 所示。

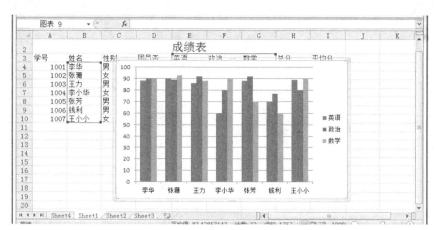

图 4.75　创建图表-3

4.6.2　编辑图表

创建图表后，如果不能满足用户的需要，用户可以对图表进行编辑与修改。当选择图表后，将在功能区显示"图表工具"选项卡，在其下方显示"设计"、"布局"、"格式"选项卡。通过这三个选项卡，可对图表进行各种编辑，使图表更加美观。

1. 修改图表源数据

图表中的数据与工作表中的数据是动态联系的，当表中的数据发生变化时，图表也会随之变化。如图 4.76 所示的成绩表，把"英语"，"政治"，"数学"成绩改为"总分"和"平均分"。

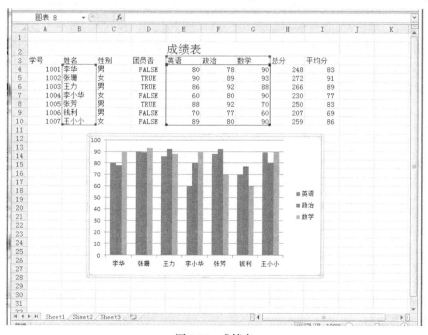

图 4.76　成绩表

具体操作为：

（1）选择图表，单击"设计"选项卡，在"数据"工具组中单击"选择数据"，如图 4.77 所示。

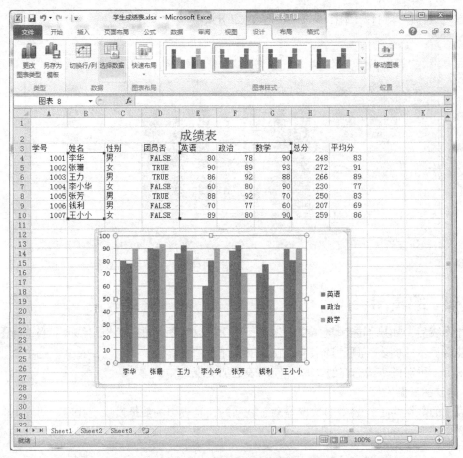

图 4.77 修改图表源数据-1

（2）打开"选择数据源"对话框，将插入点定位于"图表数据区域"文本框中，重新选择图表中数据的单元格区域，单击"确定"，如图 4.78 所示。

图 4.78 修改图表源数据-2

经过以上操作后，其效果显示如图 4.79 所示。

2. 修改图表类型

图表创建后，如果用户不满足，可以根据需求对图表类型进行修改。具体操作如下：

（1）选择图表，单击"设计"选项卡，再单击"类型"工具组中的"更改图表类型，如图 4.80 所示。

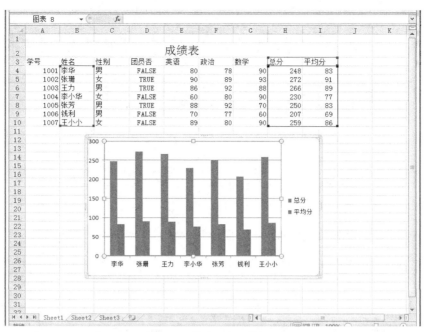

图 4.79　修改图表源数据-3

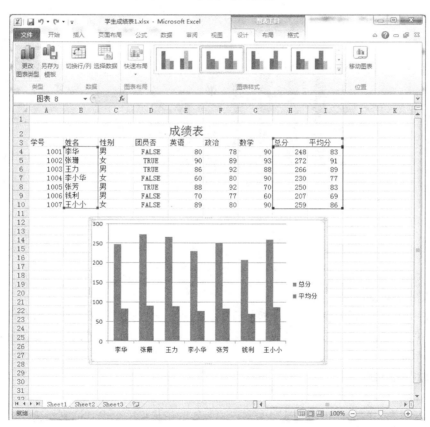

图 4.80　修改图表类型-1

（2）打开"更改图表类型"对话框，选择所需要的图表类型，单击"确定"按钮，如图 4.81
所示。

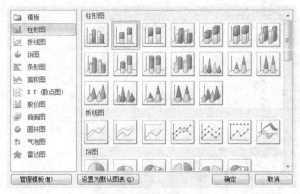

图 4.81 修改图表类型-2

经过以上操作后，其显示效果如图 4.82 所示。

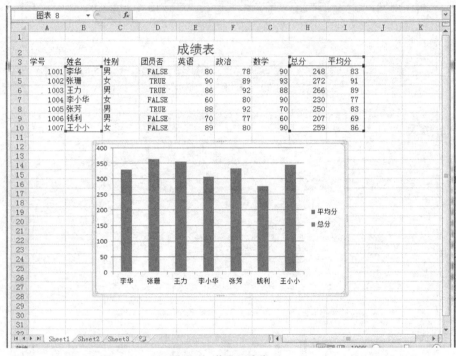

图 4.82 修改图表类型-3

3. 设置图表布局样式

设置图表布局是设置图表标题、坐标轴标题、图例、数据标签等元素的显示方式，合理的布局能使图表更加美观。用户在创建图表后，并没有这些显示，因此，可以通过设置图表布局来改变这些图表元素。

● 添加图表标题

具体操作如下：

（1）选择图表，单击"布局"选项卡，在"标签"工具组中单击"图表标题"按钮，在弹出的列表中单击选择图表标题的位置，如"图表上方"，如图 4.83 所示。

（2）弹出选择图表标题的提示框，可输入图表标题文字设置标题的文字格式，如图 4.84 所示。

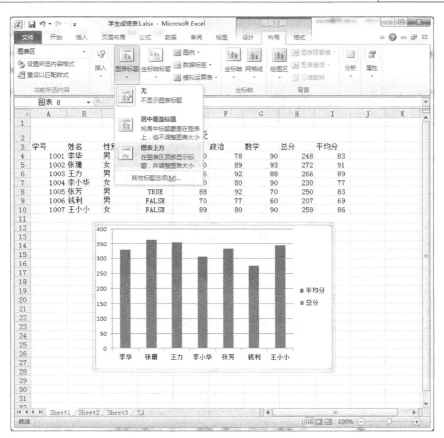

图 4.83　添加图表标题-1

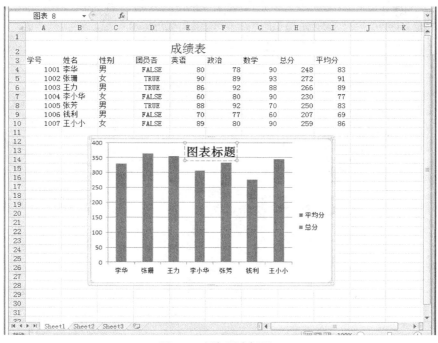

图 4.84　添加图表标题-2

最后显示效果如图 4.85 所示。

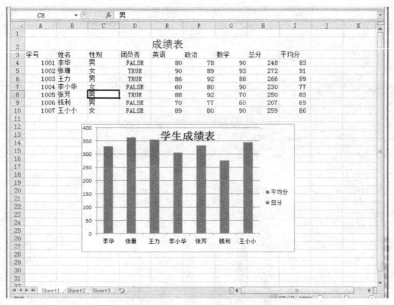

图 4.85　添加图表标题-3

● 添加坐标轴标题

具体操作如下。

（1）选择图表，单击"布局"选项卡，在"标签"工具组中单击"坐标轴标题"按钮，在弹出的列表中选择"主要横坐标轴标题"下的"坐标轴下方标题"，为图表添加横坐标轴标题，如图4.86所示。

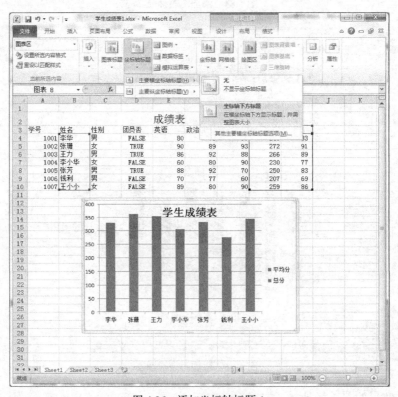

图 4.86　添加坐标轴标题-1

（2）选择图表，单击"布局"选项卡，在"标签"工具组中单击"坐标轴标题"按钮，在弹出的列表中选择"主要纵坐标轴标题"下的"竖排标题"，为图表添加纵坐标轴标题，如图 4.87所示。

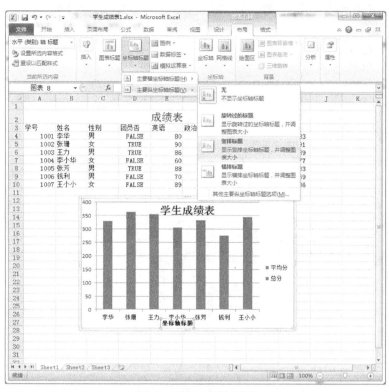

图 4.87　添加坐标轴标题-2

经过以上操作后图表的显示效果如图 4.88 所示。

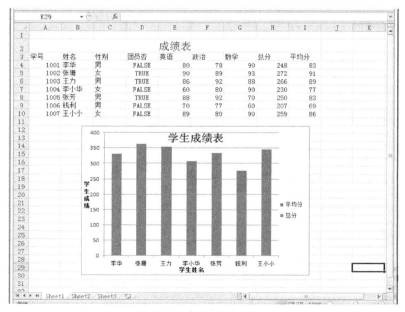

图 4.88　添加坐标轴标题-3

● 设置图例

设置图例主要是设置图例在图表中的位置，图例的默认位置是在图表的右边，可以改变其位置。具体操作为：选择图表，单击"布局"选项卡，在"标签"工具组中单击"图例"按钮，在弹出的列表中选择图例要显示的位置，如"在顶部显示图例"，如图 4.89 所示。

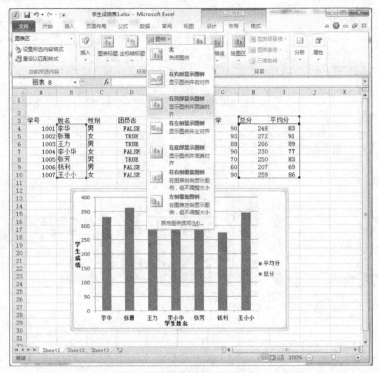

图 4.89　设置图例-1

显示效果如图 4.90 所示。

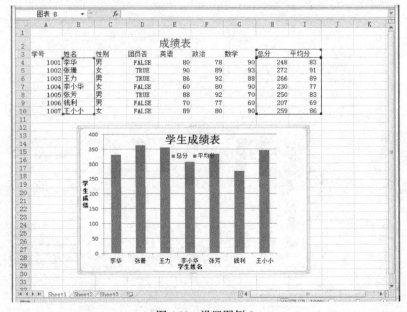

图 4.90　设置图例-2

● 添加数据标签

添加数据标签是指将数据表中的具体数值添加到图表的分类系列上，可以方便地设置坐标轴上的显示内容。具体操作如下：选择图表，单击"布局"选项卡，在"标签"工具组中单击"数据标签"按钮，在弹出的列表中选择标签位置，比如"居中"，如图 4.91 所示。

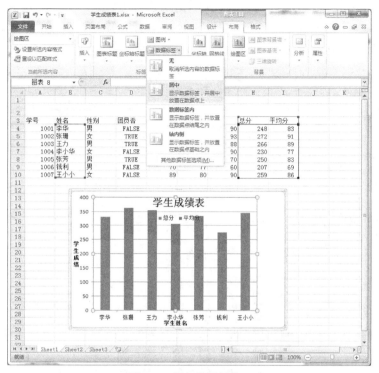

图 4.91　添加数据标签-1

经过以上操作后的显示效果如图 4.92 所示。

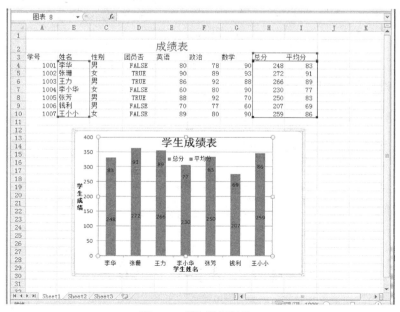

图 4.92　添加数据标签-2

4．设置图表位置

默认情况下，插入的图表会显示在数据源的工作表内，如果需要改变图表的位置，可以使用"移动图表"来改变图表的位置。具体操作如下：

（1）选择图表，单击"设计"选项卡，再单击"位置"工具组中的"移动图表"按钮，如图4.93所示。

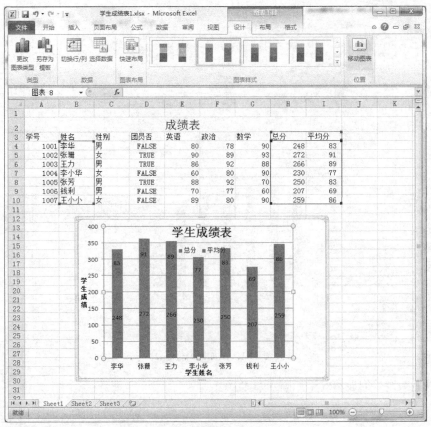

图 4.93　设置图表位置-1

（2）打开"移动图表"对话框，在"对象位于"列表框中选择图表要移动的工作表名称，单击"确定"按钮即可，如图 4.94 所示。

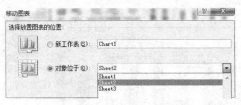

图 4.94　设置图表位置-2

4.7　打　　印

当对工作表数据进行处理后，用户还要将需要的内容打印出来。不同的要求打印的内容和格式也就不相同，每个用户可能有特殊的表格要求，因此为方便用户，Excel 提供了许多设置来调整打印效果。

4.7.1　页面设置

1. 设置页边距

页边距是指正文与页面边缘的距离。具体操作如下。

（1）单击"页面布局"选项卡，再单击"页面设置"工具组中的"页边距"，在弹出的下拉列表中选择一种页边距方案，比如单击"自定义边距"，如图 4.95 所示。

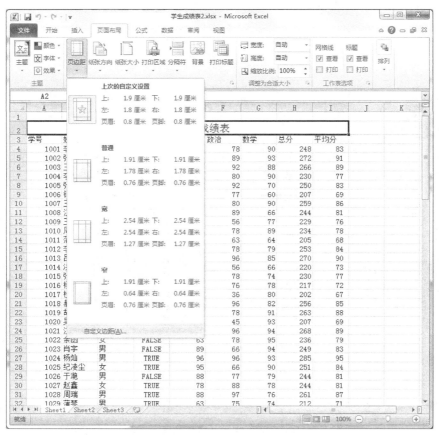

图 4.95　设置页边距-1

（2）在弹出的"页面设置"对话框中的"页边距"选项卡中根据需要设置相关参数即可，如图 4.96 如示。

上、下、左、右文本框：设置打印内容距离纸张四边的大小，单位为厘米。

页眉、页脚文本框：设置页眉和页脚距离上下底边的大小。

居中方式：选择水平或垂直居中，指表格左右或上下的空白是否对称。

2. 设置纸张方向

纸张方向是指页面是横向打印还是纵向打印。一般情况下，若文件的行较多而列较少时，使用纵向打印；若文件的列较多而行较少时，则使用横向打印。具体操作如下：单击"页面布局"选项卡，单击"页面设置"工具中的"纸张方向"，在弹出的下拉列表中选择一种纸张方向即可，如图 4.97 所示。

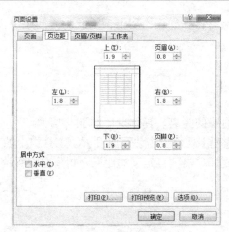

图 4.96　设置页边距-2

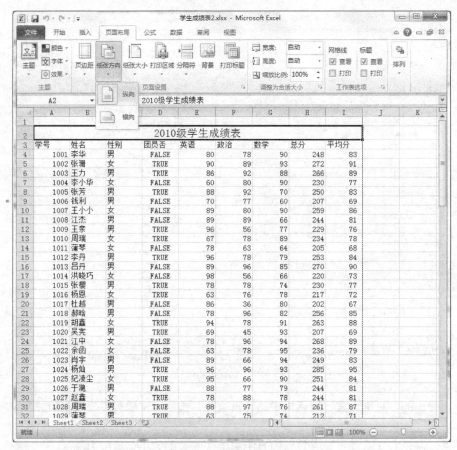

图 4.97　设置纸张方向

3. 设置打印纸张大小

设置纸张大小就是设置以多大的纸张进行打印。具体操作如下：

（1）单击"页面布局"再单击"页面设置"工具组中的"纸张大小"，在弹出的下拉列表中选择所需的纸张类型，比如选择"其他纸张大小"，如图 4.98 所示。

（2）在弹出的"页面设置"对话框的"页面"选项卡中根据需要设置相关参数即可，如图 4.99 所示。

图 4.98　设置纸张大小-1

图 4.99　设置纸张大小-2

缩放比例：在长宽方向按相同比例缩放工作表。

调整为：在长宽方向按不同比例缩放工作表。

纸张大小：选择打印纸张的类型。

打印质量：选择打印表格的质量。

起始页码：默认为自动，用户可以手动设置打印的起始页码。

4. 设置打印区域

默认情况下，打印工作表时会将整个工作表全部打印输出。如果只打印部分区域，可以选定要打印的单元格区域，然后单击"页面布局"选项卡，在"页面设置"工具组中单击"打印区域"，从下拉列表中选择"设置打印区域"即可，如图 4.100 所示。

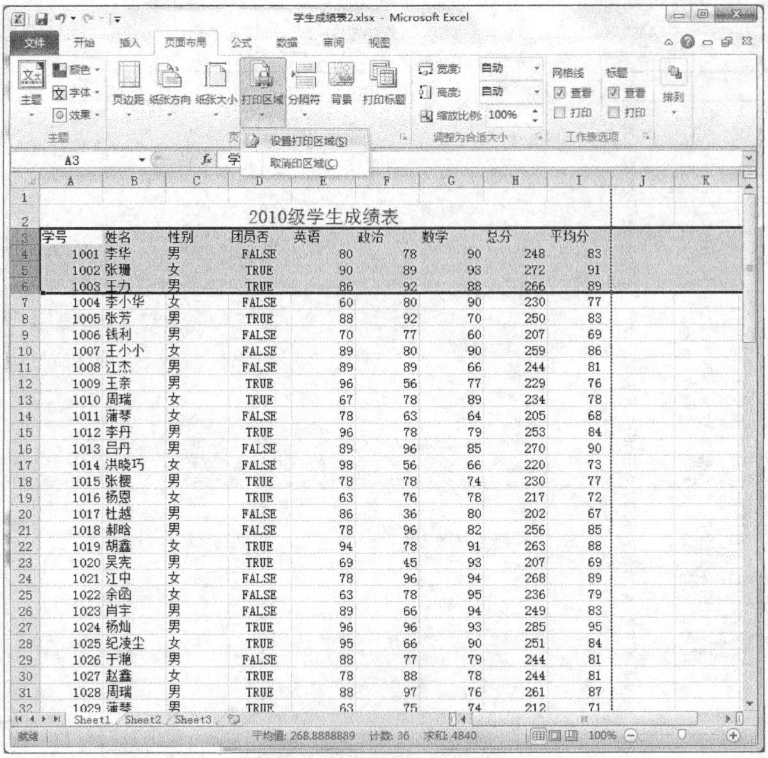

图 4.100　设置打印区域

5. 设置打印标题

如果打印的工作表较长时，常常需要在每一页上打印行或列标题，这时可以设置打印标题来实现。用户可以需求来指定要在每个打印页的顶部或左侧重复出现的行或列。具体操作如下：（1）单击"页面布局"，在"页面设置"组中单击"打印标题"，在弹出"页面设置"对话框的"工作表"选项卡中设置打印标题，如图 4.101 所示。

图 4.101　设置打印标题

（2）在"顶端标题行"文本框中输入标题所在的单元格区域。还可以单击右侧的"折叠对话框"按钮，隐藏对话框的其他部分，对话框缩小后，直接用鼠标在工作表中选定标题区域。选定后，单击右侧的"展开对话框"按钮，再单击"确定"按钮即可。

4.7.2 设置分页符

当工作表内容超过一页时，就需要进行分页打印。默认情况下，Excel 会对根据工作表内容，页边距等设置进行自行分页。普通视图下，分页符以虚线显示，在分页视图中分页符以蓝色粗线显示。用户也可根据需要在工作表中手动插入分页符。

1．插入分页符

插入分页符有 3 种方式。

水平分页：选择要分页处下方的一行，插入分页符。

垂直分页：选择要分页处右方的一列，插入分页符。

四分页（水平和垂直同时分页）：选择要分页处右下方的单元格插入分页符。

用户可以根据需要选择要进行分页的方式，例如，要进行水平分页，首先选中要分页处的下方的一行，然后单击"页面布局"选项卡，在"页面设置"工具组中单击"单击分隔符"，在弹出的下拉列表中单击"插入分页符"，如图 4.102 所示。

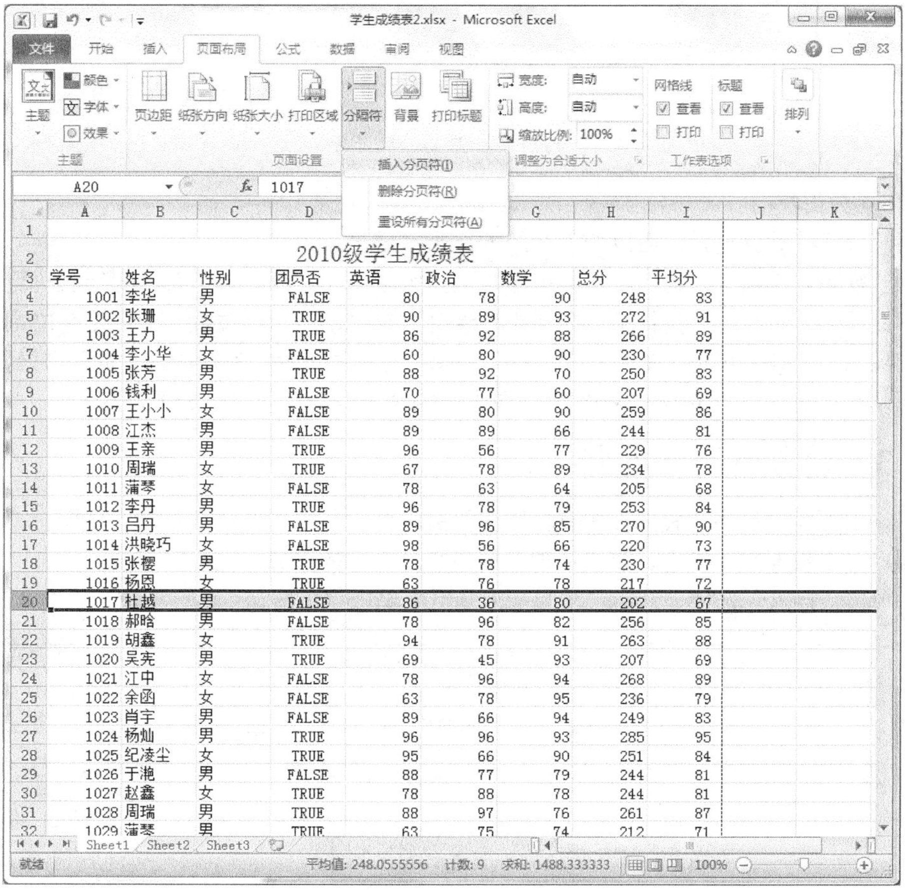

图 4.102 插入分页符-1

经过以上操作后，在"分页预览"视图下的显示效果如图 4.103 所示。

	A	B	C	D	E	F	G	H	I
7	1004	李小华	女	FALSE	60	80	90	230	77
8	1005	张芳	男	TRUE	88	92	70	250	83
9	1006	锐利	男	FALSE	70	77	60	207	69
10	1007	王小小	男	FALSE	89	80	90	259	86
11	1008	江杰	男	FALSE	89	89	66	244	81
12	1009	王睿	男	TRUE	96	56	77	229	76
13	1010	周琳	女	TRUE	67	78	89	234	78
14	1011	蒋琴	女	FALSE	78	63	64	205	68
15	1012	李丹	男	TRUE	96	78	79	253	84
16	1013	吕丹	男	FALSE	89	96	85	270	90
17	1014	洪晓巧	女	FALSE	98	56	66	220	73
18	1015	张樱	男	TRUE	78	78	74	230	77
19	1016	杨鼠	女	TRUE	63	76	78	217	72
20	1017	杜越	男	FALSE	86	36	80	202	67
21	1018	郝哈	男	FALSE	78	96	82	256	85
22	1019	胡鑫	女	TRUE	94	78	91	263	88
23	1020	吴尧	男	TRUE	69	45	93	207	69
24	1021	江中	男	FALSE	78	96	94	268	89
25	1022	余函	女	FALSE	63	78	95	236	79
26	1023	肖子	男	FALSE	89	66	94	249	83
27	1024	杨灿	男	TRUE	96	96	93	285	95
28	1025	纪凌尘	女	TRUE	95	66	90	251	84
29	1026	于龙	男	FALSE	88	77	79	244	81
30	1027	赵鑫	女	TRUE	78	88	78	244	81
31	1028	周琳	男	TRUE	88	97	76	261	87
32	1029	蒋琴	男	TRUE	63	75	74	212	71
33	1030	李佳丹	女	FALSE	86	74	72	232	77
34	1031	刘双	男	TRUE	67	76	73	216	72
35	1032	胡玲	女	FALSE	75	71	71	217	72
36	1033	吕佳宁	男	FALSE	56	93	93	242	81
37	1034	姜园	男	TRUE	78	97	97	272	91
38	1035	郑娟	女	FALSE	76	64	98	238	79
39	1036	王佳	男	TRUE	63	68	96	227	76
40	1037	多川	男	TRUE	63	66	94	223	74
41	1038	温蔽	女	TRUE	78	82	90	250	83
42	1039	赵芳	男	FALSE	56	83	97	236	79
43	1040	宁宁	女	TRUE	78	76	97	251	84
44	1041	李恒	女	FALSE	68	74	93	235	78

图 4.103　插入分页符-2

2．移动分页符

如果用户要移动分页符，可以按下面的方法来完成。

单击"视图"选项卡，在"工作薄视图"工具组中单击"分页预览"，切换到分页预览视图，把鼠标指针移到分页符上，指针呈双向箭头，将分页符拖动到目标位置，即可按新位置分页。

要删除一个手动分页符，先单击分页符下的第一行的单元格，然后单击"页面布局"选项卡，在"页面设置"工具组中单击"分隔符"，在弹出的菜单中选择"删除分页符"。

4.7.3　设置页眉与页脚

在 Excel 页面的顶部和底部设置有页眉和页脚区域。其中可以包括页码、日期、工作表名等内容。用户可以根据需要指定页眉或页脚上的内容。具体操作如下。

（1）单击"插入"选项卡，在"文本"工具组中单击"页眉和页脚"按钮，如图 4.104 所示。

图 4.104　设置页眉与页脚-1

（2）进入"设计"选项卡，在顶部页眉区的 3 个框中输入页眉内容，如图 4.105 所示。

（3）单击"页眉和页脚元素"工具组的按键，可以在页眉中插入页码、页数、当前日期、当前时间、文件路径、文件名、工作簿名、图片和设置图片格式等。

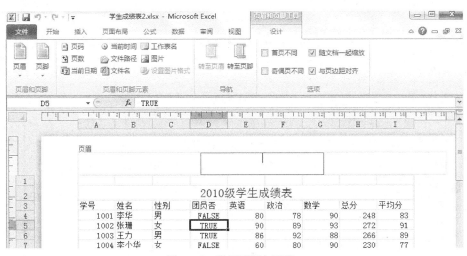

图 4.105　设置页眉与页脚-2

（4）如果要使用预设的页眉格式，可以单击"页眉"按钮，从下拉列表中进行选择，如图 4.106 所示。

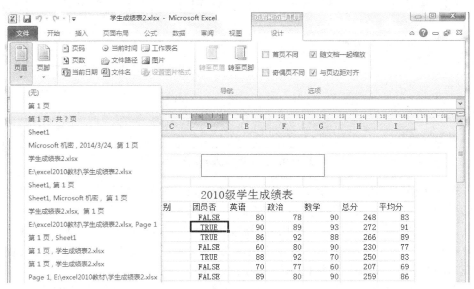

图 4.106　设置页眉与页脚-3

（5）切换到"视图"选项卡，单击"工作簿视图"工具组中的"普通"按钮，退出页面布局视图。页脚的设置与页眉类似。

4.7.4　打印预览及打印输出

在打印之前可用"打印预览"功能查看各种设置是否合适，是否需要修改。打印预览显示工作表打印出来的效果视图，可以在打印预览视图下对要打印的工作进行调整，确保打印效果与需要的一致。

如果要预览一个工作表，可以按以下方法进行操作：

（1）单击"文件"选项卡，在弹出的菜单中选择"打印"命令，在"打印"选项面板的右侧可预览打印的效果，如图 4.107 所示。

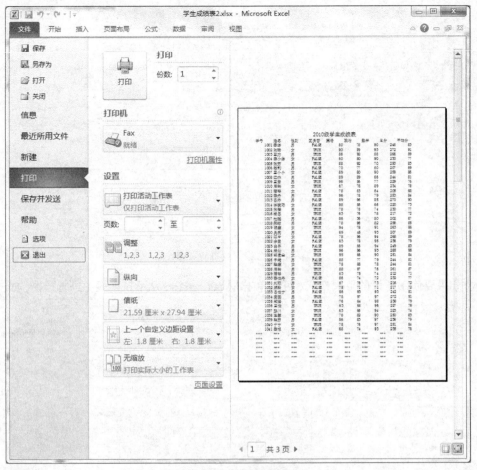

图 4.107　打印预览及打印输出-1

（2）如果觉得预览效果看不清楚，可以单击预览页面下方的"缩放到页面" 按钮。此时，用户可以拖动垂直或水平滚动条来查看工作表的内容。

（3）当前预览的为第"1"页，若用户要预览其他页面，可以单击"下一页"按钮。

（4）在预览时如果觉得不满意，还可以单击"显示边距" 按钮，在预览中显示边距。将光标移到这些虚线上，可以拖动调整表格距离四周的距离。

通过打印预览，如果觉得得效果满足，可以直接选择"打印"选项面板中的"打印"按钮输出。同时还可以在"份数"数值框中输入要打印的份数，如图 4.108 所示。

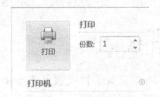

图 4.108　打印预览及打印输出-2

本章习题

一、单项选择题

1. Excel 2010 工作簿文件的默认扩展名为（　　）。

　　A．docx　　　　　B．xlsx　　　　　C．pptx　　　　　D．mdbx

2. Microsoft Excel 是处理（　　）的软件。

　　A．数据制作报表　　　　　　　　B．图形设计方案

　　C．图像效果　　　　　　　　　　D．文字编辑排版

3. 退出 Excel 2010 可使用组合键（　　）。

　　A．Alt+F4　　　　　B．Ctrl+F4　　　　　C．Alt+F5　　　　　D．Ctrl+F5

4. Excel 中，对单元格进行编辑时，下列哪种方法不能进入编辑状态：（　　）。

　　A．双击单元格　　　B．单击单元格　　　C．单击编辑栏　　　D．按 F2 键

5. E2 单元对应于一张工作表的（　　）行、列。

　　A．5,2　　　　　B．4,3　　　　　C．2,5　　　　　D．5,3

6. 在 Excel 中如果输入日期或数值，则（　　）。

　　A．左对齐　　　　　B．右对齐　　　　　C．居中　　　　　D．两端对齐

7. 用图表类型表示随时间变化的趋势时效果最好的是（　　）。

　　A．层叠条　　　　　B．条形图　　　　　C．折线图　　　　　D．饼图

8. Excel 的主要功能是（　　）。

　　A．电子表格、工作簿、数据库　　　B．电子表格、图表、数据库

　　C．电子表格、文字处理、数据库　　D．工作表、工作簿、图表

9. 选择性粘贴中，如果选中"转置"复选框，则源区域的最顶行，在目标区域中成为（　　）。

　　A．最底行　　　　　　　　　　　B．最左列

　　C．最右列　　　　　　　　　　　D．在原位置处左右单元格对调

10. 当鼠标移动到填充柄上时，鼠标指针的形状变为（　　）。

　　A．空心粗十字形　　　　　　　　B．向左上方箭头

　　C．黑色（实心细）十字形　　　　D．黑色矩形

11. 在 Excel 中，利用填充柄进行填充时，填充柄（　　）。

　　A．只可以在同一行内进行拖动

　　B．只可以在同一列内进行拖动

　　C．只可以沿着右下方的方向进行拖动

　　D．可以在任意方向上进行拖动

12. Excel 2010 的单元格中输入一个公式，首先应键入（　　）。

　　A．等号"="　　　B．冒号"："　　　C．分号"；"　　　D．感叹号"！"

13. 在 Excel 工作表中，A1 单元格中的内容是"1 月"，若要用自动填充序列的方法在第 1 行生成序列 1 月、3 月、5 月…，则可以（　　）。

　　A．在 B1 中输入"3 月"，选中 A1:B1 区域后拖动填充柄

　　B．在 B1 中输入"3 月"，选中 A1 单元格后拖动填充柄

　　C．在 B1 中输入"3 月"，选中 B1 单元格后拖动填充柄

　　D．在 B1 中输入"3 月"，选中 A1:B1 区域后双击填充柄

14. Excel 工作表中，正确的 Excel 公式形式为（   ）。

    A. =B3*Sheet3!A2   B. =B3*Sheet3$A2

    C. =B3*Sheet3:A2   D. =B3*Sheet3%A2

15. 在 Excel 中，如果想要选择连续的单元格区域，可以先单击区域左上角单元格，然后，在单击区域右下角单元格时，需要按住（   ）键。

    A. Ctrl   B. Shift   C. Alt   D. Esc

16. 已知 A1 单元格的存储值为 0.789，如果将其数字格式设置为"数值"、小数位数设置为"1"位，则当 A1 单元格参与数学运算时，数值为（   ）。

    A. 0.7   B. 0.789   C. 0.8   D. 1.0

17. 如果想在单元格中输入一个文本编号 00010，应该先输入（   ）。

    A. =   B. '   C. "   D. (

18. 设 B3 单元格中的数值为 20，在 C3 和 D4 单元格中分别输入="B3"+8 和=B3+"8"，则（   ）。

    A. C3 单元格与 D4 单元格中均显示"28"

    B. C3 单元格中显示"#VALUE!"，D4 单元格中显示"28"

    C. C3 单元格中显示"28"，D4 单元格中显示"#VALUE!"

    D. C3 单元格与 D4 单元格中均显示"#VALUE!"

19. 将 C1 单元格中的公式"=A1+B2"复制到 E5 单元格中，则 E5 单元格中的公式是（   ）。

    A. =C1+D2   B. =C5+D6   C. =A3+B4   D. =A5+B6

20. 对工作表间单元格地址的引用，下列说法中正确的是（   ）。

    A. 不能进行   B. 只能以绝对地址进行

    C. 只能以相对地址进行   D. 既可以用相对地址，也可以用绝对地址

21. 如果在 A3 单元格中输入公式"=$A1+A$2"，然后将该公式复制到 F5 单元格，则 F5 单元格中的公式为（   ）。

    A. =$A1+A$2   B. =$A3+$A4

    C. =$F1+F$2   D. =$A3+F$2

22. 工作表与工作区域名字之间要以（   ）符号连接。

    A. $ B. !   C. :   D. .

23. 已知 A3，B3，C3，D3，E3 单元格中分别存放的是学生甲的各科成绩，如果要在 F3 单元格中计算学生甲的平均成绩，则以下公式中不正确的是（   ）。

    A. =SUM(A3:E3)/COUNT(A3:E3)

    B. =AVERAGE(A3:E3)/COUNT(A3:E3)

    C. =(A3+B3+C3+D3+E3)/COUNT(A3:E3)

    D. =AVERAGE(A3:E3)

24. 在 Excel 工作表中，要统计 A1:C5 区域中数值大于等于 30 的单元格个数，应该使用公式（   ）。

    A. =COUNT（A1:C5，">=30"）   B. =COUNTIF（A1:C5，>=30）

    C. =COUNTIF（A1:C5，">=30"）   D. =COUNTIF(A1:C5，>="30")

25. 在 Excel 中，如果想用鼠标选择不相邻的单元格区域，在使用鼠标的同时，需要按住（   ）键。

    A. Alt   B. Ctrl   C. Shift   D. Esc

26. 在自动换行功能未设置时，可以通过按（   ）来强制换行。

A. <ALT>＋<SHIFT>　　　　　　　B. <ALT>＋<TAB>

C. <CTRL>＋<ENTER>　　　　　　D. <ALT>＋<ENTER>

27. 下列（　　）是 Excel 工作表的正确区域表示。

 A. Al#D4　　　　B. A1..D4　　　　C. A1:D4　　　　D. A1>D4

28. 对 D5 单元格，Excel 的绝对引用写法是（　　）。

 A. D5　　　　　B. D$5　　　　　C. $D$5　　　　D. $D5

29. 如果想要更改工作表的名称，可以通过下述操作实现：（　　）。

 A. 单击工作表的标签，然后输入新的标签内容

 B. 双击工作表的标签，然后输入新的标签内容

 C. 在名称框中输入工作表的新名称

 D. 编辑栏中输入工作表的新名称

30. 在 Excel 中插入新的一列时，新插入的列总是在当前列的（　　）。

 A. 右侧　　　　　　　　　　　B. 左侧

 C. 可以由用户选择插入位置　　　D. 不同的版本插入位置不同

31. 在 Excel 中插入新的一行时，新插入的行总是在当前行的（　　）。

 A. 上方　　　　　　　　　　　B. 下方

 C. 可以由用户选择插入位置　　　D. 不同的版本插入位置不同

32. 引用单元格时，列标和行号前都加"$"符号，这属于（　　）。

 A. 相对引用　　　B. 绝对引用　　　C. 混合引用　　　D. 直接引用

33. Excel 工作表中，不正确的单元格地址是（　　）。

 A. C$66　　　　　B. $C66　　　　　C. C6$6　　　　D. $C$66

34. 用图表类型表示随时间变化的趋势时效果最好的是（　　）。

 A. 层叠条　　　　B. 条形图　　　　C. 折线图　　　　D. 饼图

35. 在 Excel 中如果输入字符则（　　）。

 A. 左对齐　　　　B. 右对齐　　　　C. 居中　　　　　D. 两端对齐

36. 在输入分数时，要先输入（　　）。

 A. 0 空格　　　　B. 空格　　　　　C. 空格 0　　　　D. 0 /

37. 在 Excel 2010 中，工作表与工作簿的关系是（　　）。

 A. 工作表包含在工作簿中，是工作簿中相对独立的区域

 B. 工作簿包含在工作表中，是工作表中相对独立的区域

 C. 工作表中最多可包含 255 个工作簿

 D. 工作簿中的工作表可以全部删除

38. 在 Excel 2010 中求平均值的函数是（　　）。

 A. sum　　　　　B. average　　　　C. max　　　　　D. min

39. 在 Excel 2010 中，清除单元格的说法正确的是（　　）。

 A. 可仅清除其格式、批注或内容

 B. 不可以将三者同时清除

 C. 选中单元格，按 DEL 键，相当于清除单元格的格式批注及内容

 D. 相当于删除操作

40. Excel 提供了（　　）两种筛选方式。

 A. 人工筛选和自动筛选　　　　B. 自动筛选和高级筛选

 C. 人工筛选和高级筛选　　　　D. 文本筛选和数字筛选

二、多项选择题

1. 粘贴原单元格的所有内容包括（   ）。

    A. 公式   B. 值   C. 格式   D. 附注

2. 在 Excel 中，可以对表格中的数据进行（   ）等统计处理。

    A. 求和   B. 汇总   C. 排序   D. 索引

3. 下面关于工作表移动或复制的说法，正确的是（   ）。

    A. 工作表不能移到其他工作簿中去，只能在本工作簿内进行

    B. 工作表的复制是完全复制，包括数据和排版格式

    C. 工作表的移动或复制不限于本工作簿，可以跨工作簿进行

    D. 工作表的移动是指移动到不同的工作簿中去，在本工作簿无此概念

4. 当前单元格是 F4，对 F4 来说输入公式"=SUM(A4:E4)"意味着（   ）。

    A. 把 A4 和 E4 单元格中的数值求和

    B. 把 A4，B4，C4，D4，E4 五个单元格中的数值求和

    C. 把 F4 单元格左边所有单元格中的数值求和

    D. 把 F4 和 F4 左边所有单元格中的数值求和

5. 要选中全部区域，以下操作错误的是（   ）。

    A. CTRL+A   B. 按全选钮   C. SHIFT+A   D. 编辑/全选

6. Excel 中，数据的输入方法包括（   ）。

    A. 键盘输入   B. 成批输入

    C. 通过公式自动输入   D. 从其它表格中提取数据

7. 对电子表格的编辑，主要是对表格中的数据进行（   ）、替换等操作。

    A. 增加   B. 删除   C. 修改   D. 查找

8. SUM (B1:C4)等价于（   ）。

    A. SUM (A1:C4)   B. SUM (B1,C4)

    C. SUM (A1:C4 B1:C4)   D. SUM (B1，b2,b3,b4,c1,c2,c3,C4)

9. 粘贴原单元格的所有内容包括（   ）。

    A. 公式   B. 值   C. 格式   D. 附注

10. Excel 的三要素是（   ）。

    A. 工作表   B. 工作簿   C. 单元格   D. 区域

三、填空题

1. 当单元格中的内容发生变化时，其显示格式也发生相应的变化，这种会"变化"的格式称为（   ）。

2. 在 Excel 2010 中输入数字时，默认的对齐方式是（   ）。

3. 在 Excel 2010 中，函数的三个组成部分为：函数名，括号和（   ）。

4. 求 B5 到 B10 单元格的和应该引用函数（   ）

5. 如果输入一个单引号，再输入数字数据，则数据靠单元格（   ）对齐。

6. 如果需要对大量的数据进行多种形式的快速汇总，最方便的方法是使用 Excel 的（   ）。

7. 工作表中第 4 行第 6 列的单元格地址为（   ）。

8. D6 单元格中有公式"=$B$2"，将 D6 单元格的公式复制到 E9 单元格，则 E9 单元格的公式为（   ）。

9. 在 Sheet1 中引用 Sheet3 中的 B3 单元格，格式是（   ）。

10. D6 单元格中有公式"=$B$2"，将 D6 单元格的公式复制到 E9 单元格，则 E9 单元格的公

式为（　　　　）。

四、判断题

1. 在向单元格中输入小数时，小数点是必须手工输入的。（　　　）

2. Excel 2010 中每个工作簿中默认有 3 个工作表。（　　　）

3. 在向单元格中输入百分数时，百分数的符号"%"可以设置为自动显示格式。（　　　）

4. 数字不能作为 Excel 2010 的文本数据。（　　　）

5. Excel 中单元格引用有三种分别为：相对引用、绝对引用、混合引用。（　　　）

6. Excel 只允许用户修改或删除自己定义的填充序列，而不允许用户修改或删除系统原有的内置填充序列。（　　　）

7. 如果单元格内显示"####"，表示单元格中的数据是错误的。（　　　）

8. 合并单元格只能合并横向的单元格。（　　　）

9. 在 Excel 工作表中，可以插入并编辑 Word 文档。（　　　）

10. Excel 2010 在默认设置时数值在单元格中右对齐，字符左对齐。（　　　）

11. 在 Excel 中，数据透视表实际上是一种对大量数据进行快速汇总和建立交叉列表的交互式表格。（　　　）

12. Excel 2010 中的绝对地址与相对地址是一样的，只是写法不同而已。（　　　）

13. 筛选是只显示某些条件的记录，并不改变记录。（　　　）

14. Excel 单元格中的公式，都是以"＝"开头的。（　　　）

15. 对于数据透视表，既可以使用 Excel 的数据列表作为数据源（要分析的数据），也可以使用外部数据源。（　　　）

16. 在 Excel 2010 的工作簿中可以将所有的工作表全部隐藏。（　　　）

17. Excel 2010 只能对数据进行排序。（　　　）

18. Excel 2010 不能只打印当前选定的区域。（　　　）

19. 单元格中输入"1+2"后，单元格数据的类型是数值型。（　　　）

20. Excel 2010 的工作表一共有 16384 行。（　　　）

21. Excel 2010 每张工作表的行数可以不受限制。（　　　）

22. Excel 2010 进行分类汇总前不需要进行关键字排序。（　　　）

23. Excel 2010 的排序只能进行数字的从小到大排序。（　　　）

24. Excel 2010 中工作表只能进行水平拆分。（　　　）

25. Excel 2010 排序升序时逻辑值 true 排在 false 之前。（　　　）

26. 在 Excel 2010 中单元格的"删除"和"清除"是等价的。（　　　）

27. 使用函数 count 可以很方便地计算出数值的平均值。（　　　）

28. 在 Excel 2010 中，对于既有算术运算符又有关系运算符的公式，先进行算术运算，再进行关系运算。（　　　）

29. Excel 2010 工作簿文件的扩展名是.XLS。（　　　）

30. 在 Excel 2010 中单元格是最小的单位，所以不可以在多个单元格中输入数据。（　　　）

31. 在分页预览中，用户可以手鼠标直接拖曳分页符来改变其在工作表中的位置。（　　　）

第 5 章
PowerPoint 2010

5.1 PowerPoint 2010 简介

Microsoft Office PowerPoint，是微软公司设计的演示文稿软件。用户可以在投影仪或者计算机上进行演示，也可以将演示文稿打印出来，制作成胶片，以便应用到更广泛的领域中。利用PowerPoint 可以创建演示文稿，还可以在互联网上召开面对面会议、远程会议或在网上给观众展示演示文稿。PowerPoint 做出来的东西叫演示文稿，它是一个文件，其格式后缀名为 ppt，或者也可以保存为 pdf、图片格式等。2010 及以上版本中可保存为视频格式。演示文稿中的每一页就叫幻灯片，每张幻灯片都是演示文稿中既相互独立又相互联系的内容。

5.2 创建 PowerPoint 2010 演示文稿

创建 PowerPoint 2010 文档与之前的如 PowerPoint 2003 或者 PowerPoint 2007 均有较大的差别；
（1）通过双击桌面上的"PowerPoint 2010"图标，开启 PowerPoint 2010 应用程序；
（2）开启"开始"菜单，在程序菜单中找到"Microsoft Office"父菜单，单击菜单右侧的三角形标志后在弹出子菜单中开启"PowerPoint 2010"进入"演示文稿X—Microsoft PowerPoint"在主工作区显示的就是刚才的操作所新创建 PowerPoint 2010 演示文稿。

若是要在编辑某个演示文稿过程中需要再新建一个演示文稿，则可以通过应用程序菜单栏目的"开始菜单"下的"新建幻灯片"按钮完成新的演示文稿的新建，如图 5.1 所示。

图 5.1 新建幻灯片

5.3 PowerPoint 2010 演示文稿编辑

在 PPT 中插入和编辑文本等信息是其最基本的一个功能，文本的插入可以通过演示文稿中的文本占位符实现，也可以在"插入"菜单中的"文本框"中予以实现，为了将演示文稿编辑得丰富多彩，可以通过 PPT 提供的各种效果编辑功能将文字的字体，字体样式。

5.3.1 编辑幻灯片

创建了空白演示文稿以后，在窗口中只显示一张幻灯片，在这张空白的幻灯片中只显示了两个空白且带有提示文字的文本占位符，如图 5.2 所示，当将鼠标的光标移动到占位符中央的任意位置单击后，占位符中的提示文字就消失了，这个时候就可以根据自己的实际需要输入或插入所需要编辑的文字，如图 5.3 所示。

图 5.2　空白幻灯片

图 5.3　有内容的幻灯片

在输入文本以后，便可以对占位符进行编辑。如调整占位符的位置，将光标移动到占位符中单击以后，占位符的边缘会出现虚线的自由变换框，并在变换框的上部会出现绿色的圆点，可以通过这些圆形的参考点对占位符的位置、大小、方向进行编辑。在移动的时候，可以按住 Ctrl 键对占位符的位置进行微小移动。

幻灯片版式是 PowerPoint 中的一种常规排版的格式，通过对幻灯片版式的应用，可以对文字、图片等更加合理简洁地完成布局。通常软件已经内置几个版式类型供使用，利用内置版式可以轻松完成幻灯片制作和运用。系统默认的是"标题版式"，可以通过如图 5.1 中的"版式"按钮予以修改，直到找到合适的文字版式为止，如图 5.4 所示。

如果系统提供的文本占位符不够使用，则可以通过"插入"菜单中的"文本框"命令来添加文本，如图 5.5 所示。

图 5.4　幻灯片版式

图 5.5　插入文本框

　　PowerPoint 2010 演示文稿的标题可以有子标题，子标题还可以有级别更低的子标题，所以我们可以通过大纲视图的这一特性来添加文本，如图 5.6 所示。

　　演示文稿中文本的编辑结束后，就需要为文本中文字的样式及格式进行编辑；设置文本的格式通常指的是文字的字体、字号、字形和颜色等，用户可以通过"开始"菜单中的"字体"选项框对文字的格式进行设置，如图 5.7 所示，进行格式设置的时候和其他的 Office 软件一样，需要遵循"先选定，后操作"的基本原则。

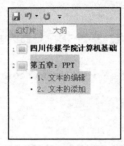

图 5.6　大纲视图

图 5.7　设置文本格式

　　字体的字体、字号、字形和颜色都可以通过图 5.7 加以控制，具体的方法与 Word 中的方法完全相同。

　　设置文字的格式通常指的是文字的横竖排布方式、文字的对齐方式、文字的项目符号等，用户仍然可以通过"开始"菜单中的段落选项框对文字的格式进行设置，如图 5.8 所示，进行格式设置的时候和其他的 Office 软件一样，需要遵循"先选定，后操作"的基本原则。

图 5.8　设置文字格式

　　但是在 PowerPoint 2010 中的文字的样式和格式功能没有 Word 中的文字样式和格式功能那么强大，但是对于演示文稿而言已经足够了。

5.3.2　编辑图片、图形

　　对图片和图形的编辑也是 PowerPoint 2010 的一项基本功能，图形可以使演示文稿更加直观，更加生动。

　　用户可以通过菜单栏中的"插入"菜单将图形和图片插入到幻灯片中去，如图 5.9 所示。

图 5.9　插入图片、图形

　　当需要插入一个存放在电脑硬盘、U 盘、光盘中的图片时，只需要单击"图像"选项框中的"图片"按钮；若选择系统本身自带的剪贴画时则选择"图像"选项框中的剪贴画按钮。与之前版本的 PowerPoint 有所不同的是，在"图像"选项框中增加了"相册"按钮，当单击后会出现如图 5.10 所示的对话框，通过这个对话框，可以对用户外部存储器中的图片方便地进行现场编辑和现场预览，而不需要像老版本的 PowerPoint 对相片引用时，需要事先使用第三方软件对图片的基本功能进行预先编辑，待编辑结束后再通过"插入"按钮将编辑好的内容插入幻灯片中。

　　通过 5.10 所示的对话框，还可以对图片的版式进行设计，比如将图片加上标题，将直角矩形的图片改成圆边矩形等。

在"插入"菜单中还可以将图形插入到幻灯片中,选择"插入"菜单中的"形状"选项框,单击"形状"按钮会弹出如图 5.11 所示的选项卡,用户可以根据自己的实际需要选择所需要的图形,如箭头、矩形、公式形状、流程图、星与旗帜、标注、动作按钮等。其中新增的特殊功能中最显著的是动作按钮,动作按钮的使用可以比以前更方便和更快捷地编辑幻灯片内部的演示内容。

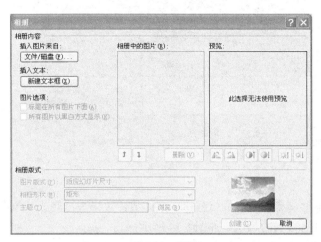

图 5.10   相册   图 5.11   插入"形状"

单击"图表"按钮,会弹出如图 5.12 所示的选项卡,用户可以根据自己的数据表的实际情况选择相适应的的图标样式,具体方法和 Word 中图表的使用方法一样。

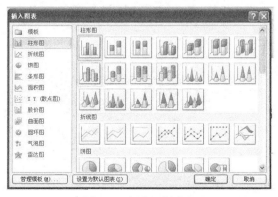

图 5.12   插入"图表"

在这个菜单中,除了可以将图形和图片直接导入到幻灯片中以外,还能将表格插入到幻灯片中,其编辑方法基本和 Word 中对表格的编辑方法基本相同。

5.3.3   应用幻灯片主题

使用 PowerPoint 2010 创建演示文稿的时候,可以通过使用主题功能来美化和统一每一张幻灯片的风格。

　　在设计选项卡主题选项组中，单击"其他"按钮打开主题库，在主题库当中选择某一个主题。将鼠标移动到该主题上，就可以实时预览相应的效果。最后单击某一个主题，就可以将该主题快速应用到整个演示文稿当中，如图 5.13 所示。

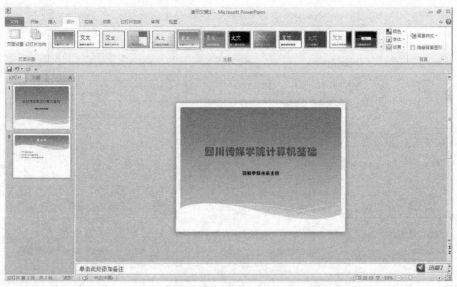

图 5.13　应用主题

　　如果对主题效果的某一部分元素不够满意，可以通过颜色、字体或者效果进行修改。单击颜色按钮，在下拉式列表当中选择一种自己喜欢的颜色，如图 5.14 所示。

图 5.14　更改主题效果

　　如果对自己选择的主题效果满意的话，还可以将其保存下来，以供以后使用。在主题选项组中单击"其他"按钮，保存当前主题。随即在打开的当前主题对话框中输入相应的文件名称，单击保存按钮即可。

5.3.4　应用幻灯片版式

幻灯片版式是 PowerPoint 软件中的一种常规排版的格式，通过幻灯片版式的应用，可以更加合理简洁地完成布局，版式由文字版式、内容版式、文字版式和内容版式与其他版式这四种组成。这部分在 5.2.1 中进行了比较详细的阐述，这里也就不再赘述。

自动版式就是系统默认的"标题幻灯片版式"在"开始"菜单上，单击"版式"，然后单击"标题幻灯片"选项卡，如图 5.15 所示。

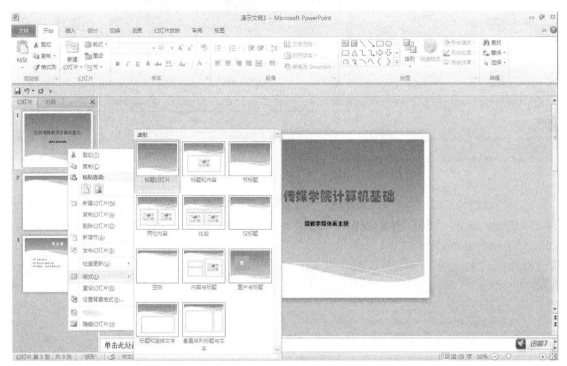

图 5.15　更改版式

当需要重新使用已经被更改的幻灯片上的占位符或字体的时候，那么只需要直接从幻灯片母版当中重新应用占位符属性和字体。

在普通视图中显示幻灯片。然后如图 5.15 所示的"幻灯片"菜单上，单击"幻灯片版式"，指向幻灯片使用的版式类型（如"文字"或"文字和内容"；指向版式类型时，工具提示中会显示版式名称），再单击箭头，然后单击"重设幻灯片"。这样用户之前所使用的版式效果，包括文字样式等均会发生变化。

5.3.5　幻灯片母版

母版通常包括幻灯片母版、标题母版、讲义母版、备注母版四种形式。

幻灯片母版通常用来统一整个演示文稿的幻灯片格式，一旦修改了幻灯片母版，则所有采用这一母版建立的幻灯片格式也随之发生改变，快速统一演示文稿的格式。

执行"视图→母版视图→幻灯片母版"命令，进入"幻灯片母版视图"状态，如图 5.16 所示。

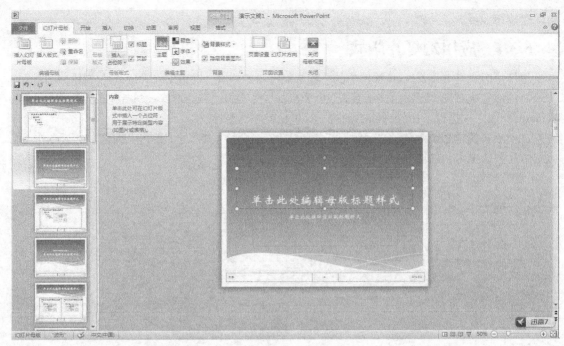

图 5.16　进入母版视图

　　选择"幻灯片母版"选项框，右键单击"单击此处编辑母版标题样式"字符，在随后弹出的快捷菜单中，选中"字体"选项，打开"字体"对话框。设置好相应的选项后单击"确定"返回，如图 5.17 和 5.18 所示。

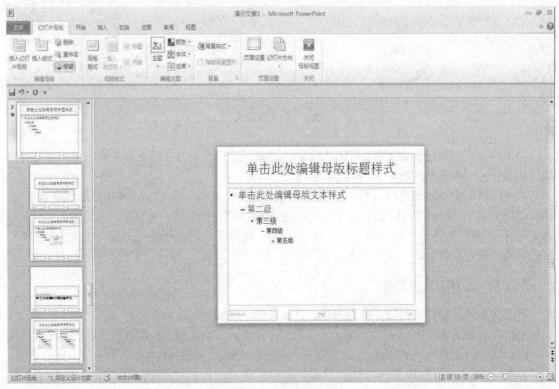

图 5.17　编辑母版

图 5.18　设置母版字体

　　然后分别右键单击"单击此处编辑母版文本样式"及下面的"第二级、第三级……"字符，仿照上面的操作设置好相关格式。

　　分别选中"单击此处编辑母版文本样式"、"第二级、第三级……"等字符，右键单击出现快捷菜单，选中"项目符号和编号"命令，设置一种项目符号样式后，单击"确定"按钮退出，即可为相应的内容设置不同的项目符号样式，如图 5.19 所示。

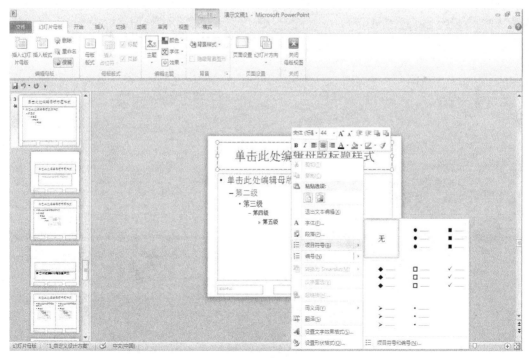

图 5.19　编辑母版项目符号

执行"插入→页眉和页脚"命令，打开"页眉和页脚"对话框，切换到"幻灯片"标签下，即可对日期区、页脚区、数字区进行格式化设置，如图 5.20 所示。

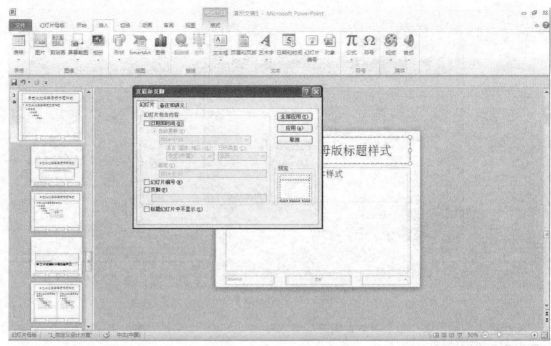

图 5.20　编辑页眉和页脚

执行"插入→图片→来自文件"命令，打开"插入图片"对话框，定位到事先准备好的图片所在的文件夹中，选中该图片插入母版中，并定位到合适的位置上，如图 5.21 所示。

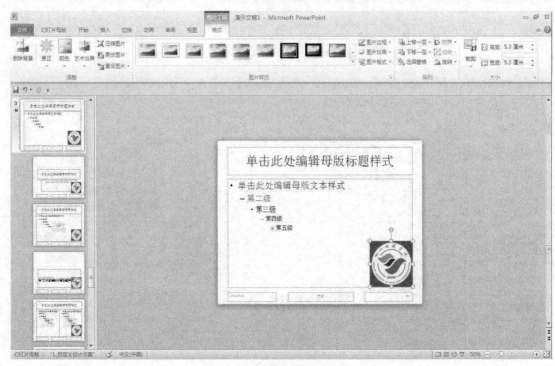

图 5.21　在母版中插入图片

全部修改完成后，单击"幻灯片母版视图"工具条上的"重命名模板"按钮，打开"重命名模板"对话框，输入一个名称（如"演示母版"）后，单击"重命名"按钮返回。单击"幻灯片母版"工具条上的"关闭模板视图"按钮退出，"幻灯片母版"制作完成。

5.3.6　设置幻灯片背景

新建 PPT 文件，用户看到的就是普通视图模式。如果背景图片是直接复制粘贴在 PPT 普通视图中，用户可以很轻易地修改；但如果背景图片放在母版里，在普通视图就无法修改了。

在 PPT 2010 中，单击"视图—>幻灯片母版"，即可进入幻灯片母版的编辑模式。在此模式下可以按 Delete 键删除不想要的信息，如公司 Logo、联系信息等。

在母版视图状态下，从左侧的预览中可以看出，PPT 2010 提供了 12 张默认幻灯片母版页面。其中第一张为基础页，对它进行的设置，自动会在其余的页面上显示，如图 5.22 所示。

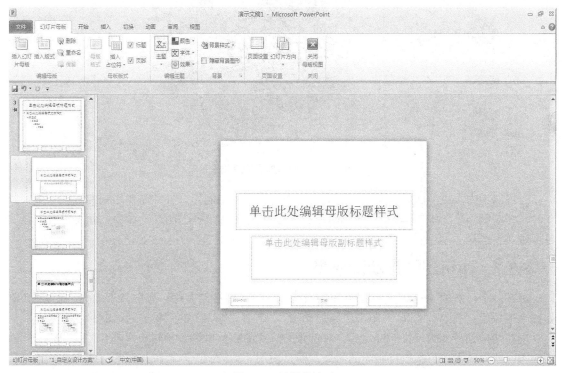

图 5.22　母版基础页

单击"插入—>图片"命令，为第一张 PPT 页面插入一张制作好的背景图片。这里也可以使用快捷键组合"Ctrl+C"与"Ctrl+V"插入图片，可以节省时间。

可以看出，不仅第一张的背景图片换掉了，所有 12 张默认的 PPT 页面都被换掉了。而且下面 11 张 PPT 页面的背景图片都没有办法选择和修改，要想改变的话只有在上面覆盖别的图片了，如图 5.23 所示。

在 PPT 母版中，第二张一般用于封面，所以我们想要使封面不同于其他页面，只有在第二张母版页单独插入一张图片覆盖原来的。插入后可以看到，只有第二张发生了变化，其余的还是保持原来的状态。当在第二张 PPT 母版中插入了图片后，关闭母版视图，回到普通视图，发现 PPT 已经默认添加了封面，而这个封面在此无法被修改。

再增加内页看看效果。增加内页有两种方式：一是用鼠标单击左侧缩略图的任意地方，按 Enter

键；二是在缩略图的任意地方右键单击，选择"新建幻灯片"命令即可。可以发现，新增的 PPT 内页都是有背景图片的，也就是刚刚在第一张母版中插入的图片。

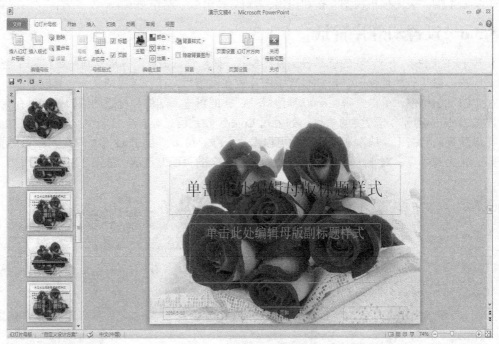

图 5.23   母版基础页修改效果

还可以为内页更换版式。操作的前提是，必须在母版中制作好各种需要用到的版式。更换版式时，在左侧缩略图中选择页面，单击右键，在弹出菜单中选择"版式"命令，就可以在预设的各个版式里选择了。

5.3.7   使用幻灯片动画效果

打开一个任意的 PPT 文件，最好里面有文字图片的，先给其中一张图片添加上"动画"，例如选中图片后，选中"动画"，单击"添加动画"，选中"进入"的"轮子"，如图 5.24 所示。

现在切换到另外的一张幻灯片上，对这张幻灯片的图片也设置相同的"进入"的"轮子"动画效果，此时就不用再次执行刚才的命令，而是使用"动画刷"来解决，回到之前有设置动画效果的那张幻灯片上，单击图片，找到"动画"菜单项目中的"高级动画"组中的"动画刷"命令，鼠标单击，或按快捷键"Alt+Shift+C"。此时如果把鼠标指针移入幻灯片中，指针图案的右边将多一个刷子的图案。

进入另外一张幻灯片，将鼠标指针指向图片，并单击图片，这个时候是不是发现这张原本没动画效果的图片有了动画呢？同时鼠标指针右边的刷子图案会消失，如图 5.25 所示。

此时，被刷出来的动画与之前设置的动画效果不仅相同，而且该动画的开始时间、持续时间、延迟时间都相同，这就是动画刷的"复制"效果。

上面这种动画刷的效果只执行一次，那如果要让多种对象同样应用上相同的动画效果呢，当用户需要再一次使用效果的时候只要双击动画刷，则"动画刷"呈桔色选中状态，就可以给多个对象赋予相同的动画效果，取消的话再单击"动画刷"即可；再重复以上步骤，单击对象，"动画刷"鼠标指针右边的刷子图案不会消失，即表明可以多次应用在其他幻灯片对象上面。

图 5.24　添加动画

图 5.25　动画效果

5.3.8　使用幻灯片多媒体效果

声音是多媒体演示文稿的基本要素,在剪辑管理器中预先存放了一些声音文件,可以直接使用,用户还可以将自己喜欢的声音文件添加到演示文稿中,先确定需要添加声音的幻灯片是当前文件,选择"插入"菜单的音频按钮;将需要添加的音频文件直接添加到你的幻灯片中,如图 5.26 所示。

系统为用户除了提供音频文件的添加方式以外,还为用户提供了音频的录制效果,用户只需要用鼠标单击"音频"按钮下面的三角形标志,在弹出的菜单中选择"录制音频"选项就可以进入音频录制功能。

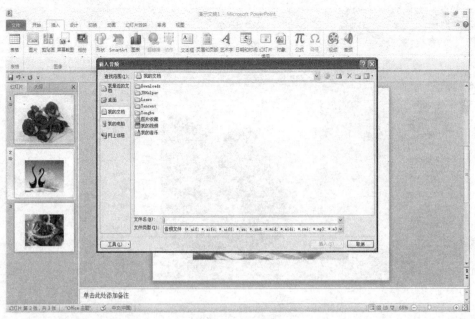

图 5.26　插入音频

　　有时演讲者为了增强演讲的生动性，可以在幻灯片中加入一段影片。与插入声音的方式类似，可以从剪辑画视频和外部文件，甚至是外部网站中将视频文件添加到幻灯片中，加入的影片在放映幻灯片时会自动进行播放，如图 5.27 所示。

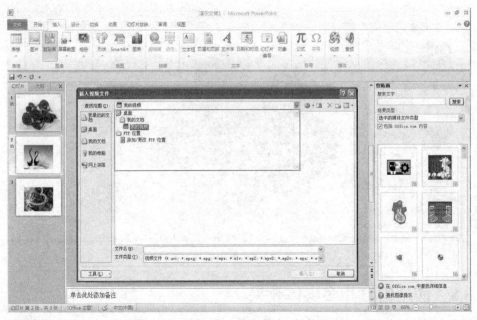

图 5.27　插入影片

5.4　PowerPoint 2010 演示文稿的放映

　　演讲者可以根据实际需要通过多种方式放映幻灯片，一种比较实用的方式是将演示文稿设置为自动播放的方式，于是用户可以通过创建在任意位置的快捷方式启动幻灯片放映模式。此外 PowerPoint 2010 的放映方式还有以下的几个方式：在开启的 PowerPoint 2010 中单击演示文稿右下角的"幻灯片放映"；选择"幻灯片放映"菜单中的"观看放映"命令；或者使用快捷键 Ctrl+F5，但是通过快捷键启动的幻灯片的播放是从当前的幻灯片开始播放。

5.4.1　放映设置

与之前的许多版本一样，用户可以根据自己的需要，使用 3 种不同的方式开启幻灯片的播放功能，包括了演讲者放映、观众自行浏览、在展台浏览。要设置放映的方式，选择"幻灯片放映"菜单中的"设置幻灯片放映"，系统默认的放映方式是"演讲者放映"方式，这也是演示文稿最常用的放映方式，如图 5.28 所示。

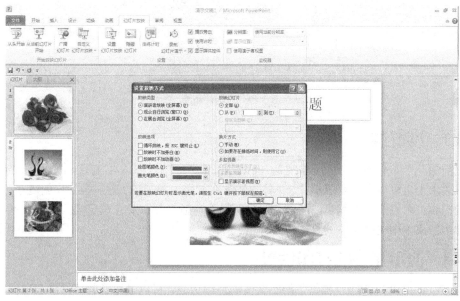

图 5.28　设置幻灯片放映

在"设置放映"对话框中还可以对放映幻灯片的范围进行设置，在幻灯片放映时，系统默认的设置是播放演示文稿中的全部幻灯片，但是也可以根据用户的设置播放其中的一部分，在"放映幻灯片"区域中，选择播放范围单选框，输入用户指定的起止范围的编号，则在放映时只播放此范围的幻灯片，甚至可以根据用户设置的自定义放映，选择自定义的范围进行播放。

5.4.2　使用幻灯片的切换效果

幻灯片切换效果是在演示期间从一张幻灯片移到下一张幻灯片时在"幻灯片放映"视图中出现的动画效果。用户可以控制切换效果的速度，添加声音，甚至还可以对切换效果的属性进行自定义，如图 5-29 所示。

向幻灯片添加切换效果步骤如下。

（1）在包含"大纲和幻灯片"选项卡的窗格中，单击"幻灯片"选项卡。

（2）选择想要其应用切换效果的幻灯片的缩略图。

（3）在"切换"选项卡的"切换到此幻灯片"组中，单击要应用于该幻灯片的幻灯片切换效果。

切换效果分为 3 种类型：细微型、华丽型、动态型。在"华丽型"中有很多切换效果，这些效果是在 PowerPoint 2010 新增加的。

图 5.29　幻灯片切换

5.4.3　设置链接

　　和之前的几个 PowerPoint 的版本类似，PowerPoint 2010 除了可以在文字上添加超级链接以外，在图片等对象上也可以添加超级链接，具体方法和在文字上添加的方法一样，在创建好链接以后，对添加的内容也可以进行如编辑、复制和删除等操作，但是都需要先选定相关对象，单击鼠标右键，在弹出的菜单中选择相关的具体操作。

5.4.4　演示文稿的打印设置

　　PowerPoint 2010 也为用户提供了演示文稿的打印功能，可以通过选择"设置选项框"选择打印的页面范围，打印版式、讲义、打印输出方式，灰度等，如图 5.30 所示。

图 5.30　打印幻灯片设置

本章习题

一、单项选择题

1. PowerPoint 2010 是（　　）家族中的一员。
   A. Linux　　　　　B. Windows　　　　C. Office　　　　　D. Word

2. PowerPoint 2010 的主要功能是（　　）。
   A. 电子演示文稿处理　　　　　　B. 声音处理
   C. 图像处　　　　　　　　　　　D. 文字处理

3. （　　）视图是进入 PowerPoint 2010 后的默认视图。
   A. 幻灯片浏览　　B. 大纲　　　　　C. 幻灯片　　　　D. 普通

4. 在 PowerPoint 2010 中，要同时选择第 1、2、5 三张幻灯片，应该在（　　）视图下操作。
   A. 普通　　　　　B. 大纲　　　　　C. 幻灯片浏览　　D. 备注

5. 在 PowerPoint 2010 中，"插入"选项卡可以创建（　　）。
   A. 新文件，打开文件　　　　　　B. 表，形状与图标
   C. 文本左对齐　　　　　　　　　D. 动画

6. 在 PowerPoint 2010 中，"视图"选项卡可以查看幻灯片（　　）。
   A. 母版，备注母版，幻灯片浏览　B. 页号
   C. 顺序　　　　　　　　　　　　D. 编号

7. PowerPoint 2010 演示文稿的扩展名是（　　）。
   A. .ppt　　　　　B. .pptx　　　　　C. .xslx　　　　　D. .docx

8. 从当前幻灯片开始放映幻灯片的快捷键是（　　）。
   A. Shift + F5　　B. Shift + F4　　　C. Shift + F3　　　D. Shift + F2

9. 从第一张幻灯片开始放映幻灯片的快捷键是（　　）。
   A. F2　　　　　　B. F3　　　　　　C. F4　　　　　　D. F5

10. 要设置幻灯片中对象的动画效果以及动画的出现方式时，应在（　　）选项卡中操作。
    A. 切换　　　　　B. 动画　　　　　C. 设计　　　　　D. 审阅

11. 要设置幻灯片的切换效果以及切换方式时，应在（　　）选项卡中操作。
    A. 开始　　　　　B. 设计　　　　　C. 切换　　　　　D. 动画

12. 要让 PowerPoint 2010 制作的演示文稿在 PowerPoint 2010 中放映，必须将演示文稿的保存类型设置为（　　）。
    A. PowerPoint 演示文稿（*.pptx）　B. PowerPoint 97-2010 演示文稿（*.ppt）
    C. XPS 文档（*.xps）　　　　　　　D. Windows Media 视频（*.wmv）

13. 按住（　　）键可以选择多张不连续的幻灯片。
    A. Shift　　　　　B. Ctrl　　　　　C. Alt　　　　　　D. Ctrl+Shift

14. 按住鼠标左键，并拖动幻灯片到其他位置是进行幻灯片的（　　）操作。
    A. 移动　　　　　B. 复制　　　　　C. 删除　　　　　D. 插入

15. 光标位于幻灯片窗格中时，单击"开始"选项卡的"幻灯片"组中的"新建幻灯片"按钮，插入的新幻灯片位于（　　）。
    A. 当前幻灯片之前　　　　　　　B. 当前幻灯片之后
    C. 文档的最前面　　　　　　　　D. 文档的最后面

16. 幻灯片的版式是由（　　　）组成的。

    A. 文本框　　　　　B. 表格　　　　　C. 图标　　　　　D. 占位符

17. 如果打印幻灯片的第1，3，4，5，7张，则在"打印"对话框的"幻灯片"文本框中可以输入（　　　）。

    A. 1-3-4-5-7　　　　　　　　　　　　B. 1，3,4，5，7

    C. 1-3，4，5-7　　　　　　　　　　　D. 1-3，4-5，7

18. 下列关于幻灯片动画效果的说法不正确的是（　　　）。

    A. 如果要对幻灯片中的对象进行详细的动画效果设置，就应该使用自定义动画

    B. 对幻灯片中的对象可以设置打字机效果

    C. 幻灯片文本不能设置动画效果

    D. 动画顺序决定了对象在幻灯片中出场的先后次序

19. PowerPoint 2010 提供的幻灯片模板，主要是解决幻灯片的（　　　）。

    A. 文字格式　　　B. 文字颜色　　　C. 背景图案　　　D. 以上全是

20. （　　　）是幻灯片缩小之后的打印件，可供观众观看演示文稿放映时参考。

    A. 幻灯片　　　　B. 讲义　　　　　C. 演示文稿大纲　　D. 演讲者备注

二、填空题

1. PowerPoint 2010 生成的演示文稿的默认扩展名为（　　　）。

2. 在幻灯片正在放映时，按键盘上的 Esc 键，可（　　　）。

3. 要在 PowerPoint 2010 中设置幻灯片动画，应在（　　　）选项卡中进行操作。

4. 在 PowerPoint 2010 中对幻灯片进行页面设置时，应在（　　　）选项卡中操作。

5. 要在 PowerPoint 2010 中设置幻灯片的切换效果以及切换方式，应在（　　　）选项卡中进行操作。

6. 要在 PowerPoint 2010 中插入表格、图片、艺术字、视频、音频时，应在（　　　）选项卡中进行操作。

7. 在 PowerPoint 2010 中对幻灯片放映条件进行设置时，应在（　　　）选项卡中进行操作。

8. PowerPoint 2010 提供了（　　　）、（　　　）、（　　　）和（　　　）四种视图方式。

9. （　　　）是幻灯片窗格中带有虚线或影线标记边框，是为标题，文本，图标，剪贴画等内容预留的内容。

10. 所有演示文稿都包含一个母版集合：（　　　）、（　　　）和（　　　）。

11. 在幻灯片中，文本占位符有（　　　）、（　　　）和（　　　）三类。

12. PowerPoint 2010 新增的（　　　）图形工具有几十套图形模板，利用这些图形模板可以设计出各式样的精美和专业图形。

13. PowerPoint 2010 中，按（　　　）键，开始放映当前幻灯片；按（　　　）键可以从第一张幻灯片开始放映。

14. 要选择多张不连续的幻灯片，在按住（　　　）键的同时，分别单击需要选择的幻灯片的缩略图即可。

15. 在 PowerPoint 2010 中，母版分为三种：（　　　）、（　　　）、（　　　）。

16. PowerPoint 2010 是一种简单，方便，快速制作（　　　）的软件。

17. 幻灯片的页面设置决定了（　　　）、（　　　）、（　　　）以及大纲在屏幕和打印纸上的尺寸和放置方向。

18. 在幻灯片中将插入点置于"大纲"选项卡，再按（　　　）键即可选取演示文稿中所有占位符中的文本。

19. （　　）和（　　）添加于演示文稿中的注释内容，它的内容是时间，日期，幻灯片编号等。

20. 在 PowerPoint 2010 中，改变幻灯片的播放次序，或通过 的某一对象链接到指定文件，可以使用动作按钮或（　　）命令。

三、多项选择题

1. 在"幻灯片放映"选项卡中，可以进行的操作有（　　）。
   A. 选择幻灯片的放映方式　　　　　B. 设置幻灯片的放映方式
   C. 设置幻灯片放映时的分辨率　　　D. 设置幻灯片的背景样式

2. 在进行幻灯片动画设置时，可以设置的动画类型有（　　）。
   A. 进入　　　　　B. 强调　　　　　C. 退出　　　　　D. 动作路径

3. 在"切换"选项卡中，可以进行的操作有（　　）。
   A. 设置幻灯片的切换效果　　　　　B. 设置幻灯片的换片方式
   C. 设置幻灯片切换效果的持续时间　D. 设置幻灯片的版式

4. 下列属于"设计"选项卡工具命令的是（　　）。
   A. 页面设置、幻灯片方向
   B. 主题样式、主题颜色、主题字体、主题效果
   C. 背景样式
   D. 动画

5. 下列属于"插入"选项卡工具命令的是（　　）。
   A. 表格、公式、符号　　　　　　　B. 图片、剪贴画、形状
   C. 图表、文本框、艺术字　　　　　D. 视频、音频

6. 下列属于"开始"选项卡工具命令的是（　　）。
   A. 粘贴、剪切、复制　　　　　　　B. 新建幻灯片、设置幻灯片版式
   C. 设置字体、段落格式　　　　　　D. 查找、替换、选择

7. PowerPoint 2010 的功能区由（　　）组成。
   A. 菜单栏　　　　　　　　　　　　B. 快速访问工具栏
   C. 选项卡　　　　　　　　　　　　D. 工具组

8. PowerPoint 2010 的优点有（　　）。
   A. 为演示文稿带来更多活力和视觉冲击
   B. 添加个性化视频体验
   C. 使用美妙绝伦的图形创建高质量的演示文稿
   D. 用新的幻灯片切换和动画吸引访问群体

9. 在"视图"选项卡中，可以进行的操作有（　　）。
   A. 选择演示文稿视图的模式　　　　B. 更改母版视图的设计和版式
   C. 显示标尺、网格线和参考线　　　D. 设置显示比例

10. PowerPoint 2010 的操作界面由（　　）组成。
    A. 功能区　　　　B. 工作区　　　　C. 状态区　　　　D. 显示区

四、判断题

1. 在 PowerPoint 2010 中创建和编辑的单页文档称为幻灯片。　　　　　　　　　（　　）
2. 在 PowerPoint 2010 中创建的一个文档就是一张幻灯片。　　　　　　　　　（　　）
3. 设计制作电子演示文稿不是 PowerPoint 2010 的主要功能。　　　　　　　　（　　）
4. 幻灯片的复制、移动与删除一般在普通视图下完成。　　　　　　　　　　　（　　）

5. 幻灯片浏览视图是进入 PowerPoint 2010 后的默认视图。 （　　）

6. 在 PowerPoint 2010 中使用文本框，在空白幻灯片上即可输入文字 （　　）

7. 在 PowerPoint 2010 的"幻灯片浏览"视图中可以给一张幻灯片或几张幻灯片中的所有对象添加相同的动画效果。 （　　）

8. PowerPoint 2010 幻灯片中可以处理的最大字号是初号。 （　　）

9. 幻灯片的切换效果是在两张幻灯片之间切换时发生的。 （　　）

10. 母版以.potx 为扩展名。 （　　）

11. PowerPoint 2010 幻灯片中可以插入剪贴画、图片、声音、影片等信息。 （　　）

12. 幻灯片放映范围中的"全部"是指从第一张幻灯片开始，必须依次放映到最后一张为止。

（　　）

13. PowerPoint 2010 的功能区中的命令不能进行增加和删除。 （　　）

14. PowerPoint 2010 的功能区包括快速访问工具栏、选项卡和工具组。 （　　）

15. 在 PowerPoint 2010 的设计选项卡中可以进行幻灯片页面设置、主题模板的选择和设计。

（　　）

16. 改变母版中的信息，演示文稿中的所有幻灯片将做相应改变。 （　　）

17. PowerPoint 2010 提供了自动保存功能，能实现每隔一段时间由系统自动保存正在编辑的演示文稿。 （　　）

18. 在幻灯片中，只能加入图片，图标和组织结构图等静态图像。 （　　）

19. 在幻灯片中只能编辑文本的字形，字号，不能插入其他对象（如图片，图标等）。

（　　）

20. 在 PowerPoint 2010 演示文稿创建后，可以根据使用者设置的不同放映方式进行播放。

（　　）

第6章
Access 2010

6.1 初识 Access 2010

Access 是 Microsoft 公司推出的关系型数据库管理系统，它作为 Office 的一部分，具有与 Word、Excel 和 PowerPoint 相同的操作界面和使用环境，深受广大用户的喜爱。当用户安装完 Office 2010 之后，Access 2010 也将成功安装到系统中，这时启动 Access 就可以使用它来创建数据库。

Microsoft Office Access 结合了 Microsoft Jet Database Engine 和图形用户界面两项特点，是 Microsoft Office 的系统程式之一。

6.1.1 Access 2010 的启动、工作窗口和退出

1. 启动 Access 2010

Access 的启动、退出步骤同 Word 类似，运行 Access 应用程序，操作方式有以下几种：

- 通过单击"开始"→"所有程序"→"Microsoft Office"→"Microsoft Access 2010"菜单命令，启动 Access 2010。
- 如果在桌面上或其他目录中建立了 Access 的快捷方式，可直接双击该图标即可。
- 如果在快速启动栏中建立了 Access 的快捷方式，可直接单击快捷方式图标即可。

2. Access 工作窗口

启动 Access 2010 后的工作窗口是由 Access 的程序窗口和工作簿窗口构成的，如图 6.1 所示。

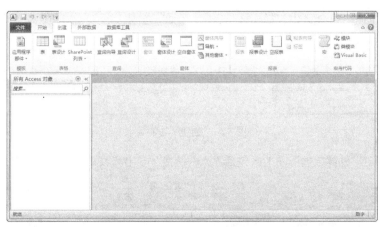

图 6.1　Access 工作窗口

3. 退出

单击窗口右上角的"关闭" 按钮，或者直接按 Alt+F4 组合键，即可退出 Access 2010。

6.1.2 Access 2010 的窗口组成与操作

1. Access 窗口组成

Access 2010 工作窗口组成元素如图 6.2 所示，主要包括标题栏、菜单栏、工具栏、编辑栏、工作表编辑区、状态栏、标签滚动按钮、表标签、任务窗格等，用户可定义某些屏幕元素的显示或隐藏。

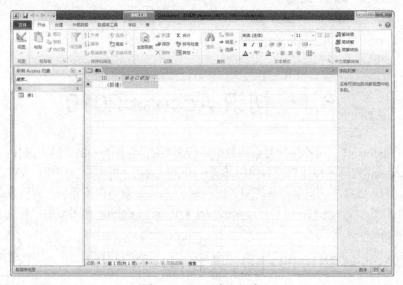

图 6.2 Access 窗口组成

① 开始："开始"功能区包括视图、剪贴板、排序和筛选、记录、查找、文本格式和中文简繁转换 7 个分组，如图 6.3 所示。

图 6.3 "开始"功能区

② 创建："创建"功能区中包括模板、表格、查询、窗体、报表、宏与代码 6 个分组，如图 6.4 所示。

图 6.4 "创建"功能区

③ 外部数据："外部数据"功能区包括导入并链接、导出和收集数据 3 个分组，如图 6.5 所示。

图 6.5 "外部数据"功能区

④ 数据库工具："数据库工具"功能区包括工具、宏、关系、分析、移动数据和加载项 6 个分组，如图 6.6 所示。

图 6.6　"数据工具"功能区

⑤ 字段："字段"功能区包括视图、添加和删除、属性、格式和字段印证 5 个分组，如图 6.7 所示。

图 6.7　"字段"功能区

⑥ 表："表"功能区包括属性、前期事件、后期事件、已命名的宏和关系 5 个分组，如图 6.8 所示。

图 6.8　"表"功能区

2．Access 操作

Access 2010 操作包括表的创建与设计，查询的创建与设计，窗体的创建于设计，报表的创建与设计，宏于代码的操作等，将在后续章节中详细介绍。

6.1.3　Access 2010 帮助的使用

用户在使用 Access 2010 的过程中遇到问题时可使用 Access 2010 的"帮助"功能，操作步骤如下。

① 单击 Access 2010 主界面右上角的 按钮，或按下 F1 键，打开"Access 帮助"窗口，如图 6.9 所示。

② 在"键入要搜索的关键词"文本框中输入需要搜索的关键词，单击"搜索"按钮，即可显示出搜索结果，如图 6.10 所示。

③ 单击搜索结果中的链接，在打开的窗口中即可看到具体内容，如图 6.11 所示。

图 6.9　"Access 帮助"窗口

图 6.10　搜索的关键词

图 6.11　显示帮助内容

6.2　数据库和表

Access 数据库是所有相关对象的集合，包括表、查询、窗体、报表、宏、模块、Web 页。每一个对象都是数据库的一个组成部分，其中，表是数据库的基础，它记录数据库中的全部数据内容。

6.2.1　新建数据库

数据库是一个文件，扩展为.mdb。数据库对象不是单独的文件，它们存储在数据库文件中。先建立一个空数据库，然后向其中添加表、查询、窗体、报表等对象。创建数据库有以下两种方法。

● 先建一个空数据库，然后向其中添加表、查询、窗体、报表等对象。

● 使用"数据库向导"，利用系统提供的模板快速创建出数据库，并创建所需的表、窗体和报表。自动创建后，可以进行修改。

下面以新建空白数据库为例介绍创建数据库的操作步骤。

① 单击"开始"→"所有程序"→"Microsoft Office"→"Microsoft Access 2010"菜单命令，启动 Access 2010。

② 单击"文件"→"新建"，在窗口中选择"空数据库"，然后单击"新建"按钮，如图 6.12 所示。

图 6.12　新建空白数据库

③ 此时新建的数据库如图 6.13 所示。

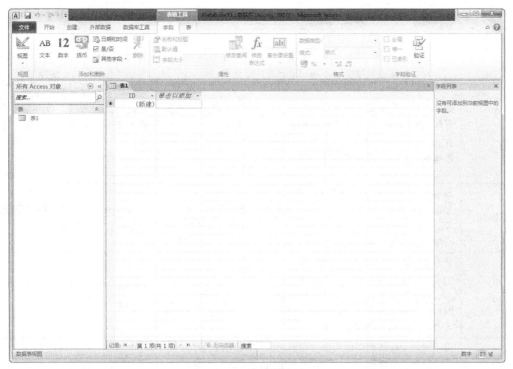

图 6.13　新建数据库

④ 在"数据库"窗口，按 ▀▀ x ▀▀ 按钮，结束空数据库的创建。

6.2.2　建立表

"表"是 Access 数据库的基础，是存储数据的地方，其他数据库对象都要在表的基础上建立并使用。Access 数据库中的表由表的结构和表的内容两部分构成，只有先建立了表的结构，才能向表中输入数据。

需要注意的是，同一个数据库中不能有重复的表名。

1. 数据类型

由于表的创建和设计主要在于确定字段及字段所使用的数据类型，所以先对 Access 的字段名字和数据类型进行介绍。Access 表由表结构和表内容（记录）两部分构成。

（1）表结构：是指数据表的框架，包括表名和字段属性两部分。

（2）字段：字段是通过在表设计器的字段输入区输入字段名、数据类型、字段属性而建立的。字段的命名规则为：

* 长度为 1～64 个字符；
* 可以包含字母、汉字、数字、空格和其他字符，但不能以空格开头；
* 不允许出现在字段名称中的字符有句点（。）、惊叹号（！）、方括号（［ ］）、左单引号（'）。

（3）字段的数据类型及含义如表 6.1 所示。

表 6.1　　　　　　　　　　　　　　字段的数据类型及含义

数据类型	说明	大小
文本	Access 系统的默认数据类型 用来存储由文字字符及不具有计算能力的数字字符组成的数据的，是最常用的字段数据类型之一	文本字段数据的最大长度为 255 个字符，系统默认的字段长度为 50 个字符

数据类型	说明	大小
备注	长文本或文本和数字的组合。是文本字段数据类型的特殊形式，对备注字段数据类型不能够进行排序或索引	最多为 65 535 个字符备注字段的大小受数据库大小的限制）
数字	数字字段数据类型是用来存储由数字（0～9）、小数点和正负号组成的，并可进行计算的数据的 在 Access 中，当确定了某一字段数据类型为数字型，Access 系统默认该字段数据类型为长整型字段	由于数字数据类型的表现形式和存储形式的不同，数字字段数据类型又分为整型、长整型、单精度型、双精度型等类型，其长度由系统设置，分为 1、2、4、8 个字节
日期/时间	日期/时间字段数据类型用来存储表示日期/时间数据 根据日期/时间字段数据类型存储的数据显示格式的不同，日期/时间字段数据类型又分为常规日期、长日期、中日期、短日期、长时间、中时间、短时间等类型	Access 系统将日期/时间字段数据类型长度设置为 8 个字节
货币	货币字段数据类型用来存储货币值 给货币型字段输入数据，不用输入货币符号及千位分隔符，Access 系统会根据所输入的数据自动添加货币符号及千位分隔符，当数据的小数部分超过 2 位时，Access 系统会根据输入的数据自动完成四舍五入	Access 系统将货币型字段长度设置为 8 个字节
自动编号	自动编号字段数据类型用来存储递增数据和随机数据 自动编号字段数据类型的数据无须输入，每增加一个新记录，Access 系统将自动编号型字段的数据自动加 1 或随机编号 用户不用给自动编号字段数据类型输入数据，也不能够编辑自动编号型字段的数据	Access 系统将自动编号字段数据类型长度设置为 4 个字节
是/否	是/否字段数据类型用来存储只包含两个值的数据 是/否字段数据类型的数据常用来表示逻辑判断结果，不能用于索引	Access 系统将是/否字段数据类型长度设置为 1 个字节
OLE 对象	OLE 对象字段数据类型用于链接和嵌入其他应用程序所创建的对象 其他应用程序所创建的对象可以是电子表格、文档、图片等	OLE 对象字段数据类型最大长度可为 1GB
超链接	超级链接字段数据类型用于存放超级链接地址 文本或文本和以文本形式存储的数字的组合，用作超链接地址。超链接地址最多包含 3 部分 显示的文本：在字段或控件中显示的文本 地址：指向文件（UNC 路径）或页（URL）的路径 子地址：位于文件或页中的地址	超链接数据类型 3 个部分中的每一部分最多只能包含 2048 个字符
查阅向导	查阅向导字段数据类型用于存放从其他表中查阅数据 创建字段，该字段可以使用列表框或组合框从另一个表或值列表中选择一个值。单击该选项将启动"查阅向导"，它用于创建一个"查阅"字段。在向导完成之后，Microsoft Access 将基于在向导中选择的值来设置数据类型	与用于执行查阅的主键字段大小相同，通常为 4 个字节

（4）字段的数据类型主要考虑如下几个方面：

- 字段中可以使用什么类型的值；
- 需要用多少存储空间来保存字段的值；
- 是否需要对数据进行计算（主要区分是否用数字，还是文本、备注等）；
- 是否需要建立排序或索引（备注、超链接及 OLE 对象型字段不能使用排序和索引）；

- 是否需要进行排序（数字和文本的排序有区别）；
- 是否需要在查询或报表中对记录进行分组（备注、超链接及 OLE 对象型字段不能用于分组记录）。

2. 建立表结构

表是关系型数据库系统的基本结构，是关于特定主题数据的集合。与其他数据库管理系统一样，Access 中的表也是由结构和数据两部分组成，只有先建立了表的结构，才能向表中输入数据。

① 输入数据创建表：是指在空白数据表中添加字段名和数据，同时 Access 会根据输入的记录自动地指定字段类型。

② 使用模板创建表：这是一种快速建表的方式，由于 Access 在模板中内置了一些常见的示例表，这些表中都包含了足够多的字段名，用户可以根据需要在数据表中添加和删除字段。

③ 使用表设计器创建表：表设计器是一种可视化工具，用于设计和编辑数据库中的表。该方法以设计器所提供的设计视图为界面，引导用户通过人—机交互来完成对表的定义。利用表向导创建的数据表在修改时也需要使用表设计器。

3. 设置字段属性

使用设计视图创建表是 Access 中最常用的方法之一，在设计视图中，用户可以为字段设置属性。在 Access 数据表中，每一个字段的可用属性取决于为该字段选择的数据类型。下面详细地讲述字段属性的设置方法，以及如何在设计视图中修改数据表。

① 字段数据类型：Access 2010 定义了 11 种数据类型，在表设计窗口"数据类型"单元格的下拉列表中显示了 10 种数据类型。有关数据类型的详细说明如表 6.1 所示。

② 选择数据格式：Access 允许为字段数据选择一种格式，"数字"、"日期/时间"和"是/否"字段都可以选择数据格式。选择数据格式可以确保数据表示方式的一致性。

③ 改变字段大小：Access 允许更改字段默认的字符数。改变字段大小可以保证字符数目不超过特定限制，从而减少数据输入错误。

④ 输入掩码："输入掩码"属性用于设置字段、文本框以及组合框中的数据格式，并可对允许输入的数值类型进行控制。要设置字段的"输入掩码"属性，可以使用 Access 自带的"输入掩码向导"来完成。例如，设置电话号码字段时，可以使用掩码引导用户准确地输入格式为（　　）。

⑤ 设置有效性规则和有效性文本：当输入数据时，有时会将数据输入错误，如将薪资多输入一个 0，或输入一个不合理的日期。事实上，这些错误可以利用"有效性规则"和"有效性文本"两个属性来避免。

"有效性规则"属性可输入公式（可以是比较或逻辑运算组成的表达式），用在将来输入数据时，对该字段上的数据进行查核工作，如查核是否输入数据、数据是否超过范围等；"有效性文本"属性可以输入一些要通知使用者的提示信息，当输入的数据有错误或不符合公式时，自动弹出提示信息。

⑥ 设定表的索引：简单地说，索引就是搜索或排序的根据。也就是说，当为某一字段建立了索引，可以显著加快以该字段为依据的查找、排序和查询操作。但是，并不是将所有字段都建立索引，搜索的速度就会达到最快。这是因为索引建立得越多，占用的内存空间就会越大，这样会减慢添加、删除和更新记录的速度。

⑦ 字段的其他属性：在表设计视图窗口的"字段属性"选项区域中，还有多种属性可以设置，如"必填字段"属性、"允许空字符串"属性、"标题"属性等。

4. 表间关系的建立

在 Access 2010 中，数据库中的各表之间并不是孤立的，每个数据表之间都有关系，这就是"表间关系"。这也正是数据库系统与文件系统的重点区别。只有合理地建立了表之间的关系，才能为数据库后续的应用打下良好的基础。表的关系有以下 3 种。

① 一对一：在 A 表中的每一条记录，在 B 表中只能有一个匹配的记录，并且在 B 表中的每一条记录，在 A 表中也只能有一个匹配记录。

② 一对多：一端为主表，多端为相关表。

③ 多对多：在数据库系统中，通常将一个多对多关系转换为两个一对多关系。

5. 向表中输入数据

向表中输入数据有以下两种方法。

- 使用“数据表”视图直接输入数据：进入“数据表”视图，在表对象中双击所选的表，输入即可，如图 6.14 所示。

表1

ID	字段1	字段2	字段3	字段4	字段5	字段6	单击以添加
6	学生编号	性别	年龄	入学日期	籍贯	总分	
7	001	男	18	2010-09	福建	536	
8	002	女	19	2010-09	四川	545	
9	003	女	17	2010-09	湖北	561	
10	004	男	18	2010-09	河南	539	
11	005	男	17	2010-09	江苏	571	
12	006	女	19	2010-09	山东	549	
13	007	男	17	2010-09	安徽	566	
14	008	女	17	2010-09	内蒙古	555	
15	009	女	18	2010-09	重庆	558	
(新建)							

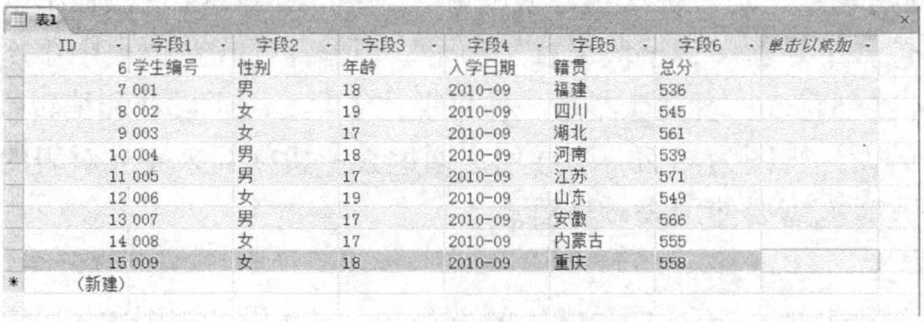

图 6.14　输入数据

- 获取外部数据：用户可以将现有的各种符合 Access 输入/输出协议的表导入 Access 表中，如 Excel、NDBC 数据库等。

6.2.3　操作表

数据表建好后，常常会根据实际需求，对表中的数据进行查找、替换、排序、筛选等操作。

1. 查找数据

在一个有多条记录的数据表中，要快速查看数据信息，可以通过数据查找操作来完成。具体操作步骤如下。

① 打开表，单击“开始”选项，在“查找”选项组中单击“查找”按钮，打开“查找和替换”对话框，如图 6.15 所示。

② 在“查找和替换”对话框中，单击“查找”选项卡，在“查找内容”文本框中输入要查找的数据，然后确定“查找”范围和“匹配”条件。单击“查找下一个”按钮，光标将定位到第一个与“查找内容”相“匹配”数据项的位置。

2. 替换数据

表中数据的替换操作步骤如下。

① 打开表，单击“开始”选项，在“查找”选项组中单击“替换”按钮，打开“查找和替换”对话框，如图 6.16 所示。

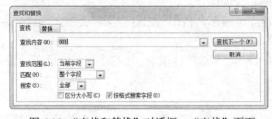

图 6.15　“查找和替换”对话框—“查找”页面

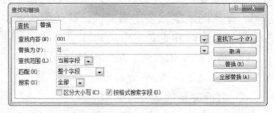

图 6.16　“查找和替换”对话框—“替换”页面

② 在“查找和替换”对话框，单击“查找”选项卡，在“查找内容”文本框中输入要查找的

数据，在"替换为"文本框中输入要替换的数据，然后确定"查找"范围和"匹配"条件。单击"替换"或"全部替换"按钮进行替换。

3. 排序

在进行表中数据浏览过程中，通常记录的显示顺序是记录输入的先后顺序，或者是按主键值升序排列的顺序。

在数据库的实际应用中，数据表中记录的顺序可根据不同的需求而排列，这样才能充分发挥数据库中数据信息的最大效能。

① 排序规则。排序时可根据当前表中一个或多个字段的值对整个表中所有记录进行重新排列，可按升序，也可按降序。排序记录时，不同的字段类型，排序规则有所不同，具体规则如下。

● 英文按字母顺序排序（字典顺序），大、小写视为相同，升序时按 A→Z 排序，降序时按 Z→A 排序。

● 中文按拼音字母的顺序排序。

● 日期/时间字段按日期的先后顺序排序，升序按从前到后的顺序排序，降序按从后到前的顺序排序。

② 单字段排序。所谓单字段排序，是指仅仅按照某一个字段值的大小进行排序。其操作比较简单，在"数据表"视图中，单击用于排序记录的字段列，单击"记录"菜单"排序"命令中的"升序排序"或"降序排序"即可。也可以直接单击工具栏上的"升序排序"按钮 或"降序排序"按钮进行排序。

③ 如果对多个字段进行排序，则应该使用 Access 中的"高级筛选/排序"功能，可以设置多个排序字段。首先按照第一个字段的值进行排序，如果第一个字段值相同，再按照第二个字段的值进行排序，依此类推，直到排序完毕。

在指定排序次序以后，如果想取消设置的排序顺序，单击"记录"菜单中的"取消筛选/排序"命令即可。

4. 筛选记录

筛选也是查找表中数据的一种操作，但它与一般的"查找"有所不同，它所查找到的信息是一个或一组满足规定条件的记录而不是具体的数据项。经过筛选后的表，只显示满足条件的记录，不满足条件的记录将被隐藏。

Access 2010 提供了 5 种筛选方法：按选定内容筛选、内容排除筛选、按窗体筛选、按筛选目标筛选和高级筛选。

● 按选定内容筛选：这是一种最简单的筛选方法，使用它可以很容易地找到包含的某字段值的记录。

● 内容排除筛选：用户有时不需要查看某些记录，或已经查看过记录而不想再将其显示出来，这时就要用排除筛选。

● 按窗体筛选：这是一种快速的筛选方法，可以同时对两个以上字段值进行筛选。

● 按筛选目标筛选：这是一种较灵活的方法，根据输入的筛选条件进行筛选。

● 高级筛选：可进行复杂的筛选，筛选出符合多重条件的记录。

6.3　查　　询

在 Access 2010 中，查询是具有条件检索和计算功能的数据库对象。利用查询可以通过不同的方法来查看、更改以及分析数据，也可以将查询对象作为窗体和报表的记录源。本节将介绍查询的功能、类型和条件，创建选择查询，创建交叉表查询，创建参数查询，创建操作查询等。

6.3.1 查询

查询是以表或查询为数据源的再生表。查询的运行结果是一个动态数据集合，从查询的运行视图上看到的数据集合形式与从数据表视图上看到的数据集合形式完全一样，尽管在数据表视图中所能进行的各种操作也几乎都能在查询的运行视图中完成，但无论它们在形式上是多么的相似，其实质是完全不同的。可以这样来理解，数据表是数据源之所在，而查询是针对数据源的操作命令，相当于程序。

1. 查询的功能

查询具有以下功能。

① 基于一个表或多个表，或已知查询创建查询。

② 利用已知表或已知查询中的数据，可以进行数据的计算，生成新字段。

③ 利用查询可以选择一个表或多个表，或已知查询中的数据进行操作，使查询结果更具有动态性，大大地增强了对数据的使用效率。

④ 利用查询可以将表中数据按某个字段进行分组并汇总，从而更好地查看和分析数据。

⑤ 利用查询可以生成新表，可以更新、删除数据源表中的数据，也可以为数据源表追加数据。

⑥ 在 Access 中，对窗体、报表进行操作时，它们的数据来源只能是一个表或一个查询，但如果为其提供数据来源的一个查询是基于多表创建的，那么其窗体、报表的数据来源就相当于多个表的数据源。

2. 查询的类型

在 Access 2010 中，使用查询可以按照不同的方式查看、更改和分析数据，也可以用查询作为窗体、报表和数据访问页的记录源。在 Access 中有以下几种查询类型：选择查询、参数查询、交叉表查询、操作查询、SQL 查询等。

① 选择查询：选择查询是最常见的查询类型，它从一个或多个表中检索数据，并且在可以更新记录（有一些限制条件）的数据表中显示结果。也可以使用选择查询来对记录进行分组，并且对记录作总计、计数、平均值以及其他类型的总和计算。

② 参数查询：它在执行时显示自己的对话框以提示用户输入信息。例如，可以设计它来提示输入两个日期，然后 Access 检索在这两个日期之间的所有记录。

③ 交叉表查询：使用交叉表查询可以计算并重新组织数据的结构，这样可以更加方便地分析数据。交叉表查询计算数据的总计、平均值、计数或其他类型的总和，这种数据可分为两组信息：一类在数据表左侧排列，另一类在数据表的顶端。

④ 操作查询：使用这种查询只需进行一次操作就可对许多记录进行更改和移动。有 4 种操作查询：

- 生成表查询：这种查询可以根据一个或多个表中的全部或部分数据新建表。
- 更新查询：这种查询可以对一个或多个表中的一组记录作全局的更改。
- 追加查询：追加查询将一个或多个表中的一组记录添加到一个或多个表的末尾。
- 删除查询：这种查询可以从一个或多个表中删除一组记录。

⑤ SQL 查询：SQL 查询是用户使用 SQL 语句创建的查询。可以用 SQL 来查询、更新和管理 Access 数据库。所有查询都有相应的 SQL 语句，但是 SQL 专用查询是由程序设计语言构成的，而不是像其他查询那样由设计网格构成。

3. 查询的条件

通常在使用查询时只是对数据库的一部分数据记录进行查询和计算。而要在 Access 2010 数据库中将满足用户添加的数据记录挑选出来，就需要设置一定的查询条件。

① 在 Access 2010 查询表设计视图中添加"员工"作为数据源。

② 在 Access 2010 查询设计网格中添加以下字段：ID、姓氏、名字、职务、城市。

③ 在对应"姓氏"和"职务"字段的"条件"栏输入条件。

④ 完成设置后，单击 Access 2010"视图"组中的"数据表视图"按钮即可。

6.3.2　创建选择查询

创建查询的方法有两种，一是查询向导，二是查询设计。

1. 使用"查询向导"

使用向导创建查询比较简单，用于从一个或多个表或查询中抽取字段检索数据，但不能通过设置条件来筛选记录。

使用查询向导创建一个查询，查询的数据源为"学生编号"，选择"学生编号"、"性别"、"年龄"、"入学日期"、"籍贯"和"总分"字段，所建查询命名为"籍贯 查询"。

① 启动 Access 2010 应用程序，打开"学生编号"数据库。单击"创建"选项，在"查询"选项组中单击"查询向导"按钮，如图 6.17 所示。

② 打开"新建查询"对话框，单击"简单查询向导"选项，单击"确定"按钮，如图 6.18 所示。

图 6.17　查询向导

③ 打开"简单查询向导"对话框，在"表/查询"下拉列表中选择用于查询的"学生"数据表，此时在"可用字段"列表框中显示了"学生"数据表中所有字段。选择查询需要的字段，然后单击向右按钮 > ，则所选字段被添加到"选定的字段"列表框中。重复上述操作，依次将需要的字段添加到"选定的字段"列表框中，如图 6.19 所示。

图 6.18　"新建查询"对话框

图 6.19　选定字段

④ 单击"下一步"按钮，弹出指定查询标题的"简单查询向导"对话框。在"请为查询指定标题"文本框中输入标题名，默认为"表 1 查询"。在"请选择是打开还是修改查询设计"栏下选择"打开查询查看信息"单选项，如图 6.20 所示。

⑤ 然后单击"完成"按钮，打开"表 1 查询"的数据表视图，如图 6.21 所示。

2. 使用"查询设计"

使用"查询设计"的操作方法如下。

① 单击"创建"选项，在"查询"选项组中单击"查询设计"按钮，此时会弹出"显示表"

对话框，单击"关闭"按钮，如图 6.22 所示。

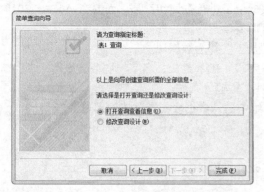

图 6.20 指定标题

图 6.21 表 1 查询

② 查询的"设计"视图分为上下两部分，如图 6.23 所示。

图 6.22 显示表

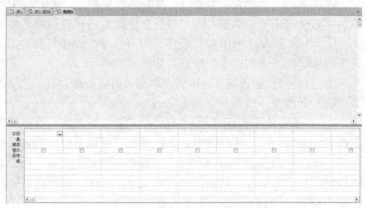

图 6.23 设计视图

上半部分称为表/查询输入区，显示查询要使用的表或其他查询；下半部分称为设计网格。在设计网格中需要设置如下内容。

- 字段：查询结果中所显示的字段。
- 表：查询的数据源。
- 排序：确定查询结果中的字段的排序方式，有"升序"和"降序"两种方式可供选择。
- 显示：选择是否在查询结果中显示字段，当对应字段的复选框被选中时，表示该字段在查询结果中显示，否则不显示。
- 条件：同一行中的多个准则之间是逻辑"与"的关系。
- 或：也是查询条件，表示多个条件之间是逻辑"或"的关系。

3. 在查询中进行计算

所建查询仅仅是为了获取符合条件的记录，并没有对查询的结果进行更深入的分析和利用。而在实际应用中，常常需要对查询结果进行统计计算，如求和、计数、求最大值和平均值等。Access 允许在查询中利用设计网格中的"总计"行进行各种统计，通过创建计算字段进行任意类型的计算。

单击工具栏上的"总计"按钮，可以在设计网格中显示出"总计"行。对设计网格中的每个字段，都可在"总计"行中选择总计项，来对查询中的全部记录、一条或多条记录组进行计算。

6.3.3　创建交叉表查询

1. 认识交叉表查询

交叉表查询以一种独特的概括形式返回一个表内的总计数字，为用户提供了非常清楚的汇总数据，便于用户分析和使用。交叉表查询显示来源于表中某个字段的总计值（合计、计算以及平均），并将它们分组，一组列在数据表的左侧，一组列在数据表的上部。可以使用窗体中的数据透视表向导，或者通过创建在数据访问页中的数据透视表列表来显示交叉表数据，而无须在数据库中创建单独的查询。

使用数据透视表窗体或数据透视表列表，可以根据分析数据的不同方法来更改行标题和列标题。

2. 使用"交叉表查询向导"

① 单击"创建"选项，在"查询"选项组中单击"查询向导"按钮。

② 打开"新建查询"对话框，单击"交叉表查询向导"选项，单击"确定"按钮，如图 6.24 所示。

③ 打开"交叉表查询向导"对话框，在"试图"栏下选择"表"单选项，单击"下一步"按钮，如图 6.25 所示。在"表/查询"下拉列表中选择用于查询的"学生"数据表，此时在"可用字段"列表框中显示了"学生"数据表中所有字段。选择查询需要的字段，然后单击向右按钮 [>] ，则所选字段被添加到"选定的字段"列表框中。重复上述操作，依次将需要的字段添加到"选定的字段"列表框中。

图 6.24　"新建查询"对话框

图 6.25　选择视图

④ 此时在"可用字段"列表框中显示了"学生"数据表中所有字段。选择查询需要的字段，然后单击向右按钮 [>] ，则所选字段被添加到"选定的字段"列表框中。重复上述操作，依次将需要的字段添加到"选定的字段"列表框中，如图 6.26 所示。

⑤ 单击"下一步"按钮，选定一个字段作为标题，如选定字段 2，如图 6.27 所示。

⑥ 单击"下一步"按钮，确定为每个列和行的交叉点计算出什么数字，如图 6.28 所示。

⑦ 单击"下一步"按钮，在"请指定查询的名称"后的文本框中输入标题名，默认为"表 1_交叉表"。在"请选择是查看查询还是修改查询设计"栏下选择"查看查询"单选项，如图 6.29 所示。

⑧ 单击"完成"按钮即可查看如图 6.30 所示的交叉查询。

3. 使用"设计"视图

① 单击"创建"选项，在"查询"选项组中单击"查询设计"按钮，此时会弹出"显示表"对话框，单击"查询"选项卡，选择"表 1_交叉表"，单击"添加"按钮，如图 6.31 所示。

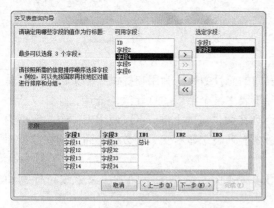

图 6.26　选择字段

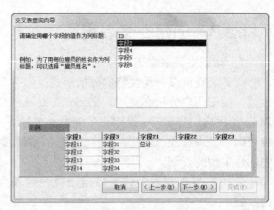

图 6.27　选定标题

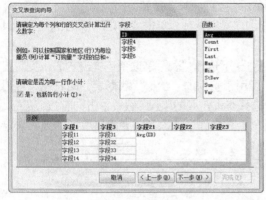

图 6.28　选择函数

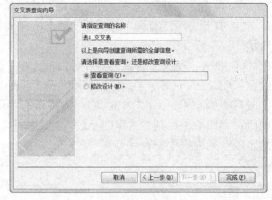

图 6.29　设置

字段1	字段3	总计 ID	男	女	性别
001	18	2	2		
002	19	3		3	
003	18	4		4	
004	18	5	5		
005	17	6	6		
006	19	7		7	
007	17	8	8		
008	17	9		9	
009	18	10		10	
学生编号	年龄	1			1

图 6.30　查看查询

② 此时即可打开查询的"设计"视图，如图 6.32 所示。

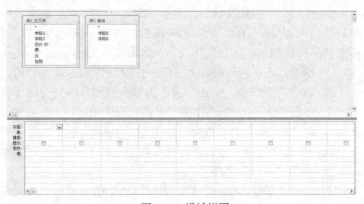

图 6.31　显示表

图 6.32　设计视图

6.3.4　创建参数查询

使用前面介绍的方法创建的查询，无论是内容还是条件都是固定的，如果希望根据某个或某些字段不同的值来查找记录，就需要不断地更改所建查询的条件，显然很麻烦。为了更灵活地实现查询，可以使用 Access 提供的参数查询。

参数查询利用对话框，提示用户输入参数，并检索符合所输参数的记录。用户可以建立一个参数提示的单参数查询，也可以建立多个参数提示的多参数查询。

1．单参数查询

创建单参数查询，就是在字段中指定一个参数，在执行参数查询时，输入一个参数值。

① 在"数据库"窗口的"查询"对象中，单击"表 1_交叉表"查询，打开查询"设计"视图，如图 6.33 所示。

② 单击"设计"选项，在"显示/隐藏"选型组中单击"参数"按钮，打开"查询参数"对话框，在"参数"栏下输入即可，如输入"籍贯"，如图 6.34 所示。

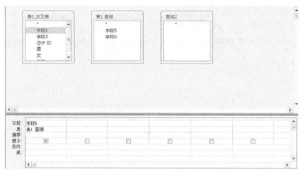

图 6.33　查询设计视图　　　　　　　　　　　图 6.34　输入参数

③ 单击"确定"按钮即可。

2．多参数查询

创建多参数查询，即指定多个参数。在执行多参数查询时，需要依次输入多个参数值。

① 在"数据库"窗口的"查询"对象中，单击"表1_交叉表"查询，打开查询"设计"视图。

② 单击"设计"选项，在"显示/隐藏"选型组中单击"参数"按钮，打开"查询参数"对话框，在"参数"栏下输入多个参数，然后在右侧的"数据类型"栏下进行相应的设置，如图 6.35 所示。

图 6.35　输入多个参数

③ 单击"确定"按钮即可。

6.3.5　创建操作查询

操作查询是仅在一个操作中更改或移动许多记录的查询，操作查询共有 4 种类型：生成表、追加、更新与删除。

1．生成表查询

生成表查询利用一个或多个表中的全部或部分数据创建新表。生成表查询可应用在以下方面。

- 创建用于导出到其他 Microsoft Access 数据库的表，如图 6.36 所示。
- 创建从特定时间点显示数据的窗体、报表或数据访问页。
- 使用宏或代码自动制作表的备份副本。
- 改进基于多表查询或 SQL 语句的窗体、报表和数据访问页的性能。
- 鼠标指针翻页：鼠标移动到图片的左右两端，指针会自动变成翻页箭头，执行翻页更方便。

2．追加查询

追加查询可将一个或多个表中的一组记录追加到一个或多个表的末尾。例如，假设获得了一些新客户和包含有关这些客户的信息表的数据库。为了避免键入所有这些内容，最好将它追加到"客户"表中。在以下方面追加查询也十分有用：

① 根据条件追加字段。

② 当一个表中的某些字段在其他表中不存在时要追加记录，如图 6.37 所示。

图 6.36　"生成表"对话框　　　　　　　　图 6.37　"追加"对话框

3．更新查询

更新查询可对一个或多个表中的一组记录作全局更改。例如，可以将所有皮包的价格提高 10 个百分点，或将某一部门员工的工资提高 5 个百分点。使用更新查询，可以更改现有表中的数据。

4．删除查询

删除查询可以从一个或多个表中删除一组记录。例如，可以使用删除查询来删除已中止生产或没有订单的产品。使用删除查询，将删除整个记录，而不是只删除记录中所选的字段。

- 如果启用级联删除，则可以用删除查询从单个表中、从一对一关系的多个表中，或一对多关系中的多个表删除记录。例如，可以使用删除查询删除所有来自爱尔兰的客户及其所有订单。但是，如果为添加条件而需要将"一"表与"多"表包含在一起，则必须执行两次查询，因为一次查询不能同时从主表和相关表中删除记录。
- 在查询"设计"视图中，通过查看两个表之间的连接可以区分一对多关系。如果连接中的一方标有无穷大符号，则它是一对多关系。如果在连接的两方均标有 1，则它是一对一关系。

6.3.6　编辑和使用查询

1．运行已新建的查询

运行查询有以下几种基本方法。

● 在数据库窗口，双击查询对象列表中要运行的查询名称。

● 在数据库窗口，首先选择查询对象列表中要运行的查询名称，然后单击数据库窗口中的"打开"按钮。

● 切换到"设计"选项下，在"结果"选项组中单击"运行"按钮 ！。

2. 编辑查询中的字段

● 在设计网格中移动字段：单击列选定器，选择列，按鼠标左键，将字段拖到新位置，移动过程中鼠标指针变成矩形。

● 在设计网格中添加、删除字段：从表中将字段拖至设计网格中要插入这些字段的列，或在表中双击字段名来添加字段。

图 6.38　对结果进行排序

如果双击一个表中的"*"号，表示将此表中的所有字段都添加到查询中。单击列选定器，选定字段，然后按 Delete 键删除字段。

3. 编辑查询中的数据源

在"设计"选项下，单击"查询设置"选项组中的"显示表"按钮，然后双击选出自己需要查询的表，就可以设定查询数据源，如果是多表，就要注意添加关联。

4. 排序查询结果

● 在 Access 中，可以通过在设计网格中指定排序次序，对查询的结果进行排序，如图 6.38 所示。

● 如果为多个字段指定了排序次序，Microsoft Access 就会先对最左边的字段排序，因此应该在设计网格中从左到右排列要排序的字段。

6.4　窗　　体

窗体又称为表单，是 Access 2010 中的一种重要的数据对象，具有很多功能。使用窗体可以使操作界面变得直观，并且可以通过将数据输入窗体来向数据表输入数据，还可通过创建自定义对话框来接收用户的详细输入，并根据用户输入的信息执行相应的操作。

6.4.1　窗体的应用

窗体是 Access 数据库中的其中一个对象，用户可以在窗体中方便地输入数据、编辑数据、显示和查询表中的数据，是用户和 Access 应用程序之间的主要接口。窗体有多种形式，不同的窗体能够完成不同的功能。

1. 窗体信息

窗体的信息主要有两类。

① 设计窗体时附加的提示信息，这些信息对数据表中的每一条记录都是相同的，不随记录而变化。例如，说明性的文字或图形元素，可以起到美化窗体的作用。

② 所处理表或查询的记录，这些信息往往与所处理记录的数据密切相关，随记录的变化而变化。利用窗体控件，可以在窗体的信息和窗体的数据源之间建立链接。

2. 窗体的作用

窗体的作用主要有以下几个方面。

① 创建友好的用户界面，使用户方便地对数据记录进行维护。

② 创建切换面板窗体用来打开其他的窗体和报表。

③ 创建自定义的对话框接受用户的输入，并根据输入的数据选择适当的操作。

④ 使用窗体显示各种提示信息，如消息、错误、警告等。

3. 窗体的组成和结构

窗体各部分功能说明如下。

① 窗体页眉：位于窗体的最上方，一般用于设置窗体的标题、窗体使用说明或打开相关窗体及执行其他任务的命令按钮等。

② 页面页眉：页面页眉一般用来设置窗体在打印时页顶部要打印的信息，如标题、日期或页码等。

③ 主体节：主体节通常用来显示记录数据，可以在屏幕或页面上只显示一条记录，也可以显示多条记录。

④ 页面页脚：页面页脚一般用来设置窗体在打印时页底部要打印的信息，如汇总、日期或页等。

⑤ 窗体页脚：窗体页脚位于窗体底部或打印页的尾部，一般用于显示对所有记录都要显示的内容、使用命令的操作说明等信息。也可以设置命令按钮，以便执行必要的控制。

6.4.2 窗体的类型

根据显示数据的方式不同，Access 2010 提供 6 种类型的窗体。

1. 纵栏式窗体

纵栏式窗体是最常用的窗体类型，每次只显示一条记录。窗体中显示的记录按列分隔，每列的左边显示字段名，右边显示字段的值。

2. 表格式窗体

在一个窗体中一次显示多条记录的信息。如果要浏览更多的记录，可以通过垂直滚动条进行浏览。当拖动滚动条浏览后面记录时，窗体上方的字段名称信息固定不动，滚动的只是记录信息。

3. 数据表窗体

数据表窗体与数据表和查询显示数据的界面相同，数据表窗体的主要作用是作为一个窗体的子窗体。

4. 主/子窗体

窗体中的窗体称为子窗体，包含子窗体的基本窗体称为主窗体。主窗体和子窗体通常用于显示多个表或查询中的数据，这些表或查询中的数据具有一对多关系。其中"一方"数据在主窗体中显示，"多方"数据在子窗体中显示。在这种窗体中，主窗体和子窗体彼此链接，主窗体显示某一条记录的信息，子窗体就会显示与主窗体当前记录相关的记录的信息。

5. 图表窗体

以图表方式显示用户的数据。图表窗体的数据源可以是数据表，也可以是查询。可以单独使用图表窗体，也可以在子窗体中使用图表窗体来增加窗体的功能。

6. 数据透视表窗体

数据透视表窗体指通过指定格式（布局）和计算方法（求和、平均值等）汇总数据的交互式表，用此方法创建的窗体称为数据透视表窗体，用户也可以改变透视表的布局，以满足不同的数据分析方式和要求。

在数据透视表窗体中，可以查看和组成数据库中的数据、明细数据和汇总数据，但不能添加、编辑或删除透视表中显示的数据值。

6.4.3 窗体的视图

在 Access 2010 中，有 3 种窗体视图方式，分别为设计视图、窗体视图和数据表视图。

1. 设计视图

用于设计窗体或修改窗体的窗口。

2. 窗体视图

用于显示记录数据、添加和修改表中数据的窗口。

3. 数据表视图

用于创建窗体或修改窗体的窗口。

6.4.4　新建窗体

使用"自动创建窗体"创建的窗体包含选定数据源中所有字段及记录。"自动创建窗体"创建 3 种类型窗体的过程完全相同。

1. 自动创建窗体

① 在"数据库"窗口中，单击"创建"选项，在"窗体"选项组中单击"窗体"按钮。

② 此时即可新建窗体，如图 6.39 所示。

③ 单击"文件"→"保存"，打开"另存为"对话框，在"窗体名称"下的文本框中输入窗体名称，如图 6.40 所示。

图 6.39　新建窗体　　　　　　　　　　　　图 6.40　"另存为"对话框

④ 单击"确定"按钮即可。

2. 使用窗体向导

① 在"数据库"窗口中，单击"创建"选项，在"窗体"选项组中单击"窗体向导"按钮，打开"窗体向导"对话框，选择"可用字段"添加到"选定字段"中，如图 6.41 所示。

② 单击"下一步"按钮，在"请确定窗体使用的布局"栏下选择"纵栏表"单选项，如图 6.42 所示。

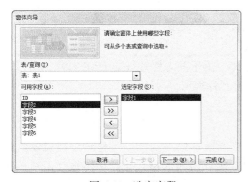

图 6.41　选定字段　　　　　　　　　　　图 6.42　勾选"纵栏表"

③ 单击"下一步"按钮，在"请为窗体指定标题"下的文本框中输入窗体的标题，默认标题为"表 1"，如图 6.43 所示。

④ 单击"完成"按钮即可看到创建的窗体，如图 6.44 所示。

图 6.43 设置   图 6.44 完成创建

6.4.5 设计窗体

Access 提供了窗体设计工具箱，利用窗体设计工具箱用户可以创建自定义窗体。窗体设计工具箱的功能强大，创建窗体所使用的控件都包含在工具箱中。

切换到"设计"选项下，在"控件"选项组中根据需要对窗体进行设计，如图 6.45 所示。

图 6.45 控件

● 选择对象：用于选取窗体、窗体中的节或窗体中的控件。单击该按钮可以释放前面锁定的控件。

● 文本框：用于显示、输入或编辑窗体数据源的数据，显示计算结果，或接收用户输入的数据。

● 标签：用于显示说明文本的控件，如窗体上的标题或指示文字。

● 选项按钮：选项按钮是可以代表"是/否"值的小圆形，选中时圆形内有一个小黑点，代表"是"，未选中时代表"否"。

● 选项卡控件：用于创建多页选项卡窗体或选项卡对话框，可以在选项卡控件上复制或添加其他控件。

● 超链接：创建指向网页、图片、电子邮件地址或程序的链接。

● 子窗体/子报表：用于显示来自多个表的数据。

● 图像：用于在窗体中显示静态图片，美化窗体。由于静态图片并非 OLE 对象，所以一旦将图片添加到窗体或报表中，便不能在 Access 内进行图片编辑。

6.4.6 格式化窗体

窗体的基本功能设计完场之后，要对窗体上的空间及窗体本身的一些格式进行设定，使窗体界面看上去更加友好，布局更加合理，使用更加方便。窗体的格式化是窗体设计最后的点睛之笔。

1．使用自动套用格式

在使用向导创建窗体时，用户可以从系统提供的固定样式中选择窗体的格式，这些样式就是窗体的自动套用格式。

2．使用条件格式

除可以使用"属性"对话框设置控件的"格式"属性外，还可以根据控件的值，按照某个条件设置相应的显示格式。

3．添加当前日期和时间

如果用户希望在窗体中添加当前日期和时间，可以按以下方法操作。

① 在窗体"设计"视中，打开要格式化的窗体。

② 单击"插入"菜单中的"日期和事件"命令，打开"日期和时间"对话框，选择某项后，再选择日期或时间格式，然后单击"确定"按钮。

4．对齐窗体中的控件

在窗体的最后布局阶段，需要调整控件的大小，排列或对齐控件，以使界面有序、美观。

① 改变控件大小和控件定位。如果改变文本格式，文本所在的标签或文本框并不会自动调整大小来适应新的格式。这种情况下，需要手动改变控件的大小使之能够显示全部文本。可以在控件的"属性"对话框中修改宽度和高度属性，也可以在"设计"视图下选中控件，然后用鼠标拖曳控件边框上的控制点来改变控件尺寸。

控件的精确定位可以在"属性"对话框中设置，也可以用鼠标完成。方法是保持控件的选中状态，按住 Ctrl 键不放，然后按下方向箭头移动控件直到正确的位置。控件定位时，还可以选择"视图"菜单中的"标尺"命令和"视图"菜单中的"网格"命令，打开"标尺"和"网格"作为参照。

② 将多个控件设置为相同尺寸。当需要把多个控件设为同一尺寸时，除了在"属性"对话框中设置外，还可以用鼠标完成。

② 将多个控件对齐。当需要设置多个控件对齐时，也可以用鼠标快捷地完成。

6.5 报 表

报表是一种数据库对象，用户可使用报表来显示和汇总数据。报表提供了一种分发或存档数据快照的方法，用户可以将它打印出来、转换为 PDF 或 XPS 文件或导出为其他文件格式。

6.5.1 报表的概念

报表可提供有关各个记录的详细信息和/或许多记录的汇总信息。用户还可使用 Access 报表来创建标签以用于邮寄或其他目的。

在 Access 中，是按节来设计报表的。在客户端数据库中，可在设计视图中打开报表以查看各个节。

在布局视图中，将看不到这些节，但它们仍然存在，并可通过使用"格式"选项卡上的"选中内容"组中的下拉列表来进行选择。

若要创建有用的报表，则需要了解每个节的工作方式，如图 6.46 所示。

● 报表页眉：此节只在报表开头显示一次。报表页眉用于显示一般出现在封面上的信息，如徽标、标题或日期。当在报表页眉中放置使用"总和"聚合函数的计算控件时，将计算整个报表的总和。报表页眉位于页面页眉之前。

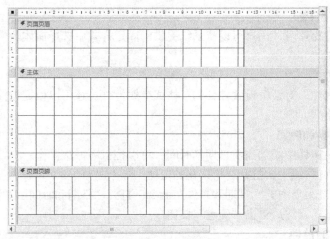

图 6.46　报表窗口

- 页面页眉：此节显示在每页顶部。例如，使用页面页眉可在每页上重复报表标题。
- 组页眉：此节显示在每个新记录组的开头。使用组页眉可显示组名。例如，在按产品分组的报表中，使用组页眉可以显示产品名称。当在组页眉中放置使用"总和"聚合函数的计算控件时，将计算当前组的总和。一个报表上可具有多个组页眉节，具体取决于已添加的分组级别数。有关创建组页眉和页脚的详细信息，请参阅添加分组、排序或汇总部分。
- 主体：对于记录源中的每一行，都会显示一次此节内容。此位置用于放置组成报表主体的控件。
- 组页脚：此节位于每个记录组的末尾。使用组页脚可显示组的汇总信息。一个报表上可具有多个组页脚，具体取决于已添加的分组级别数。
- 页面页脚：此节位于每页结尾。使用页面页脚可显示页码或每页信息。
- 报表页脚：此节只在报表结尾显示一次。使用报表页脚可显示整个报表的报表总和或其他汇总信息。

6.5.2　报表设计区

在报表的设计与显示中经常要用到报表的视图方式，报表的视图方式主要有设计视图、打印预览与版面预览。有以下几种选择视图方式的操作。

① 当查看一个已经生成的报表的视图方式，可在"报表"对象下，使用鼠标指向某个报表名，单击鼠标右键，可从快捷菜单中选择视图方式。

② 在"报表"对象下，使用数据库的工具栏。

③ 使用常用工具栏。

④ 当编辑一个报表时，欲改变"视图"方式，可使用 Access"视图"菜单的下拉菜单，从中选择。

⑤ 报表的设计视图：在该视图方式下，可完成报表的设计与编辑。

⑥ 报表的打印预览：在正式打印报表前，总要先预览报表，在报表设计过程中，还要反复通过"打印预览"视图方式，在"打印预览"中，可以看到报表的打印外观。

⑦ 报表的版面预览：在"版面预览"中，可以预览报表的版式。在该视图中，报表只显示几个记录作为示例。

6.5.3　报表的分类

在 Access 2010 中，报表有 3 种类型，使用熟练之后可以非常快速地通过报表查看数据。在 Access 2010 中，创建的报表可以分为以下 3 种基本类型。

1．表格式报表

表格式报表又称为分组/汇总报表，它十分类似于用行和列显示数据的报表。表格式报表与窗体和数据工作表不同，它通常用一个或多个已知的值将报表的数据进行分组，在每组中可能有计算和显示数字统计的信息。有些分组/汇总表也具有页汇总和阶段的功能。

2．纵栏式报表

纵栏式报表又称为窗体式报表，它通常用垂直的方式在每页上显示一个或多个记录。纵栏式报表像数据输入窗体一样可以显示许多数据，但报表是严格地用于查看数据的，不能用来进行数据的输入。

3．标签报表

在 Access 2010 中，没有创建标签报表的单独组件，但是可以在报表中来创建一个标签报表。在报表向导中有一种向导是专门为标签报表而设计的，此向导让用户从一组标签式选取一种样式，然后，Access 2010 将根据所指定的数据，完成创建标签报表的任务。

6.5.4　新建报表

1．创建报表的一般步骤

创建报表的步骤如下。

① 选择记录源：报表的记录源可以是表、命名查询或嵌入式查询。记录源必须包含要在报表上显示的数据的所有行和列。

② 选择报表工具：报表工具位于功能区的"创建"选项卡上的"报表"组中。

③ 创建报表：单击与要使用的工具所对应的按钮。如果出现向导，则按照向导中的步骤操作，然后单击最后一页上的"完成"按钮。

2．新建报表

创建报表有使用"报表向导"创建报表、使用"报表"创建报表和使用"标签向导"创建报表 3 种方法，本例以使用"报表向导"创建报表进行介绍。

① 切换到"创建"选项下，单击"报表"选项组中的"报表向导"按钮，打开"报表向导"对话框，在"可用字段"栏下选择一个字段，并将其添加到"选定字段"栏下，如图 6.47 所示。

② 单击"下一步"按钮，确定记录所用的排序方式，如图 6.48 所示。

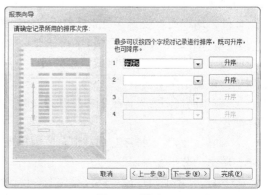

图 6.47　选定字段　　　　　　　　　　　图 6.48　设置

③ 单击"下一步"按钮，确定报表的布局方式，如图 6.49 所示。

④ 单击"下一步"按钮，为报表指定标题，如图 6.50 所示。

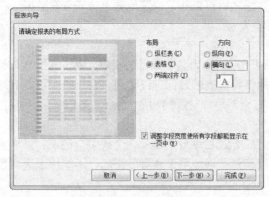 

图 6.49 确定布局　　　　　　　　　　　图 6.50 选定标题

⑤ 单击"完成"按钮，即可预览报表，如图 6.51 所示。

图 6.51 预览报表

6.5.5 编辑报表

新建报表后，用户可以根据需要调整报表格式直到符合要求。

① 调整字段和标签的大小，方法是选择字段和标签，然后拖动边缘直到达到需要的大小。

② 选择一个字段及其标签（如果有），然后拖到新位置来移动字段。

③ 右键单击一个字段，使用快捷菜单上的命令合并或拆分单元格、删除或选择字段以及执行其他格式化任务。

此外，用户还可使用下列部分中所述的功能使报表更加美观易读。

1. 添加分组、排序或汇总

在报表中添加分组、排序或汇总的最快方法是右键单击要对其应用分组、排序或汇总的字段，然后单击快捷菜单上的所需命令。

① 在布局视图或设计视图中打开报表时，可使用"组"、"排序"和"汇总"窗格来添加分组、排序或汇总。

② 如果"组"、"排序"和"汇总"窗格尚未打开，则在"设计"选项卡上的"分组和汇总"组中，单击"分组和排序"。

③ 单击"添加组"或"添加排序"，然后选择要在其上执行分组或排序的字段。

④ 在分组或排序行上单击"更多"以设置更多选项和添加汇总。

2．使用条件格式突出显示值

Access 2010 包括用于在报表上突出显示数据的更强大的工具。用户最多可为每个控件或控件组添加 50 个条件格式规则，在客户端报表中，可添加数据栏以比较各记录中的数据。

若要添加条件格式，请执行下列操作。

① 在导航窗格中右键单击报表，然后单击"布局视图"，以在布局视图中打开报表。

② 选择要对其应用条件格式的所有控件。若要选择多个控件，请按住 Shift 键或 Ctrl 键，然后单击所需控件。

③ 在"格式"选项卡上的"控件格式"组中，单击"条件格式"。Access 将打开"条件格式规则管理器"对话框。

④ 在"条件格式规则管理器"对话框中，单击"新建规则"。

⑤ 在"新建格式规则"对话框中，在"选择规则类型"下选择一个值：

● 若要创建单独针对每个记录进行评估的规则，则选择"检查当前记录值或使用表达式"。

● 行若要创建使用数据栏互相比较记录的规则，请单击"比较其他记录"。

⑥ 在"编辑规则描述"下，指定规则以确定何时应该应用格式以及在符合规则条件时所需要的格式。

⑦ 单击"确定"按钮，以返回到"条件格式规则管理器"对话框。

⑧ 若要为此控件或控件集创建附加规则，请从步骤④重复此过程。否则，单击"确定"按钮以关闭该对话框。

3．添加图像

在 Access 中，一直以来，图像总是绑定到窗体或报表上的单独图像控件。若要更改在多个窗体和报表中使用的常用图像，则必须手动编辑每个图像控件。但是，在 Access 2010 中，现在只需对数据库附加一次图像，然后即可在多个对象中使用该图像。更新单个图像将会在整个数据库中使用该图像的所有位置更新它。对于在整个数据库中使用的公司徽标或背景图像等内容，这一点非常有用。

① 在导航窗格中，用鼠标右键单击要向其添加图像的报表，然后单击"布局视图"。

② 单击用户要为其添加图像的报表。

③ 在"设计"选项卡上的"控件"组中，单击"插入图像"。

④ 然后执行下列操作之一。

● 使用现有图像：如果需要的图像已位于图库中，则单击它即可将它添加到报表中。

● 上载新图像：在图库底部，单击"浏览"按钮。在"插入图片"对话框中，导航到用户要使用的图像，然后单击"打开"。

4．打印报表

打开要预览的报表或直接在导航窗格中选择它。

① 在"文件"选项卡上，单击"打印"。

② 若要将报表直接发送到默认打印机而不设置打印机选项，则单击"快速打印"。

③ 若要打开可在其中选择打印机的对话框以指定副本数等，单击"打印"。

本章习题

1．简要说明数据库设计的步骤。

2．Access 数据表中主键的作用是什么？

3. Access 支持的查询类型有什么？
4. 简述数据库中视图、查询与 SQL 语言的区别。
5. 数据库中的模式跟基本表、视图、索引有什么区别？
6. 模式有什么作用？
7. 窗体有什么作用？
8. Access 中窗体有哪几种视图？各有什么特点？
9. 什么是控件？有哪些种类的控件？
10. 控件有什么作用？
11. 如何设置窗体和报表中所有控件的默认属性？
12. 窗体由哪几部分组成？窗体的各组成部分分别起什么作用？

第7章
计算机多媒体技术基础

7.1　多媒体技术概念

多媒体技术是指以数字化为基础，能够对多种媒体信息进行采集、加工处理、存储和传递，并能使各种媒体信息之间建立起有机的逻辑联系，集成为一个具有良好交互性的系统技术。

7.1.1　多媒体技术的关键特性

多媒体技术除信息载体的多样化以外，还具有以下的关键特性。

（1）集成性。采用了数字信号，可以综合处理文字、声音、图形、动画、图像、视频等多种信息，并将这些不同类型的信息有机地结合在一起。

（2）交互性。信息以超媒体结构进行组织，可以方便地实现人机交互。换言之，人可以按照自己的思维习惯，按照自己的意愿主动地选择和接受信息，拟定观看内容的路径。

（3）智能性。提供了易于操作、十分友好的界面，使计算机更直观，更方便，更亲切，更人性化。

（4）易扩展性。可方便地与各种外部设备挂接，实现数据交换，监视控制等多种功能。此外，采用数字化信息有效地解决了数据在处理传输过程中的失真问题。

7.1.2　多媒体技术的应用

1. 教育与培训

世界各国的教育学家们正努力研究用先进的多媒体技术改进教学与培训。以多媒体计算机为核心的现代教育技术使教学手段丰富多彩，使计算机辅助教学（CAI）如虎添翼。

实践已证明多媒体教学系统有如下效果：（1）学习效果好。（2）说服力强。（3）教学信息的集成使教学内容丰富，信息量大。（4）感官整体交互，学习效率高。（5）各种媒体与计算机结合可以使人类的感官与想象力相互配合，产生前所未有的思维空间与创造资源。

2. 桌面出版（Desktop Publishing）与办公自动化

桌面出版物主要包括印刷品、表格、布告、广告、宣传品、海报、市场图表、蓝图及商品图等。多媒体技术为办公室增加了控制信息的能力和充分表达思想的机会，许多应用程序都是为提高工作人员的工作效率而设计的，从而产生了许多新型的办公自动化系统。由于采用了先进的数字影像和多媒体计算机技术，把文件扫描仪，图文传真机，文件资料微缩系统等和通信网络等现代化办公设备综合管理起来，将构成全新的办公自动化系统，成为新的发展方向。

3. 多媒体电子出版物

国家新闻出版署对电子出版物定义为"电子出版物，是指以数字代码方式将图、文、声、像等信息存储在磁、光、电介质上，通过计算机或类似设备阅读使用，并可复制发行的大众传播媒体。"该定义明确了电子出版物的重要特点。电子出版物的内容可分为电子图书、辞书手册、文档资料、报刊杂志、教育培训、娱乐游戏、宣传广告、信息咨询、简报等，许多作品是多种类型的混合。

电子出版物的特点:集成性和交互性，即使用媒体种类多，表现力性，信息的检索和使用方式更加灵活方便，特别是信息的交互性不仅能向读者提供信息，而且能接受读者的反馈。电子出版物的出版形式有电子网络出版和单行电子书刊两大类。

电子网络出版是以数据库和通信网络为基础的新出版形式，在计算机管理和控制下，向读者提供网络联机服务、传真出版、电子报刊、电子邮件、教学及影视等多种服务。而单行电子书刊载体有软磁盘（FD），只读光盘（CD-ROM），交互式光盘（CD-I），图文光盘（CD-G），照片光盘（Photo-D），集成电路卡（IC）和新闻出版者认定的其他载体。

4．多媒体通信

在通信工程中的多媒体终端和多媒体通信也是多媒体技术的重要应用领域之一。当前计算机网络已在人类社会进步中发挥着重大作用。随着"信息高速公路"开通，电子邮件已被普遍采用。多媒体通信有着极其广泛的内容，对人类生活、学习和工作将产生深刻影响的当属信息点播（Information Demand）和计算机协同工作 CSCW 系统（Computer Supported Cooperative Work）。

信息点播有桌上多媒体通讯系统和交互电视 ITV。通过桌上多媒体信息系统，人们可以远距离点播所需信息，而交互式电视和传统电视不同之处在于用户在电视机前可对电视台节目库中的信息按需选取，即用户主动与电视进行交互式获取信息。

计算机协同工作 CSCW 是指在计算机支持的环境中，一个群体协同工作以完成一项共同的任务，其应用于工业产品的协同设计制造，远程会诊，不同地域位置的同行们进行学术交流，师生间的协同式学习等。

多媒体计算机+电视+网络将形成一个极大的多媒体通信环境，它不仅改变了信息传递的面貌，带来通信技术的大变革，而且计算机的交互性，通信的分布性和多媒体的现实性相结合，将构成继电报、电话、传真之后的第四代通信手段，向社会提供全新的信息服务。

5．多媒体声光艺术品的创作

专业的声光艺术作品包括影片剪接、文本编排、音响、画面等特殊效果的制作等。

专业艺术家也可以通过多媒体系统的帮助增进其作品的品质，MIDI 的数字乐器合成接口可以让设计者利用音乐器材、键盘等合成音响输入，然后进行剪接、编辑、制作出许多特殊效果。

电视工作者可以用媒体系统制作电视节目，美术工作者可以制作卡通和动画的特殊效果。制作的节目存储到 VCD 视频光盘上，不仅便于保存，图像质量好，价格也已为人们所接受。

7.1.3　多媒体技术应用的意义

- 使计算机可以处理人类生活中最直接、最普遍的信息，从而使得计算机应用领域及功能得到了极大的扩展。
- 使计算机系统的人机交互界面和手段更加友好和方便，非专业人员可以方便地使用和操作计算机。
- 多媒体技术使音像技术、计算机技术和通信技术三大信息处理技术紧密地结合起来，为信息处理技术发展奠定了新的基石。

7.1.4　多媒体技术的发展趋势

伴随着社会信息化步伐的加快，特别是近年来兴起的全球范围"信息高速公路"热潮的推动，多媒体的发展和应用前景将更加广阔。

（1）分布式、网络化、协同工作的多媒体系统。在当前形式下，有线电视网、通信网和因特网这三网正在日趋统一，各种多媒体系统尤其是基于网络的多媒体系统，如可视电话系统、点播系统、电子商务、远程教学和医疗等将会得到迅速发展。一个多点分布、网络连接、协同工作的信息资源环境正在日益完善和成熟。

（2）三电（电信、电脑、电器）通过多媒体数字技术将相互渗透融合。多媒体技术的进一步发展将会充分地体现出多领域应用的特点，各种多媒体技术手段将不仅仅是科研工作的工具，而且还可以是生产管理的工具、生活娱乐的方式。如欣赏声像图书馆的各种资料、阅读电子杂志、向综合信息中心咨询、电子购物等。另外，还可以采用多媒体信息形式的远程通信，虽然相距遥远，但其交谈和合作的感受却如同相聚一室。

（3）以用户为中心，充分发展交互多媒体和智能多媒体技术与设备。对于未来的多媒体系统，人类可用日常的感知和表达技能与其进行自然的交互，系统本身不仅能主动感知用户的交互意图，而且还可以根据用户的需求做出相应的反应，系统本身会具有越来越高的智能性。

各种媒体信息之间建立起有机的逻辑联系，集成为一个具有良好交互性的系统技术。

7.2　多媒体分类形式

（1）文本。文本是以文字和各种专用符号表达的信息形式，它是现实生活中使用得最多的一种信息存储和传递方式。用文本表达信息给人充分的想象空间，它主要用于对知识的描述性表示，如阐述概念、定义、原理和问题以及显示标题、菜单等内容。

（2）图像。图像是多媒体软件中最重要的信息表现形式之一，它是决定一个多媒体软件视觉效果的关键因素。

（3）动画。动画是利用人的视觉暂留特性，快速播放一系列连续运动变化的图形图像，也包括画面的缩放、旋转、变换、淡入淡出等特殊效果。通过动画可以把抽象的内容形象化，使许多难以理解的教学内容变迁生动有趣。合理使用动画可以达到事半功倍的效果。

（4）声音。声音是人们用来传递信息、交流感情最方便、最熟悉的方式之一。在多媒体课件中，按其表达形式，可将声音分为讲解、音乐、效果三类。

（5）视频影像。视频影像具有时序性与丰富的信息内涵，常用于交待事物的发展过程。视频非常类似于我们熟知的电影和电视，有声有色，在多媒体中充当起重要的角色。

从另一个角度来看，媒体可按其形式划分为平面、电波、网络3大类，即：

（1）平面媒体：主要包括印刷类、非印刷类、光电类等。

（2）电波媒体：主要包括广播、电视广告（字幕、标版、影视）等。

（3）网络媒体：主要包括网络索引、平面、动画、论坛等。

7.3　多媒体计算机的环境组成

7.3.1　多媒体计算机系统

多媒体计算机系统是对基本计算机系统的软、硬件功能的扩展，作为一个完整的多媒体计算机系统，它应该包括 5 个层次的结构（如图 7.1 所示）。

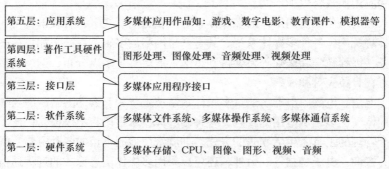

图 7.1　多媒体计算机系统

第一层为多媒体计算机硬件系统。其主要任务是能够实时地综合处理文、图、声、像信息，实现全动态视像和立体声的处理，同时还需对多媒体信息进行实时的压缩与解压缩。

第二层是多媒体的软件系统。它主要包括多媒体操作系统、多媒体通信软件等部分。操作系统具有实时任务调度、多媒体数据转换和同步控制、多媒体设备的驱动和控制以及图形用户界面管理等功能。为支持计算机对文字、音频、视频等多媒体信息的处理，解决多媒体信息的时间同步问题，提供了多任务的环境。目前在微机上，操作系统主要是 Windows 视窗系统和用于苹果机（Apple）的 MAC OS。多媒体通信软件主要支持网络环境下的多媒体信息的传输、交互与控制。

第三层为多媒体应用程序接口（API）。这一层是为上一层提供软件接口，以便程序员在高层通过软件调用系统功能，并能在应用程序中控制多媒体硬件设备。为了能够让程序员方便地开发多媒体应用系统，Microsoft 公司推出了 DirectX 设计程序，提供了让程序员直接使用操作系统的多媒体程序库的界面，使 Windows 变为一个集声音、视频、图形和游戏于一体的增强平台。

第四层为多媒体著作工具及软件。它是在多媒体操作系统的支持下，利用图形和图像编辑软件、视频处理软件、音频处理软件等来编辑与制作多媒体节目素材，并在多媒体著作工具软件中集成。多媒体著作工具的设计目标是缩短多媒体应用软件的制作开发周期，降低对制作人员技术方面的要求。

第五层是多媒体应用系统。这一层直接面向用户，是为满足用户的各种需求服务的。应用系统要求有较强的多媒体交互功能，良好的人机界面。

7.3.2　多媒体计算机硬件体系

由计算机传统硬件设备、音频输入/输出和处理设备、视频输入输出和处理设备、多媒体传输通信设备等选择性组合，就可以构成一个多媒体硬件系统，其中最重要的是根据多媒体技术标准而研制生产的多媒体信息处理芯片、板卡和外围设备等（见图 7.2），主要分为下述几类。

（1）芯片类：音频/视频芯片组、视频压缩/还原芯片组、数模转化芯片、网络接口芯片。数字信号处理芯片（DSP）、图形图像控制芯片等。

（2）板卡类：音频处理卡、文—语转换卡、视频采集/播放卡、图形显示卡、图形加速卡。光盘接口卡、VGA/TV 转换卡、小型计算机系统接口（SCSI）、光纤连接接口（FDDI）等。

（3）外设类：扫描仪、数码相机、激光打印机、液晶显示器、光盘驱动器、触摸屏、鼠标/传感器、话筒/喇叭、传真机等、头盔显示器、显示终端机、光盘盘片制作机、传感器、可视电话机。

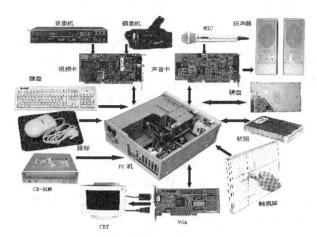

图 7.2　多媒体计算机硬件体系

7.3.3　多媒体计算机性能的发展

随着计算机性能的不断提高，对多媒体计算机性能的要求及标准发生了很大的变化，这种变化可以形容，那就是"更快、更高、更强"。特别是媒体处理器的出现和网络技术的迅速发展，使多媒体计算机不仅是娱乐中心，也有成为信息处理和通信中心的趋势。计算机芯片技术、网络通信技术、存储压缩技术的发展，大大推动了多媒体技术的发展，同时也加速了自身的发展。

当前飞速发展的高性能视频、三维图形、动画、音频、通信以及虚拟现实技术等对计算机提出了更高的要求。而由专用处理器构成的各种适配卡，如音频卡、视频卡、3D 图形加速卡等产品层出不穷，大大降低了 CPU 的负担。目前多媒体计算机在系统结构上发生了一些变化。在有些新的多媒体系统中，将包括声音、视频、SCSI 等常用的外围接口都将集成到母板上，成为集多媒体功能于一体的"一体机"，而只留少量的插槽供扩展用。

从整个硬件技术的发展过程来看，第一步总是先有板级产品，通过系统总线与主机交换数据；第二步是设计专用芯片，移植到主板上；第三步是将 CPU 芯片外的功能集成到 CPU 芯片内，这个发展过程被描述为系统级（On System）、主板级（On Board）和芯片级（On Chip）的集成，这三种级别的系统集成度越来越高，速度也越来越快。因此，将多媒体功能集成到芯片中、设计到主板上是新一代多计算机系统的发展趋势。

将来的计算机及其多媒体技术将向着 3C 方向发展。其具体的产品是计算机、通信和消费产品三者的结合，因这三者英文的开头字母都是"C"，所以又称为 3C 产品。

7.3.4　多媒体计算机显示设备介绍

LCD 显示器以液晶作为显示元件，可视面积大，外壳薄，外观（见图 7.4）。目前的液晶显示器一般采用 TN 技术，与 CRT（见图 7.3）显示器相比，亮度稍弱，色彩稍差，视角窄。

图 7.3　CRT 显示器

图 7.4　LCD 显示器

近年来，日本、韩国及中国台湾地区采用 TFT（非晶硅薄膜晶体管）作为 LCD 显示元件，使显示亮度、色彩和视角有了长足的进步，最大显示面积达到 730mm×920mm。

此外，日本还发展低温多晶硅技术，使显示器的色彩艳丽、辐射低，并且降低了产品价格，接近了一般使用者能够接受的程度。按照屏幕尺寸划分，显示器有 15 英寸、17 英寸、19 英寸和 21 英寸几种规格。但是，显示器的屏幕尺寸与可视面积不一定相等，相同屏幕尺寸的显示器，由于采用不同品牌、不同工艺的显像管，其可视面积也有一定的差别。

此外，常见的多媒体显示还有 LED 显示和 4K 显示技术。

LED 显示屏（LED panel）：LED 就是 light emitting diode（见图 7.5），发光二极管的英文缩写，简称 LED。它是一种通过控制半导体发光二极管的显示方式，其大概的样子就是由很多个通常是红色的发光二极管组成，靠灯的亮灭来显示字符。用来显示文字、图形、图像、动画、行情、视频、录像信号等各种信息的显示屏幕。

与其他大屏幕终端显示器相比，LED 显示屏主要有以下特点：（1）亮度高：户外 LED 显示屏的亮度大于 $8000mcd/m^2$，是目前唯一能够在户外全天候使用的大型显示终端；户内 LED 显示屏的亮度大于 $2000md/m^2$。（2）寿命长：LED 寿命长达 100，000 小时（十年）以上，该参数一般都指设计寿命，亮度暗了也算。（3）视角大：室内视角可大于 160 度，户外视角可大于 120 度。视角的大小取决于 LED 发光二极管的形状。（4）屏幕面积可大可小，小至不到一平米，大则可达几百、上千平米。（5）易与计算机接口，支持软件丰富。

4K 电视：采用 4K 分辨率的电视机（见图 7.6）。4K 分辨率是指像素为 4096×2160 的分辨率，它是 2K 投影机和高清电视分辨率密度的 4 倍，属于超高清分辨率。4K 电视目前已经出现在中国市场。虽然目前定位高端价格昂贵，但随着众多国内电视厂商加入，4K 电视进入百姓生活的步伐也在加快。

图 7.5　LED 显示屏

图 7.6　4K 电视

4K 技术，是一种分辨率更高的超高清显示规格，4K 的名称得自其横向分辨率约为 4000 像素（pixel）。按照国际电信联盟（ITU）定义的标准，4K 的分辨率为 3840×2160，长宽比为 16:9。按照这个标准，该规格下显示设备的逐行扫描线可达到 2160，即我们常说的 2160P。标准的 4K 分辨率下，像素密度能够达到高清分辨率 1920*1080 的 4 倍。

4K 数字电影：分辨率为 4096×2160 的数字电影，即横向有 4 千个像素点，是目前分辨率最高的数字电影。目前国内大多数的数字电影是 2K 的，分辨率为 2048×1080，还有部分数字电影是 1.3K（1280×1024）的，而所谓有农村电影放映的是 0.8K（1024×768）的。真正意义上的 4K 电影由 4K 摄像机拍摄，用 4K 放映机放映。还有的 4K 电影是由 35mm 胶片拍摄的，再转成 4K 的数字格式。由于胶片电影的分辨率与 4K 大致相当或者会略好，故转录之后也能保证电影的清晰度。

7.4　多媒体音频设备及接口

7.4.1　音频卡

音频卡又被称为"声卡"、"声音适配器"，主要用于处理声音，是多媒体计算机的基本配置。现在，很多机器在主板上集成了音效片，取代了声卡的功能，有效地提高了整机的性价比，如图7.7所示。

1. 音频卡的功能

音频卡的关键技术包括数字音频、音乐合成和 MIDI。其主要功能有 4 种。

（1）数字音频的播放

音频卡的主要技术指标之一是数字化量化位和立体声声道的多少。音频卡是 8 位、16 位，单声道、立体声声道。可以播放 CD-DA 唱盘及回放 WAVE 文件。

（2）录制生成 WAVE 文件

音频卡配有话筒输入、线性输入接口。数字音频的音源可以是话筒、录音机和 CD 唱盘等，可选择数字音频参数，如不同的采样率、量化位和压缩编码算法等。在音频处理软件的控制下，通过音频卡对音源信号进行采样。量化、编码生成 WAVE 格式的数字音频文件，通过软件还可对 WAVE 文件进行进一步编辑。

（3）MIDI 和音乐合成

通过 MIDI 接口可获得 MIDI 消息。多采用 FM 频率合成的方法实现 MIDI 乐声的合成以及文本--语音转换（Text To Speech）合成。

（4）多路音源的混合和处理

借助混音器可以混合和处理不同音源发出的声音信号，混合数字音频和来自 MIDI 设备、CD 音频、线性输入、话筒及扬声器等的各种声音。录音时可选择输入来源或各种音源的混合，控制音源的音量、音调。

2. 音频卡的安装和使用

（1）硬件安装与使用

音频卡通过卡上的许多插口和接口与其他设备相连，如图 7.8 所示。

图 7.7　音频卡即声卡

图 7.8　音频卡上的插口和接口

1）位于卡内的主要插口和接口有：

① CD-ROM 数据接口：可与 CD-ROM 驱动器的数据接口相连。

② CD 音频数据接口：与 CD-ROM 音频线相连，音频卡接上扬声器后就可播放 CD-R0M 光

盘上的声音数据。

2）位于音频卡后面板上的插口和接口有：

① 线路输入（Line In）：可与盒式录音机、唱机等相连进行录音。

② 话筒输入（Mic In）：可与话筒相连，进行语音录入。

③ 线路输出（Line Out）：可跳过音频卡的内置放大器，而连接一个有源扬声器或外接放大器进行音频的输出。

④ 扬声器输出（Speaker Out）：从音频卡内置功率放大器连接扬声器进行输出，该插口的输出功率一般为2—4W。

⑤ 游戏棒/MIDI接口（Joystick/MIDI）：可连接游戏棒或MIDI设备如MIDI键盘。

（2）软件安装

安装音频卡需要安装驱动程序，通常Windows操作系统能够自动识别音频卡，并且预装一部分驱动程序，若系统无法正确实装，可上网寻找厂商提供的驱动程序下载并安装即可。

3 声卡芯片的技术分类

音频CODEC一般分为8位单声道、8位立体声、通常的16位立体声及多通道16位立体声，将来还会有多通道24位立体声（DVD音频标准）。位数越高、采样频率越高，精度就越好。同样是16位CODEC，则由信噪比、动态范围及比较专业的时基抖动等数据来区分其档次。音效芯片能够处理的数据位数自然也得与之相配合。

音效芯片的技术指标如下。

1）声道数：即单声道、双声道和多声道等。

2）采用的总线形式：包括ISA、PCI总线等。

3）MIDI合成方式：包括简单地用几个单音（正弦波）来模拟乐器声音的FM合成方式、软件波表合成方式及由具有复杂频谱的接近真实乐器声音的硬件波表合成方式。

4）立体声（3D）音效：起初是把音频信号加加减减以达到立体声加强和展宽的目的，但效果差，而且会让两个声道的声音串来串去，含糊不清。后来出现SRS和Stabilizer等模拟方式处理的立体声增强电路，可以输出比较宽大、清晰的音场。而真正的第一代3D音效出现时，才利用了多声道（双声道效果差些）系统进行360º的全方向、有距离的音源定位。

现在的第二代3D音效则引入了环境效果，可以有更完整的环绕、包围感觉，甚至会有音源高度的感觉。

7.4.2　3D音效的原理

为什么能用几个扬声器（7.1声道、5.1声道、4.1声道、5声道、4声道，甚至2声道）回放出接近于真实世界的各种声音和音乐效果？简单地说，人的耳朵类似于两个拾音器。单个拾音器无法分辨声音的方向和距离，只能判断声音在各种频率下的大小（幅频特性）和声音在各个频率下的时间先后（相频特性）。在有两个拾音器的简化模型中，人只能通过两耳听到的声音的大小差异和时间差异来分辨出声源的远近和方位，而且仅仅是从左到右的180º内的方位，所以单凭这个模型理论尚无法分辨前后方向的差异。

那么计算机是如何使我们分辨出前后上下的声音呢？是头部相关传递函数算法（head reference transition function, HRTF）。该算法模拟了耳朵对从空间各个方向传来的声音的不同感受。耳廓的"奇异"形状加上外、中、内耳通道的结构和周围头部组织的各种异性结构对不同方向的声音有着不同的机械滤波作用，外来声音的幅频和相频特性的频谱结构在不同的方向上各有不同。

第一代3D音效芯片就是将声音信号进行数字滤波，使在后面的声音具有后面声音特有的频谱结构，使在扬声器外面的声音显得如同它就在外面一样，这样就产生了距离的感觉。因为运算能力的问题，第一代 3D 音效芯片只能做到近似的 HRTF 算法，因此效果一般，还可能因为扬声器质量或环境问题而大打折扣。

第二代 3D 音效芯片，一是使用了更复杂、更精确的 HRTF 算法，方向和距离感自然更强烈；二是添加了初步的环境因素。关于用 HRTF 算法来计算环绕声，使用几个声道最合适这个问题，可以这么考虑：在双声道时人们必须凭从前面听到的不同声音把它想象到后面去。最简单的多声道是 4 声道，这样每个扬声器只负责 90° 左右的方向，HRTF 更容易使它们的声音展宽到应有的范围，全频带的 4 声道系统是比较理想的选择。考虑到带有超低音音箱的卫星式扬声器系统的性价比更高，4.1 声道系统就比较完美了，当然 5.1 声道系统再添上了一个中置声道，处理人物对白，更适合影视迷们对效果的要求。图 7.9 所示、图 7.10 所示分别为 2 声道音箱和 4.1 声道音箱。

图 7.9　2 声道音箱

图 7.10　4.1 声道音箱

单声道是比较原始的声音复制形式，单声道缺乏对声音的位置定位，而立体声技术则彻底改变了这一状况。立体声声音在录制过程中被分配到两个独立的声道，从而达到了很好的声音定位效果。这种技术在音乐欣赏中显得尤为有用，听众可以清晰地分辨出各种乐器来自的方向，从而使音乐更富想象力，更加接近于临场感受。时至今日，立体声依然是许多产品遵循的技术标准。

立体声虽然满足了人们对左、右声道位置感体验的要求，而要达到好的效果，仅仅依靠两个音箱是远远不够的，随着波表合成技术的出现，由双声道立体声向多声道环绕声的发展就显得格外迫切。因为同时期的家用音响设备已经基本转向多声道环绕声的家庭影院系统，而且随着 DVD-ROM 的普及，回放 DVD 影片时的（杜比）Dolby Digital（AC.3）5.1 声道信号的解码也提上了日程。

四声道环绕规定了 4 个发音点：前左、前右，后左、后右，听众则被包围在这中间。同时还建议增加一个低音音箱，以加强对低频信号的回放处理（这也就是如今 4.1 声道音箱系统广泛流行的原因）。就整体效果而言，四声道系统可以为听众带来来自多个不同方向的声音环绕，可以获得身临各种不同环境的听觉感受，给用户以全新的体验。如今四声道技术已经广泛融入各类中高档声卡的设计中，成为未来发展的主流趋势。

5.1 声道已广泛运用于各类传统影院和家庭影院中，一些比较知名的声音录制压缩格式，如 Dolby Digital（AC.3）就是以 5.1 声音系统为技术蓝本的。其实 5.1 声音系统来源于 4.1 环绕，不同之处在于它增加了一个中置单元。这个中置单元负责传送低于 80 Hz 的声音信号，在欣赏影片时有利于加强人声，把对话集中在整个声场的中部，以增强整体效果。

5.1 声道是指中央声道、前置左声道、前置右声道、后置左声道、后置右环绕声道及所谓的 0.1 重低音声道。一套系统共可连接 6 个喇叭，其音箱系统（如图 7.11 所示）。

中央声道喇叭，负责再生配合屏幕上的动作，大多是负责人物对白的部分；前置左、右声道喇叭则是用来弥补在屏幕中央以外或不能从屏幕看到的动作及其他声音；后置环绕音效喇叭是负责外围及整个背景音乐，让人感觉置身于整个场景的正中央。震人心弦的重低音则是由重低音喇叭负责。由于超重低音（Sub woofer）声道只有其他声道频带宽度的 1/10，故称为 0.1 声道。这套系统的优点在于可获得更清晰的前面声音、极好的音场形象和更宽阔的音场以及真实的立体环绕声。

人类感知声源的位置最基本的理论是双工理论，这种理论基于两种因素：两耳间声音的到达时间差和两耳间声音的强度差。时间差是由于距离的原因造成，当声音从正面传来时距离相等，所以没有时间差，但若偏右 3°，则到达右耳的时间就要比左耳约少 30μs，而正是这 30μs，使得人耳辨别出了声源的位置。强度差是由于信号的衰减造成，信号的衰减是因为距离而自然产生的，或是因为人的头部遮挡，使声音衰减，产生了强度的差别，使得靠近声源一侧的耳朵听到的声音强度要大于另一耳。

当前 7.1 声道信号系统得到应用，在 5.1 声道基础上增加了侧边环绕声道喇叭（见图 7.12）。

图 7.11　5.1 声道音箱系统　　　　　　　　　　　图 7.12　7.1 声道音箱系统

7.5　多媒体数字图像设备及接口

7.5.1　摄像头

1．摄像头简介

摄像头作为一种视频输入设备，已经诞生了很久了。在它被普及之前，一般用于视频会议、远程医疗及实时监控。随着摄像头成像技术的不断进步和成熟，加上 Internet 的推动，它的普及率越来越高，价格也降到了普通用户所能承受的水平。其外形如图 7.13 所示。

摄像头基本有两种：一种是数字摄像头，可以独立与计算机配合使用；另一种是模拟摄像头，要配合视频捕捉卡一起使用。和多媒体计算机配合使用的都是前者，下面我们将着重介绍的就是数字摄像头。

2．摄像头的性能指标

（1）镜头

摄像头的核心就是镜头。现在市面上的摄像头有两种感光元器件的镜头，一种是电荷耦合器件（CCD），一般用于摄影摄像方面的高端技术元

图 7.13　数字摄像头

件，应用技术成熟，成像效果较好，但是价格相对较贵。另外一种是比较新型的感光器件互补金属氧化物半导体（complementarymetal oxide semiconductor，CMOS），它相对 CCD 来说价格低，功耗小。

较早期的 CMOS 对光源的要求比较高，现在采用 CMOS 为感光元器件的产品中，通过采用影像光源自动增益补强技术，自动亮度、白平衡控制技术，色饱和度、对比度，边缘增强及伽马矫正等先进的影像控制技术，可以接近 CCD 摄像头的效果。现在的高端摄像头产品基本采用 CCD 感光元器件，主流产品则基本是 CCD 和 CMOS 平分秋色，总的来说还是 CCD 的效果好一点。

（2）像素

像素数是数码摄像头的另外一个重要指标。最早期的产品以 10 万像素者居多，现在的摄像头普遍都在 30 万像素以上，高端产品有 130 万像素；或更高达 210 万像素。但是也不一定是像素越高越好，因为像素越高就意味着同一幅图像所包含的数据量越大，对于有限的带宽来说，高像素就会造成低速度。

（3）接口

数码摄像头的诞生之初就应用了先进的 USB 接口，使得摄像头的硬件检测、安装变得比较方便，而且 USB 接口的最高传输率可达 12Mb/s，这使高分辨率、真彩色的大容量图像实施传送成为可能。

（4）视频捕获能力

数字摄像头的视频捕获能力是用户最为关心的功能之一，现在厂家一般标示的最大动态视频捕捉像素为 640×480，其实由于现在摄像头的接口大都采用 USB 1.1 标准，所以高分辨率下的数据传输仍然是个瓶颈，都会产生跳帧。最大 30f/s 的视频捕捉能力一般都是在 352×288 时才能达到流畅的水平。需要新的 USB 2.0 标准才能够突破这一瓶颈。由于数码摄像头相对于数码相机来说总的像素较低，因此静态视频捕捉能力并不是十分重要，用户可作为一个参考指标来进行选择，一般静止图片捕捉像素为从 640×480 到最高的 1600×1200 之间。

（5）调焦功能

一般好的摄像头都有较宽广的调焦范围，另外还应该具备物理调焦功能，能够手动调节摄像头的焦距，包括附带软件，摄像头外型；镜头的灵敏性，是否内置麦克风等。

7.5.2　数码相机

数码相机（如图 7.14 所示），是一种能够进行拍摄，并通过内部处理把拍摄到的景物转换成以数字格式存放的图像的特殊照相机，与普通相机不同，数码相机并不使用胶片，而是使用固定的或者是可拆卸的半导体存储器来保存获取的图像、数码相机可以直接连接到计算机、电视机或者打印机上。在一定条件下，数码相机还可以直接接到移动式电话机或者手持 PC 上。

由于图像是内部处理的，所以使用者可以马上检查图像是否正确，而且可以立刻打印出来或是通过电子邮件传送出去。

数码相机是由镜头、CCD、A/D（模/数转换器）、MPU（微处理器）、内置存储器、LCD（液晶显示器）、PC 卡（可移动存储器）和接口（计算机接口、电视机接口）等部分组成，通常它们都安装在数码相机的内部，当然也有一些数码相机的液晶显示器与相机机身分离。

数码相机的工作原理：当按下快门时，镜头将光

图 7.14　高级数码相机

线汇聚到感光器件 CCD 上。CCD 是半导体器件，它代替了普通相机中胶卷的位置，它的功能是把光信号转变为电信号。这样，我们就得到了对应于拍摄景物的电子图像，但是它还不能马上被送至计算机处理，还需要按照计算机的要求进行从模拟信号到数字信号的转换，A/D（模数转换器）器件用来执行这项工作。接下来 MPU（微处理器）对数字信号进行压缩并转化为特定的图像格式，例如 JPEG 格式。最后，图像文件被存储在内置存储器中。至此，数码相机的主要工作已经完成，剩下要做的是通过 LCD 查看拍摄到的照片。有些数码相机为扩大存储容量而使用可移动存储器，如 PC 卡或者 SD 卡。此外，还提供了连接到计算机和电视机的接口。

7.5.3 扫描仪

扫描仪是一种图形输入设备，由光源、光学镜头、光敏元件、机械移动部件和电子逻辑部件组成。该设备主要用于输入黑白或彩色图片资料、图形方式的文字资料等平面素材。配合适当的应用软件后，扫描仪还可以进行中英文文字的智能识别。

1．扫描仪的结构原理

扫描仪由电荷耦合器件（charge coupled device，CCD）阵列、光源及聚焦透镜组成。CCD 排成一行或一个阵列，阵列中的每个部件能把光信号变为电信号。光敏器件所产生的电量与所接收的光量成正比。

以平面式扫描仪为例，把原件面朝下放在扫描仪的玻璃台上，扫描仪由发出光照射原件，反射光线经一组平面镜和透镜导向后。照射到 CCD 的光敏器件上。来自 CCD 的电量送到模数 转换器中。将电压转换成代表每个像素色调或颜色的数字值。步进电机驱动扫描头沿平台做微增量运动，每移动一步，即获得一行像素值。

扫描彩色图像时，分别用红、绿、蓝滤色镜捕捉各自的灰度图像，然后把它们组合成为 RGB 图像。有些扫描仪为了获得彩色图像，扫描头要分三遍扫描。也有一些扫描仪通过旋转光源前的各种滤色镜，使得扫描头只需扫描一次即可。

2．扫描仪的连接方式

扫描仪与多媒体个人计算机之间通过数据线直接相连，不同的扫描仪配有不同的扫描仪驱动软件，通过软件驱动程序使计算机能识别扫描仪并与之建立起通信联系。扫描仪一般都配有相应的扫描应用软件，用户通过软件来选择扫描时的工作参数，控制扫描仪的工作。扫描软件还可以对图像作一些预处理，生成的数字图像可按不同的文件格式存储下来。

扫描仪一般具有 3 种接口形式。

（1）EPP 形式：这是一种早期的接口形式，采用此种接口形式的扫描仪直接连接到计算机主机的并行数据接口上，连接方式比较简单，但数据传输速率不高。

（2）SCSI 形式：采用此种接口形式的扫描仪连接到计算机主机的 SCSI 接口卡上。个人计算机如果没有特殊要求，一般不附带 SCSI 接口卡，该卡需要另外购买。SCSI 接口卡又有 PCI 和 ISA 两种插槽形式，根据需要选购其中的一种，并将其插到主机箱内相应的扩展插槽中，再把扫描仪的信号电线插头插到 SCSI 接口卡的插座中。这样，扫描信号就会通过信号就会通过信号电缆传送到主机。SCSI 的接口形式的数据传输速率较高，为专业扫描常用。

（3）USB 形式：目前新型扫描仪几乎都采用 USB（universal serial bus）接口形式。USB 接口具有信号传输速率快、连接简便、支持热插拔、具有良好的兼容性、支持多设备连接等一系列特点。

3．扫描仪的分类

（1）按扫描方式分类。分为手动式扫描仪、平面式扫描仪。滚筒式扫描仪和胶片（幻灯片）扫描仪 4 类通用的扫描仪，后 3 种用于专业出版部门。平面式扫描仪是 3 种专业扫描仪中最便宜的；滚筒式扫描仪性能较好，是最贵的一种。

① 手动式扫描仪：用手动进行扫描，一次扫描宽度仅为 105mm，分辨率通常为 400dpi，但小巧灵活，如图 7.15 所示。

② 平面式扫描仪：如图 7.16 所示，用线性 CCD 阵列作为光转换元件，单行排列，称为 CCD 扫描仪。CCD 扫描仪使用长条状光源投射原稿，原稿可以是反射原稿，也可以是透射原稿。这种扫描方式速度较快，原稿安装也方便，价格较低。

图 7.15　手动式扫描仪　　　　　　　　　　　图 7.16　平面式扫描仪

③ 滚筒式扫描仪：如图 7.17 所示。使用圆柱形滚筒设计，把待扫描的原稿装贴在滚筒上，滚筒在光源和光电倍增管（PMT）的管状光接收器下面快速旋转，扫描头做慢速横向移动，形成对原稿的螺旋式扫描，其优点是完全覆盖所要扫描的文件。PMT 在暗区捕获到的色彩效果很好，灵敏度很高，不易受噪声影响。由于滚筒式与送纸式的光学成像系统是固定的，原稿通过滚轴馈送扫描，因此这种扫描仪进行扫描时，对原稿的厚度、硬度及平整度均有限制。滚筒式扫描仪可配专用计算机，把 RGB 图像转换为 CMYK 值，为印刷做准备。

④ 胶片扫描仪：如图 7.18 所示，主要用来扫描透明的胶片。一些扫描仪只能使用 35mm 格式，而另一些最大可以扫描 4 英寸×5 英寸的胶片。专用胶片扫描仪的工作方式较特别，光源和 CCD 阵列分居于胶片的两侧。这种扫描仪的步进电机驱动的不是光源和 CCD 阵列，而是胶片本身，光源和 CCD 阵列在整个过程中是静止不动的。

图 7.17　滚筒式扫描仪　　　　　　　　　　　图 7.18　胶片扫描仪

（2）按扫描幅面分类。幅面指可扫描原稿的最大尺寸，最常见的为 A4 和 A3 幅面的台式扫描仪。此外，还有 A0 幅面扫描仪。

（3）按扫描分辨率分类。按分辨率分类有 600dpi、1200dbi、4800dpi，甚至更高。

扫描分辨率的单位是 dpi，意思是每英寸能分辨的像素点。例如，某台扫描仪的扫描分辨率是 600dpi，则每英寸可分辨出 600 个像素点。分辨率的数值越大，扫描的清晰度就越高。

（4）按灰度与彩色分类。扫描仪可分为灰度和彩色两种。对于黑白或彩色图像，用灰度扫描仪扫描只能获得黑白的灰度图像。灰度扫描仪的灰度级表示图像的亮度层次范围。级数越多，图像亮度范围越大，层次越丰富。目前多数扫描仪为 256 级灰度。

彩色扫描仪的扫描方式有三次扫描和单次扫描两种。三次扫描方式又分三色和单色灯管两种。前者采用 R、G、B 三色卤素灯管做光源，扫描三次形成彩色图像，这类扫描仪色彩还原准确；后者用单色灯管做光源，扫描三次，棱镜分色形成彩色图像，也有的通过切换 R、G、B 滤色片扫描三次，形成彩色图像。采用单次扫描的彩色扫描仪，扫描时灯管在每线上闪烁红、绿、蓝三次，形成彩色图像。

（5）按反射式或透射式分类。反射式扫描仪用于扫描不透明的原稿，它利用光源照在原稿上的反射光，获取图像信息；透射式扫描仪用于扫描透明胶片，如胶卷、X 光片等。目前市场上已有两用扫描仪。它是在反射式扫描仪的基础上，加装一个透射光源附件，使扫描更加细腻。

4. 扫描仪的技术指标

根据扫描的原理及数字图像的指标，扫描仪的主要性能指标包括 3 项。

（1）扫描分辨率。扫描分辨率分为光学分辨率和逻辑分辨率两种。光学分辨率是扫描仪中光学镜头和 CCD 的固有分辨率。是衡量扫描仪性能优劣的重要指标；逻辑分辨率又叫"插值分辨率"，通过科学算法在两个像素之间插入计算出来的像素，以达到提高分辨率的目的。逻辑分辨率的数值一般大于光学分辨率的数值。

（2）扫描色彩精度。扫描仪在扫描时，把原稿上的每个像素用 R（红）、G（绿）、B（蓝）三基色表示，而每个基色又分若干个灰质级别，这就是所谓的"色彩精度"。色彩精度越高，灰度级别越多，图像越清晰、细节越细腻。

（3）扫描速度。扫描速度是衡量扫描仪性能优劣的一个重要指标。在保证扫描精度的前提下，扫描速度越快越好。扫描速度主要与扫描分辨率、扫描颜色模式和扫描幅面有关，扫描分辨率越低，幅面越小，颜色越少，扫描速度越快。计算机系统配置、扫描仪接口形式、扫描分辨率的设置、扫描参数的设定等也都会影响扫描速度。

7.6 多媒体视频设备及接口

进入 20 世纪 90 年代后，家用摄像机有了迅速的发展，用户在不断追求体积更小的家用摄像机的同时，也在不断追求着更佳的成像质量。以计算机技术为代表的数码技术的来临，也给家用摄像机带来了一场深刻的变革。

1998 年，日本的两大摄像机制造商松下和索尼联合全球 50 多家相关企业开发出新的 DV（digital video）数码视频摄像机（如图 7.19 所示）。

图 7.19　数码视频摄像机

新的摄像机记录视频采用数码信号的方式，其核心部分就是将视频信号经过数码化处理成 0 和 1 信号并以数码记录的方式，通过磁鼓螺旋扫描记录在 7.35mm 宽的金属视频录像带上，视频信号的转换和记录都是以数码的形式存储，从而提高了录制图像的清晰度，使图像质量轻易达到 500 线以上。在现有的电视系统中，其播放质量达到专业级摄像机拍摄的图像质量，音质达到 CD 级质量，并且还统一了视频格式。

DV 摄像机与电脑的连接也比较方便。它与普通摄像机最大的区别有以下几项。

（1）图像分辨率高。DV 摄像机一般为 500 线以上，而 VHS 摄像机为 200 线，S-VHS 摄像机为 280～300 线，8mm 摄像机为 380 线左右。

（2）色彩及亮度频宽比普通摄像机高 6 倍，而色、亮度带宽是影像精确度的首要决定因素，因而色彩极为纯正，达到专业级标准。

（3）可无限次翻录，影像无损失。

（4）IEEE 1394 数码输出端子（索尼公司将其命名为 i.LINK）可方便地将视频图像传输到电脑。可直接传输数码化后的影像数据，因此没有图像和音频的失真；只需一根电缆，便可将视频、音频、控制等信号进行数据传输；具有热插拔功能，可在多种设备之间进行数据传输。

许多 DV 摄像机也有像数码相机那样静态图像拍摄的功能，为此都具有一个内置存储器插槽，通过随机配有的记忆棒（Memory stick）或记忆卡（Multimedia Card，MMC）来抓拍静态图像，实现数码摄像机和数码相机的双重功能。

7.7　多媒体光盘存储系统

光盘存储系统由光盘和光盘驱动器组成。作为一种新兴的信息存储手段，光盘存储技术在计算机外部存储设备应用上得到了飞速的发展。它已向磁盘存储技术提出挑战，在许多新的应用领域展示了强大的生命力。目前，磁盘存储在存取时间和数据传输率上占有优势，光盘如果在这两方面赶上磁盘存储技术，将会有更大的作为。在光盘存储技术上，材料和器件是光存储发展的主流。提高光存储密度和数据传输率是发展光存储的主攻方向。

7.7.1　光盘及其特点

CD（Compact Disc）意为高密盘，称之为光盘（如图 7.20 所示）。因为它是通过光学方式来记录和读取二进制信息的。20 世纪 70 年代初，人们发现激光经聚焦后可获得直径小于 1μm（1μm =10^{-6}m）的光束。利用这一特性，Philips 公司开始了激光记录和重放信息的研究。到 20 世纪 80 年代初，开发成功数字光盘音响系统，从此光盘工业迅速地发展起来。

光盘是一种数字式记录存储器，随着多媒体技术的发展，以前只能在模拟存储设备上记录的视频及音频信号，可以经过数据化，以数字形式存储在计算机的存储器中。

光盘具有一切存储介质的优点，如大容量、耐用易保存标准化等，由于它非常适合于大量生产，作为计算机软件、多媒体出版物、计算机游戏等发行量大的电子出版物是非常合适的。

图 7.20　光盘外形

光盘在存储多媒体信息方面具有以下主要的特点。

1. 记录密度高

由于使用相干性好的激光作为能源，可把它聚焦成直径约 1μm 的光点进行记录，存储一位信息所需的介质面积仅约 1μm^2，因而存储密度可高达 10^7 bit/cm^2～10^8 bit/cm^2，为目前磁盘的数十倍至上百倍。

2. 存储容量大

一张标准的 CD-ROM 光盘容量可达 650 MB，假设存放 16 开本的文本信息资料（如图 7.21 所示），约可存放 15 万页。在直径 30 mm 的光盘上，单面可存储 10^{10} bit～10^{11} bit 的数字信息。记录视频信号时，单面可记录 30 min～1h 的具有两个独立声道的高质量彩色电视节目。正因为 CD-ROM 容量巨大，除大量用于电子出版物外，也将其作为软件发行的载体，如 Microsoft 的 Windows 操作系统都以光盘形式提供给用户。

图 7.21　一张 CD-ROM 光盘

3. 采用非接触方式读/写信息

这是光盘存储技术所具有的独特性能。在读取光盘信息时，光盘面与光学读/写头互相不接触。这样的读/写方式当然就不会使盘面磨损、划伤，也不会损害光头。此外，光盘的记录层上附有透明的保护层，记录层上不会产生伤痕和灰尘。光盘外表面上的灰尘颗粒与划伤，对记录信息的影响很小。

4. 信息保存时间长

对于只读型光盘，不必担心文件会被误删除，更不必忧虑受到病毒的侵扰。如果使用得当，一张光盘上的信息可保存长达几十年甚至更长。

5. 不同平台可以互换

CD-ROM 盘片上的信息按照 ISO 9660 标准格式记录，即使在不同的硬件或软件平台上，CD-ROM 中的信息也可以被正确读出。

6. 多种媒体融合

光盘可以同时存储文字、图形、图像、声音等信息媒交换信息体。以光盘为介质的各种电子出版物目前已十分普及，它内容丰富、图文并茂，引人入胜，大大地增加了读者的阅读兴趣，而且还易于将信息按相关性进行组织，以方便用户使用。

7. 价格低廉

与磁带和磁盘相比，光盘是目前计算机数据最便宜的存储介质。

7.7.2　光盘的类型

按照数据存放格式和类型，光盘可分为许多不同的类型，并以不同的名称以示区别。因而光盘通常是指下列光盘的总称：CD-DA、CD-ROM、CD-R、CD-R/W、Photo-CD、VCD、DVD 等，当人们谈到光盘而又没有给出进一步的信息时，可以理解为泛指上述所有的光盘，也可以理解成特指某个类型的光盘。

按光盘的读/写性能来讲，可分为 3 种类型。

1. 只读型光盘存储器

只读光盘中的数据是用压模方法压制而成的，用户只能读取上面的数据，而不能写入或修改光盘中的数据。它适用于大量的、通常不需要改变的数据信息存储，如各类电子出版物、大型软件的载体。

最常见的只读光盘为 CD-ROM 光盘，当然，CD-DA、VCD、DVD 等也都属于只读式光盘。

2. 多次可写光盘存储器

这种光盘允许用户一次或多次写入数据，并可随时往盘上追加数据，直到光盘写满为止。信息写入后则变成只读状态，不可再做修改。主要用于重要数据的长期保存。目前得到了广泛应用的 CD-R 就属于这类光盘。

CD-R 是英文 CD Record able 的简写。CD-R 信息的写入系统主要由写入器和写入控制软件构成。写入器也称为光刻机，是写入系统的硬件部分。目前的 CD-R 都支持多次写入，而且可以在 CD-ROM 驱动器上读出所有逐步累加刻入的任何数据。

CD-R 的最大特点是与 CD-ROM 完全兼容，CD-R 盘上的信息可在广泛使用的 CD-ROM 驱动器上读取。CD-R 光盘适于存储数据、文字、图形、图像、声音和电影等多种媒体，并且具有存储可靠性高、寿命长和检索方便等突出优点，得到极为广泛的应用。特别是为那些需要永久性存储信息而不准擦除或更改的用户提供了一种最佳方案。

3. 可擦写光盘存储器

这种光盘具有磁盘一样的可擦写性，可多次写入或修改光盘上的数据，更适合作为计算机的新型标准外存设备，目前有磁光（Magneto-Optical）和相变（Phase-Change）两种类型。磁光盘是利用磁的记忆诗性，借助激光来写入和读出数据；相变型光盘（PCD）采用晶体—非晶体作为制成材料，它在激光束的热力作用下，导致由非晶体状态转变为晶体状态，同时，也可以由晶体状态转变为非晶体状态。这种结晶态的互换，就形成信息的写入和擦除。

CD-RW 是可擦写光盘最具有发展前途的代表，允许用户存储、移动、修改光盘上的数据。可擦写光盘的推出具有划时代的意义，它将改变人们使用光盘的方式。

7.8　多媒体计算机的软件环境组成

多媒体系统涉及种类繁多的各类硬件，要处理形形色色差异巨大的各种多媒体数据，如何将这些硬件有机地组织到一起，使用户方便地使用多媒体数据，便是多媒体软件的任务。

一般来说，与多媒体有关的各种软件都可以划分到多媒体系统的名下。但多媒体软件常指那些公用的软件工具和系统。

多媒体软件可以划分为不同的层次或类别。当然，划分标准并不是绝对的。一般来说可将其按功能划分为 3 类：驱动程序、支持多媒体的操作系统或操作环境、多媒体数据编辑创作软件和多媒体系统开发工具软件。

7.8.1　多媒体 I/O 设备的驱动程序

如果想让操作系统认识多媒体 I/O 设备并使用它，就需要通过驱动程序了。所以当我们装上一个设备时，都必须安装相应的驱动程序，才能安全、稳定地使用上述设备的所有功能。

驱动程序的安装方法有下面几种。

（1）可执行驱动程序安装法

可执行的驱动程序一般有两种：一种是单独一个驱动程序文件，只需要双击它就会自动安装相应的硬件驱动；另一种则是一个现成目录（或者是压缩文件解开为一个目录）中有很多文件，其中有一个 setup.exe 或者 install.exe 可执行程序，双击这类可执行文件，程序也会自动将驱动装入计算机中。

（2）手动安装驱动法

由于可执行文件往往有相当复杂的执行指令，体积较大，有些硬件的驱动程序并非有一个可执行文件，而采用了 inf 格式手动安装驱动的方式。

（3）其他设备驱动安装方式

除了以上两种驱动安装方式外，还有一些设备，如调制解调器（modem）和打印机需采用特殊的驱动安装方式。

7.8.2　多媒体操作系统或操作环境

支持多媒体的操作系统或操作环境是整个多媒体系统的核心，它负责多媒体环境下多媒体任务的调度，保证音频、视频同步控制以及信息处理的实时性；它提供多媒体信息的各种基本操作和管理；它具有对设备的相对独立性和可扩展性。目前还没有专门为多媒体应用设计、符合多媒体标准的多媒体操作系统。现在用得最多的是计算机平台上的对 Windows 操作环境进行的多媒体扩充。

1. Windows 环境

Windows 环境为利用多媒体计算机开发多媒体应用程序的软件人员提供了各种低级和高级的服务功能。

（1）用于控制各种多媒体设备的媒体控制接口（media control interface，MCI）。

- 基于字符串和基于消息的可扩充接口，用于与 MCI 设备驱动程序进行通信。
- MCI 设备驱动程序，用于演奏和记录波形音频，演奏 MIDI 文件，播放 FLI、FLC 动画文件，播放 DVI 的 AVK 文件，播放 AVI 文件，以及从 CD-ROM 驱动器上演奏光盘音频。

（2）对于与多媒体相关的服务的底层 API 支持。

- 对于使用波形和 MIDI 音频设备演奏和记录音频数据的底层支持。
- 从操纵杆上接收模拟输入，以及精确定时器的底层支持。

（3）多媒体文件 I/O 服务。它支持带缓冲的或不带缓冲的文件 I/O，支持标准的 RIFF（资源交换文件格式）文件。

（4）对 VGA 卡的驱动程序的扩充。

（5）控制面板上的应用启动程序。它使用户可以安装多媒体设备驱动程序。配置 MIDI 映射程序等。

（6）MIDI 映射程序，它支持标准的 MIDI 合成音色服务，允许由不同的用户使用其 MIDI 合成器，共同建立一个 MIDI 文件。

（7）Windows 多媒体扩展主要由三个软件模块组成：

- MMSYSTEM 库，提供多媒体控制接口服务和低级多媒体支持函数。它是应用程序与系统对话的接口。
- 多媒体设备驱动程序，提供 MMSYSTEM 的低级函数与多媒体设备之间的通信，如声音设备、MIDI 设备、操纵杆、定时器等多媒体设备。
- 媒体控制接口驱动程序，提供对多媒体设备、视盘和激光唱盘的高级控制接口，用于协调事件以及与 MCI 设备通信，具有独立于硬件的特性。

2. QuickTime 环境

Apple 公司的 Macintosh 计算机是多媒体技术的先驱之一，它提供的多媒体环境有 PCM 音源芯片、便于使用的图形用户接口（GUI）、丰富的绘图功能及多媒体创作工具。1991 年，Apple 公司在 Mac System 7.0 中扩充了多媒体软件环境 QuickTime。

使声音和图像同步是 QuickTime 的主要特色。这一功能可以实现沿时间轴对声音和图像进行剪贴。QuickTime 对多媒体的信息提供了统一标准的管理环境，方便了多媒体的应用。目前 QuickTime 兼容 Mac OS、Windows 95 和 Windows NT 平台。

QuickTime 分为三个部分：Movie 管理器、图像压缩管理器和部件管理器。它主要具有以下几方面的功能。

（1）对多媒体数据的灵活管理

QuickTime 提供了两种文件格式。第一种文件格式叫 Movie，它是在系统中存入多种声音和图像组成的文件，播放时，可按制定的时间选插某个文件中的一个段落，对声音和图像进行组合，达到实时编辑功能。由于不需要预先编辑，节省了大量时间和空间。第二种格式是对原先引入的 PICT 格式进行扩充，可在剪切和粘贴图像时使用压缩格式，并能使用户可以很容易地浏览信息文件的内容。

QuickTime 不仅可以同步地以相同速度播放信息文件，还可以同步那些具有不同播放速度的文件。

（2）压缩编码技术

QuickTime 提供了三种压缩方案。第一种是基本压缩算法，即国际标准 JPEG，其压缩比大约为 10：1，它在解压后的重现质量案是很好的，但当图橡中有少量的干扰点时，这种算法会引起信息的丢失。另外两种算法都是用于处理实时录像信息的压缩，一种用于处理录像信息，另一种是在无干扰的情况下，由计算机合成制作动画。这两种算法都包含有空间域和时间域上的压缩，算法简单，计算速度很快，压缩比可高达 25：1，但通常只用 5：1～6：1。这三种算法对用户是透明的，由图像压缩管理器自动找出其中一个合适的算法进行压缩，此外，QuickTime 还允许用户增加新算法。

（3）部件管理功能

QuickTime 有一个部件管理器，它处于其他两个管理器的下层，为用户的请求提供最优的服务。例如，当一个用户请求 JPEG 压缩时，部件管理器首先检查系统中是否有执行 JPEG 的硬件，如果有，则首先使用硬件进行 JPEG 压缩，否则，给出 JPEG 软件的位置，由应用程序来调用。另外，部件管理器向上层屏蔽具体的设备驱动及接口，使用户与外部设备打交道时做到与设备无关。

Apple 公司的多媒体软件 QuickTime，用于捕获、编辑、回放各种数字视频与音频。QuickTime 兼容 Mao OS、Windows 系列平台，具有先进的视频和音频功能，支持虚拟现实集成、150 多种视频效果，并配有提供了 200 多种 MIDI 兼容音响和设备的声音装置。QuickTime 能够回放多种不同音频和视频文件格式，通过 Internet 提供了实时数字信息流。工作流与文件回放功能、领先的集成压缩技术，使 QuickTime 为 Internet 用户提供了观看多媒体内容的独特应用。

7.8.3　多媒体系统开发工具软件

1. 媒体处理和创作软件工具

（1）媒体播放工具

播放工具直接在计算机上播出，还可以在消费类电子产品中播出，如：Video for Windows，对视频序列（包括伴音）可进行一系列处理，实现软件播放功能。

（2）媒体处理工具

如多媒体数据库管理系统、Video.CD 制作节目工具、基于多媒体板卡（如 MPEG 卡）的工具软件、多媒体出版系统工具软件、多媒体 CAI 制作工具等，还有各式 MDK（多媒体开发平台）。

（3）媒体创作软件工具

用于建立媒体模型、产生媒体数据。如 Autodesk 公司的 2D Animation 和 Discreet 公司的 3D Studio MAX 等是受欢迎的媒体创作工具；用于 MIDI 文件（数字化音乐接口标准）处理的音序器软件也很多，如 MDK 中的 Wave Edit、Wave Studio 等。

① Creative Wave studio：这是一个 Windows 环境下的全功能波形文件编辑应用软件。支持 MDI（多文档接口）和下拉菜单及鼠标操作。它能对多种音源进行录音，并将它们混合控制。可选择立体声或单声道、8 位或 16 位取样、11 或 22 或 44kHZ 取样频率。

② Creative Sound OLE：该软件使用户在日常工作中也能使用多媒体，用它录下的声音文件能通过 OLE 技术插入到任何 Windows 文件中。录音时可以在多个源中选择，在硬件许可的条件下还可选择声音压缩方法，可选择立体声或单声道、8 位或 16 位取样、11 或 22 或 44kHZ 取样频率。

③ Cakewalk Apprentice for Windows：这是一个 256 轨，对用户友好、易学易用的图形 MIDI 音序器。该程序具有多个控制图标，用户可在不同的形式下观看并编辑 MIDI 音序。用鼠标可以控制速度变化、调整力度或细调变音。用户还可以在重放音乐作品时改变音色分配或改变速度。它还能控制数字声卡和其他多媒体设备，使其与 MIDI 音序同步。

④ Creative Video Kit：Creative Video Kit 是 Creative Video Blaster 发行的静态图像定格获取软件，其主要功能如下。

- 帧捕获。
- 活动/静态视频缩放。
- 输入声音的软件调节。
- 能以 BMP、GIF、TIFF、PCX、TARGA、JPEG 等格式存储图像。
- Microsoft Video for Windows。

该软件是基于 Windows 的全动态视频播放的获取及编辑，并能把获取的 AVI 格式的全动态视频片断通过 Windows OLE 技术嵌入到任何 Windows 应用程序中。

2. 多媒体编辑创作软件工具

多媒体编辑创作软件的功能是把多媒体素材集成或组织成一个完整的多媒体应用。目前，多媒体编辑创作软件主要有以下几种类型。

- 以图标为基础的多媒体编辑创作软件，如 Authorware。
- 以时间为基础的多媒体编辑创作软件，如 Director。
- 以页为基础的多媒体编辑创作软件，如 ToolBook。
- 以传统程序设计语言为基础的多媒体编辑创作软件，如 Visual Basic、Delphi。

（1）Director

Director 是美国 Macromedia 公司的一项非常好的多媒体开发工具，现在市场上许多多媒体软件是用它开发出来的，比如国内洪恩（Human）公司开发的多媒体产品如《开天辟地》、《随心所欲说英语》等比较好的多媒体产品都是用 Director 开发的。

Macromedia 公司的名字原来叫 Macromind，后来该公司与另外一家开发出著名的 Authorware 软件的公司合并，公司改名为 Macromedia。Director 和 Authorware 成为了该公司的两个最著名的多媒体开发工具。

Director 的最早版本是在 1985 年推出的，当时的名字叫 VideoWorks，而且只有 Macintosh 版本。1987 年推出 VideoWorks II，1989 年，Macromind 将 VdeoWorks II 改名，推出 Director 1.0。

1991 年推出的 Director 2.0，由于在其中加入了 Lingo 程序设计语言，使得开发人员可以通过 Lingo 来制作出可以交谈、交互的多媒体，而不再是过去的只是线性的动画和展示。1994 年，Director 同时推出 Macintosh 和 Windows 两个版本，成为一个真正的跨平台的多媒体开发工具。Director 具有以下主要特点。

①　二维动画的专业级制作标准：Director 中的总谱已经成为国际二维动画专业制作的标准。

②　高度集成的多媒体角色信息库。

③　外部各种资源的引入及建立链接功能：Director 可以引入几乎所有格式的文本、图形、动画、视频和声音文件；在 Director 的引入窗口中提供给开发者一个链接（Link to File）选项，可以使 Director 和外部素材之间建立链接，避免所开发的应用软件的大小不符合要求。

④　动画生成。

⑤　二维动画的调试。

⑥　丰富的人机交互方式：Director 通过总谱中的进度（tempo）通道和 Director 专用的 Lingo 语言来完成人机交互动能的实现；此外，Director 还提供超文本链接功能。

⑦　面向对象的脚本描述语言 Lingo。

⑧　标准的应用程序接口：通过标准的应用程序接口来扩展　Director 已有的功能，扩展 Director 的功能在 Director 中使用 XObject 来实现的，它的实现是完成某一功能的用 C 或 Pascal 写的源程序经过编译后的代码，这一代码在 Director 中可以通过 Lingo 语言来调用。

⑨　专业录放功能：Director 提供了一个现成的 XObject，主要用来完成与外设的通信。

⑩　跨平台体系结构：Director 是既能在 Macintosh 平台上，又能在 Windows 平台上运行的双平台系统，它提供了两种平台几乎完全相同的工作环境，它通过二进制兼容文件格式实现了 Director 与 Macintosh 和 Director 与 Windows 的无缝跨平台兼容性。

⑪　最终产品包装环境。

（2）Authorware

Authorware Professional 是 Macromedia 公司的除了 Director 外的另一个具有代表性的多媒体开发工具软件，该软件采用了面向对象的程序设计思想，不但大大提高了多媒体系统开发的质量与速度，而且使非专业程序人员进行多媒体系统开发成为现实。

Authorware 具有以下特点。

①　面向对象的创作：提供了直观的图符控制界面，利用对各种图符的逻辑结构布局来实现整个应用系统的制作，从而取代了复杂的编程语言。

②　跨平台体系结构：无论是在 Windows 或 Macintosh 平台上，Authorware 提供了几乎完全相同的工作环境，与 Director 一样，成为了可以跨平台移植的多媒体创作工具。

③　灵活的交互方式：提供了最为灵活的人机交互方式，Authorware 提供了 10 余种交互方式供开发者选择以适应不同的需要。

④　高效的多媒体集成环境。

⑤　标准的应用程序接口：通过标准的应用程序接口来扩展已有的功能。

⑥　可以将应用直接转换为 Web 方式发行，适应了 Internet 和 Intranet 技术的发展。

Authorware 提供的功能如下。

● 图文管理。

● 动画管理。

● 声音管理。

● 模拟视频管理。

● 逻辑结构管理。

● 交互方式。

● 函数与变量。

● 模块与数据库功能的使用。

3. 用户应用软件

根据多媒体系统终端用户要求而定制的应用软件，如特定的专业信息管理系统、语音/Fax/数据传输调制管理应用系统、多媒体监控系统、多媒体 CAI 软件、多媒体彩印系统等，不胜枚举。在人们探讨应用数字多媒体技术解决自己面临的应用实际问题时，设计建造出各式各样的应用软件系统，使最终用户运用多媒体系统能够方便、易学、好用，因此，我们把系统用户应用软件视为多媒体系统的必要组成部分。重视多媒体系统应用软件的开发，有利于多媒体技术和系统的普及和推广，更好地发挥其社会效益。

除上述面向终端用户而定制的应用软件外，另一类是面向某一个领域的用户应用软件系统，这是面向大规模用户的系统产品，如多媒体会议系统、点播电视服务（VOD）等、医用、家用、军用、工业应用等已成为多媒体应用的重要组成方面。多领域应用的特点和需求，推动了多媒体系统用户应用软件的研究和发展。

本章习题

一、选择题

1. 显示器的显示分辨率是一组标称值，以（　　　）为基本单位。

    A. 像素　　　　　　B. 分辨率　　　　　　C. 屏幕尺寸　　　　　　D. 点距

2. 下面关于数字视频质量、数据量、压缩比关系的论述，哪个是不恰当的？（　　　）

    A. 数字视频质量越高，数据量越大

    B. 压缩比增大，解压后数字视频质量开始下降

    C. 对同一文件，压缩比越大数据量越小

    D. 数据量与压缩比是一对矛盾

3. 以下文件类型中，（　　　）是音频格式。

    A. WAV　　　　　　B. GIF　　　　　　C. BMP　　　　　　D. JPG

4. 在图像像素的数量不变时，增加图像的宽度和高度，图像分辨率会发生怎样的变化？（　　　）

    A. 图像分辨率降低　　　　　　　　B. 图像分辨率增高

    C. 图像分辨率不变　　　　　　　　D. 不能进行这样的更改

二、填空题

1. 多媒体技术有（　　　）、（　　　）、（　　　）、（　　　）等关键特性。

2. 多媒体技术硬件系统主要包括：（　　　）、（　　　）、（　　　）、（　　　）、（　　　）、（　　　）。

三、简答题

1. 简述多媒体的分类形式。

2. 简述多媒体数据压缩的必要性。

3. 什么是超媒体？超媒体与多媒体有什么区别？

第8章
计算机网络与 Internet 应用基础

8.1 计算机网络概述

计算机网络（Computer Network）是计算机技术与通信技术相结合的产物，是资源共享和信息交换的技术基础。计算机网络技术的发展，给人们的日常生活带来了极大的便利，自 20 世纪 50 年代产生以来，经过半个多世纪的快速发展，它越来越多地被应用到政治、经济、军事、生产、教育、科技及日常生活等各个领域。计算机网络已成为国家信息基础建设的重要组成部分，也是一个国家综合实力的重要标志之一。

8.1.1 计算机网络的产生和定义

计算机网络的产生和发展与计算机技术的发展、计算机应用的普及密不可分，1946 年第一台电子计算机诞生标志人类进入信息时代。计算机应用的发展使得计算机之间对数据交换、资源共享的要求不断增强，计算机网络就应运而生了。在早期的计算机网络研究中，对现代计算机网络影响最大的是 ARPANET。ARPANET 的研究和建设始于 20 世纪 60 年代中期，美国国防部高级研究计划局（简称 DARPA 或 ARPA）考虑到传统的电路交换电话网络太脆弱，一条线路或者开关的损坏就会终止所有使用它们的会话，甚至部分网络，所以希望建立一个能在核战争的条件下幸免于难的控制网络。该网络的目标就是实现计算机间的互连。到 20 世纪 70 年代，国际标准化组织 ISO 成立了计算机与信息处理标准化委员会（TC97）下的开放系统互连分技术委员会（SC16），并于 1981 年制定了"开放系统互连参考模型（OSI/RM）"计算机网络的一系列国际标准。作为国际标准，OSI 规定了可以互连的计算机系统之间的通信协议，为计算机网络的互联的发展奠定了基础。

计算机网络是指利用通信设备和线路将地理位置不同,功能独立的各个计算机系统连接起来，以功能完善的网络软件实现网络中资源共享和信息传递的系统。首先，计算机网络是计算机的一个群体，是由多台计算机组成的。其次，它们之间是互连的，即它们之间能彼此交换信息。其基本思想是：通过网络环境实现计算机相互之间的通信和资源共享（包括硬件资源、软件资源和数据信息资源）。一个计算机网络必须具备以下 3 个要素。

① 至少有两个具有独立操作系统的计算机，且它们之间有相互共享某种资源的需求。

② 两个独立的计算机之间必须有某种通信手段将其连接。

③ 网络中的各个独立的计算机之间要能相互通信，必须制定相互可确认的规范标准或协议。

以上 3 条要素是组成一个网络的必要条件，三者缺一不可。在计算机网络中，能够提供信息和服务能力的计算机是网络的资源，而索取信息和请求服务的计算机则是网络的用户。由于网络资源与网络用户之间的连接方式、服务类型及连接范围的不同，从而形成了不同的网络结构及网络系统。

8.1.2　计算机网络的分类

计算机网络可以从不同的角度对其进行分类，下面介绍两种常用的分类方法。

1. 按照网络覆盖范围分类

计算机网络依据网络覆盖的地理范围，可划分为局域网、城域网和广域网 3 类，如图 8.1 所示。

（1）局域网

局域网（Local Area Network，LAN）是最常见的计算机网络，因其灵活、可靠、成本低而被广泛使用，覆盖范围从几米到数千米。随着计算机网络技术的发展和提高，局域网得到充分的应用和普及，几乎所有的政府机构、学校、工厂等企事业单位都有自己的局域网，甚至学生寝室、家庭也可以根据需求组建小型局域网。

（2）城域网

城域网（Metropolitan Area Network，MAN）是在一个城市范围内所建立的计算机通信网，适应于一个地区、一个城市或一个行业系统使用，分布范围一般在十几千米到上百千米，在地理范围上可以说是 LAN 网的延伸，可以看成一种大型的局域网。城域网提供单一、通用和公共的网络架构，以便高速有效地传输数据、声音、图像和视频等信息，最大程度的满足用户的需求。

（3）广域网

广域网（Wide Area Network，WAN）是指在不同城市、不同国家甚至不同洲际之间进行网络互联，分布范围可从几百千米到几万千米。Internet 就是当今全球最大的广域网，目前已经覆盖了包括我国在内的 180 多个国家和地区，连接了数以万计的局域网和城域网，并且规模还在不断的扩大。

2. 按照拓扑结构分类

拓扑结构就是网络的物理连接形式，是决定网络性能的主要因素。如果不考虑实际网络的地理位置，把网络中的计算机看作一个节点，把通信线路抽象为连线，网络就抽象成了由节点和线段组合的几何图形，称之为网络的拓扑结构。按拓扑结构可以把网络划分为总线型、星型、环型、树型、网状，如图 8.2 所示。

图 8.1　按覆盖范围分类

图 8.2　按拓扑结构分类

（1）总线型

总线型拓扑结构式在一条总线上连接所有节点，网络中所有的节点通过总线进行信息的传输，如图 8.3 所示。这种结构的优点是结构简单灵活，建网容易，使用方便，性能好。其缺点是主干总线对网络起决定性作用，总线故障将影响整个网络。

（2）星型

星型结构是以中央节点为中心，把若干外用节点连接起来的辐射式互联结构，这种网络中所有的节点必须通过中央节点才能实现通信，如图 8.4 所示。这种结构的优点是结构简单、建网容易，便于控制和管理。其缺点是中央节点负担较重，容易形成系统瓶颈，线路利用率不高，且中心节点一旦出现故障，整个网络将瘫痪。

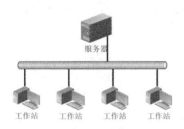

图 8.3　总线型拓扑结构

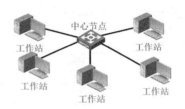

图 8.4　星型拓扑结构

（3）环型

环型结构由网络中若干节点通过点到点的链路首尾相连形成一个闭合的环，这种结构使公共传输电缆组成环型连接，数据在环路中沿着一个方向在各个节点间传输，信息从一个节点传到另一个节点，如图 8.5 所示。这种结构的优点是安装容易，费用较低，网络性能稳定。其缺点是节点故障会引起全网故障，计算机节点的加入和退出过程复杂。

（4）树型

树型结构是由星型拓扑结构演变而来。在这种结构中，有一个带分支的根，每个分支还可以延伸出子分支，如图 8.6 所示。这种结构是易于扩展，可以延伸出很多分支和子分支，故障隔离较容易，如果某一个分支的节点或线路发生故障，很容易将故障分支与整个系统隔离。其缺点是各个节点对根的依赖性太大，如果根发生故障，则全网不能正常工作。

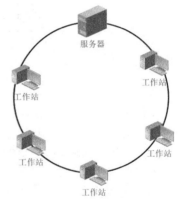

图 8.5　环型拓扑结构

（5）网状

网状结构在广域网中得到了广泛的应用，是典型的点到点结构，如图 8.7 所示。这种结构的优点是利用冗余连接实现节点与节点之间的高速传输和高容错性能，以提高网络的速度和可靠性。其缺点是投入成本较高。

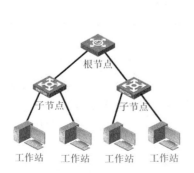

图 8.6　树型拓扑结构

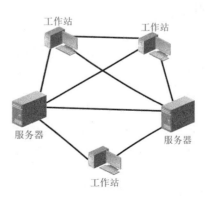

图 8.7　网状拓扑结构

8.1.3　OSI 参考模型

0 在计算机网络产生初期，每个计算机厂商都有一套自己的网络体系结构，各厂商之间的网络体系结构是互不兼容的，为了解决这个难题，就提出了 OSI 参考模型的概念。OSI 参考模型（OSI/RM）的全称是开放系统互连参考模型（Open System Interconnection Reference Model，OSI/RM），它是由国际标准化组织（Interconnection Standard Organization，ISO）提出的一个网络系统互连模型。OSI 参考模型采用分层结构，如图 8.8 所示。

图 8.8　OSI 参考模型

OSI 参考模型分为七层，每一层都为其上一层提供服务、并为其上层提供一个访问接口或界面。不同主机之间的相同层次称为对等层。如图 8.8 中的主机 A 的表示层和主机 B 的表示层互为对等层、主机 A 中的会话层和主机 B 中的会话层互为对等层。对等层之间互相通信需要遵守一定的规则，如通信的内容、通信的方式，我们将其称为协议（Protocol）。

在 OSI 参考模型中，从上至下，每一层完成不同的、目标明确的功能。

（1）物理层

物理层（Physical Layer）规定了激活、维持、关闭通信端点之间的机械特性、电气特性、功能特性以及过程特性。该层为上层协议提供一个传输数据的物理媒体。在这一层，数据的单位称为比特（bit）。属于物理层定义的典型规范代表包括：EIA/TIA RS-232、EIA/TIA RS-449、RJ-45 等。

（2）数据链路层

数据链路层（Data Link Layer）在不可靠的物理介质上提供可靠的传输。该层的作用包括：物理地址寻址、数据的成帧、流量控制、数据的检错、重发等。在这一层，数据的单位称为帧（frame）。数据链路层协议的代表包括：SDLC、HDLC、PPP、STP、帧中继等。

（3）网络层

网络层（Network Layer）负责对子网间的数据包进行路由选择。此外，网络层还可以实现拥塞控制、网际互连等功能。在这一层，数据的单位称为数据包（packet）。网络层协议的代表包括：IP、IPX、RIP、OSPF 等。

（4）传输层

传输层（Transport Layer）是第一个端到端，即主机到主机的层次。传输层负责将上层数据分段并提供端到端的、可靠的或不可靠的传输。此外，传输层还要处理端到端的差错控制和流量控制问题。在这一层，数据的单位称为数据段（segment）。传输层协议的代表包括：TCP、UDP、SPX 等。

（5）会话层

会话层（Session Layer）管理主机之间的会话进程，即负责建立、管理、终止进程之间的会话，会话层还利用在数据中插入检验点来实现数据的同步。会话层协议的代表包括：NetBIOS、ZIP、PAP、PPTP、SSH 等。

（6）表示层

表示层（Presentation Layer）对上层数据或信息进行变换以保证一个主机应用层信息可以被另一个主机的应用程序理解。表示层的数据转换包括数据的加密、压缩、格式转换等。表示层协议的代表包括：ASCII、JPEG、MPEG 等。

（7）应用层

应用层（Application Layer）为操作系统或网络应用程序提供访问网络服务的接口。应用层协议的代表包括：Telnet、FTP、HTTP、SNMP 等。

如图 8.9 所示，在 OSI 参考模型中，当一台主机需要传送用户的数据（DATA）时，数据首先通过应用层的接口进入应用层。在应用层，用户的数据被加上应用层的报头（Application Header，AH），形成应用层协议数据单元（Protocol Data Unit，PDU），然后被递交到表示层。

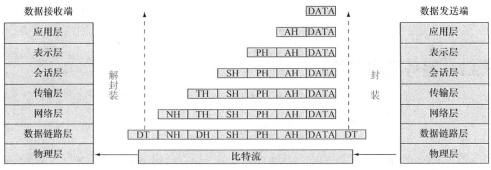

图 8.9　OSI 参考模型中的数据封装过程

表示层并不"关心"应用层的数据格式而是把整个应用层递交的数据包看成是一个整体进行封装，即加上表示层报头（Presentation Header，PH），然后递交给下层的会话层。

同样，会话层、传输层、网络层、数据链路层也都要分别给上层递交下来的数据加上自己的报头。它们是：会话层报头（Session Header，SH）、传输层报头（Transport Header，TH）、网络层报头（Network Header，NH）和数据链路层报头（Data link Header，DH）。其中，数据链路层还要给网络层递交的数据加上数据链路层报尾（Data link Termination，DT）形成最终的一帧数据。

当一帧数据通过物理层传送到目标主机的物理层时，该主机的物理层把它递交到上面的数据链路层。数据链路层负责去掉数据帧的帧头部 DH 和尾部 DT（同时还进行数据检验）。如果数据没有出错，则递交到上面的网络层。

同样，网络层、传输层、会话层、表示层、应用层也要做类似的工作。最终，原始数据被递交到目标主机的具体应用程序中。

8.2　计算机网络硬件

计算机网络除了需要采用合适的体系结构，还需要各种硬件设备的支持。计算机网络系统性能的高低很大程度体现在网络所使用的硬件设备上。计算机网络硬件是计算机网络的物质基础，一个计算机网络就是通过网络设备和通信线路将不同地理位置的计算机及其外围设备在物理上实现连接，如图 8.10 所示。网络硬件主要由服务器、工作站、网络连接设备和传输介质等组成。

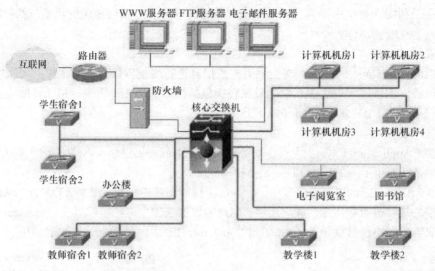

图 8.10 计算机网络拓扑图

8.2.1 服务器和工作站

在计算机网络中，最核心的组成部分是计算机，也是用户的主要网络资源。根据用途的不同可将其分为服务器和工作站两类。

（1）服务器

服务器（Server）是计算机网络中向其他计算机或网络设备提供资源或某种服务的高性能计算机。通常根据提供的服务不同，服务器会被冠以不同的名称，如数据库服务器、邮件服务器、Web服务器、文件服务器等。它的高性能主要体现在高速度的运算能力、长时间的可靠运行、强大的外部数据吞吐能力等。用作服务器的计算机从其硬件本身来讲，除了处理能力较强之外与普通计算机并无本质区别，只是安装了相应的服务软件才具备了向其他计算机提供相应服务的功能。因此，有时一台计算机可同时装有多种服务器软件而具备多种服务功能。如网络中某台计算机，同时装有数据库管理系统及邮件管理系统软件，那么这台计算机在网络中既是数据库服务器也是邮件服务器。

（2）工作站

工作站（WorkStation）是与服务器相对的一个概念，也称为客户机（Client）。在计算机网络中享受其他计算机提供的资源或服务的计算机就称为客户机，即网络服务的一个用户。客户机由于其处理数据的要求不同，其性能与服务器相比要低得多。客户机与服务器的另一个重要区别在于安装的系统软件的差异。在服务器上安装的操作系统一般能够管理和控制网络上的其他计算机，如Windows NT，Windows Server，Unix，VMS 等；在客户机上一般安装 Windows9X，Windows XP，Window 7，Windows 8 等。客户机上的操作系统必须被服务器上的操作系统所认可，才能实现相互的服务提供和服务享受。

8.2.2 网络连接设备

在计算机网络中，除了计算机外还有大量的用于计算机与网络之间、网络与网络之间的连接设备，这些设备称为网络连接设备。常用的设备包括：网卡、集线器、交换机、路由器、调制解调器等，如图 8.11 和图 8.12 所示。

（1）网卡

网络接口卡（Network Interface Card，NIC），又称网卡或网络适配器，工作在数据链路层的网络组件，是计算机机和网络的接口，用于协调主机与网络间数据、指令或信息的发送与接收。每一块网卡都有一个独一无二的 48 位序列号，是网络节点地址，称之为 MAC 地址（物理地址），它是被写入到卡上集成的 ROM 中。目前网卡按其传输速率可分为 10Mbit/s，10/100Mbit/s，1000Mbit/s，10Gbit/s 等。

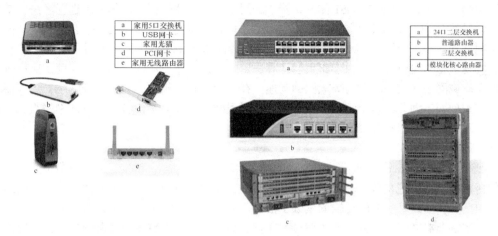

图 8.11　常用的小型网络设备　　　　　　图 8.12　常用的中大型网络设备

　　网卡分为独立网卡和集成网卡两类。早期由于宽带上网很少，大多采用拨号上网，网卡并非计算机的必备配件，板载网卡芯片的主板很少，如果要使用网卡就只能采用扩展卡的方式。早期的独立网卡一般采用 PCI 接口，可安装在主板提供的 PCI 扩展插槽使用；现在市场上的独立网卡多采用 USB 接口，极大地方便了用户。随着 ADSL 的各种宽带接入方式的普及，网卡的需求比例也相继提高，各大厂商在生产时就把网卡芯片集成于主板上。现在用户购置的计算机，不管是台式机还是笔记本都集成有网卡芯片。需要注意的是，无论是独立网卡还是集成网卡，一般应在操作系统中安装与其匹配的驱动程序，否则网卡无法正常工作，计算机无法接入网络。

（2）集线器

集线器（Hub）是属于物理层的硬件设备，对接收到的信号进行再生整形放大，已扩大网络的传输距离。它采用广播方式转发数据，不具有针对性，也就是说当它要向某个节点发送数据时，不是直接将数据发送到目的地点，而是把数据包发送到与集线器相连的所有节点，即传输线路是共享的，使用的网络带宽也是共享的。这种转发方式存在 3 方面的不足。

① 用户数据包向所有节点发送，很可能带来数据通信的不安全因素，数据包容易被他人非法截获。

② 由于所有数据包都是向所有节点同时发送，容易造成网络堵塞现象，降低了网络执行效率。

③ 非双向传输，网络通信效率低。集线器的同一时刻每个端口只能进行一个方向的数据通信，网络执行效率低，不能满足较大型网络通信需求。

由于集线器存在的严重不足，在当今网络中，几乎已被交换机所替代。

（3）交换机

交换机（Switch）是一种用于信号转发的网络设备。与集线器类似，交换机也是一种多端口连接设备，但与集线器广播的方式不同，它维持一张 MAC 地址表，可以智能的记忆哪些地址接在哪些端口上，并决定将数据送往何处，而不会送到其他不相关的端口。因此它可以为接入交换机的任意两个网络节点提供独享的电信号通路，使用的网络带宽也是独享的。目前的网络应用中，有二层交换机和三层交换机两种。二层交换机属于数据链路层设备，可以识别数据包中的 MAC 地址信息，根据 MAC 地址进行转发。三层交换机带有路由功能，工作于网络层。通常我们所说的交换机一般默认是二层交换机。

（4）路由器

路由器（Router）工作在 OSI 体系结构中的网络层，能够根据一定的路由选择算法，结合数据包中的目的 IP 地址，确定传输数据的最佳路径。同样是维持一张地址与端口的对应表，但与交换机不同之处在于，交换机利用 MAC 地址来确定数据的转发端口，而路由器利用网络层中的 IP 地址，实现数据的路由转发。由于路由选择算法比较复杂，路由器的数据转发速度比交换机慢，主要用于广域网之间或广域网与局域网的互连。在大型的互联网中，为了管理网络，一般要利用路由器将大型网络划分成多个子网。全球最大的互联网（Internet）由各种各样的网络组成，路由器是一个非常重要的组成部分。

（5）调制解调器

调制解调器（Modem），其实是 Modulator（调制器）与 Demodulator（解调器）的简称，就是我们俗称的"猫"，它的作用是实现数字信号和模拟信号的相互转换。我们使用的电话线路传输的是模拟信号，而计算机之间传输的是数字信号，当通过电话线把计算机接入 Internet 时，就必须使用调制解调器来转换两种不同的信号。在发送端，调制器把数字信号调制成可在电话线路上传输的模拟信号；在接收端，解调器再把模拟信号转换成计算机能够接收的数字信号。

8.2.3　网络传输介质

通信双方的数据传送是在具体的物理载体上实现的，传输介质指的就是这种载体。传输介质可以分为有线传输介质和无线传输介质。有线传输介质使用电或光作为载体进行电磁信号的传递，无线传输介质通常利用地面微波、卫星微波、无线电波、红外线等作为无线载体，而地球上的大气层为大部分无线传输提供了物理通道。

1．有线传输介质

计算机网络中常用的有线传输介质有双绞线、同轴电缆和光纤，如图 8.13 所示。

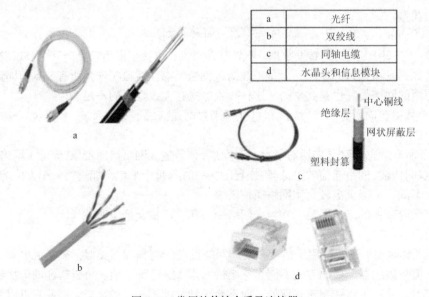

a	光纤
b	双绞线
c	同轴电缆
d	水晶头和信息模块

中心铜线

绝缘层

网状屏蔽层

塑料封套

图 8.13　常用的传输介质及连接器

（1）双绞线

双绞线（Twisted Pair，TP）是网络中最常用的一种传输介质，由对数不等、相互缠绕且具有绝缘保护层的铜导线组成。它既可以传输数字信号，也可以传输模拟信号。由于在传输信号期间，信号的衰减比较大，波形易畸变，故用双绞线传输数字信号时，仅适用于较短距离的信息传输。

双绞线可分为屏蔽双绞线（Shielded Twisted Pair，STP）和非屏蔽双绞线（Unshielded Twisted Pair，UTP）两种，屏蔽双绞线比非屏蔽双绞线多了一层金属箔片。这层金属箔片起到减少辐射的作用。

屏蔽双绞线的优点：抗电磁干扰效果比非屏蔽双绞线好。

屏蔽双绞线的缺点：成本高，比非屏蔽双绞线更难安装，屏蔽层需要接地。如果安装不当，屏蔽双绞线对电磁干扰可能非常敏感，因为没有接地的屏蔽层相当于一根天线，很容易接收各种噪声信号。

非屏蔽双绞线的优点：直径小、安装容易、价格便宜。

非屏蔽双绞线的缺点：抗电磁干扰能力差。

计算机网络的综合布线通常使用三类、四类、五类、超五类和六类、七类双绞线，当今的网络布线以超五类和六类双绞线为主。双绞线的使用，一般要与连接器（如 RJ-45，又叫水晶头）相连接，且必须遵守一定的线序标准。国际规定的标准有两个：T568A 和 T568B，工程中多采用 T568B 标准。T568A 和 T568B 二者之间没有本质的区别，只是连接 RJ-45 头时双绞线 8 芯线的线序不同。

T568A 标准的线序由左向右依次为：白绿-绿-白橙-蓝-白蓝-橙-白棕-棕；T568B 标准的线序由左向右依次为：白橙-橙-白绿-蓝-白蓝-绿-白棕-棕。

无论是 T568A 还是 T568B，只要双绞线的两端是按同一个标准做出来的网线，就称为平行线，也叫直连线，一般用于不同类型网络设备之间的连接。若在双绞线的一端用 T568A 标准，另一端用 T568B 标准，这种做法称为交叉接法，又称交叉线，一般用于相同设备或对等网的连接。当今的网络设备大多具有自动识别的功能，不管使用直连线还是交叉线，都能实现连接的目的。

（2）同轴电缆

同轴电缆（Coaxial Cable）是由一根空心的外圆柱导体及其所包围的单根内导线所组成。柱体与内导线用绝缘材料隔开，其频率特性比双绞线好，能进行较高速率的传输。它的屏蔽性能好，抗干扰能力强。目前同轴电缆常用于有线电视系统中，在计算机网络中运用已较少。

常用的同轴电缆有两类：50Ω 和 75Ω 的同轴电缆。75Ω 同轴电缆常用于 CATV 网，故称为 CATV 电缆，传输带宽可达 1GHz。50Ω 同轴电缆主要用于基带信号传输，传输带宽为 $1\sim20$MHz，早期的总线型以太网就是使用 50Ω 同轴电缆。

（3）光纤

光纤（Fiber Optical Cable）就是光导纤维，是一种由玻璃或塑料制成的纤维并利用全反射原理而达成的光传导工具。与其他传输介质相比，光纤的电磁绝缘性好、信号衰减小、频带宽、传输速率快、传输距离远，主要用于传输距离较长的主干网连接。

根据光在光纤中的传播方式，光纤分为两种类型：多模光纤和单模光纤。单模光纤只能允许一束光传播，纤芯相应较细，传输频带宽、容量大，传输距离长，但成本相对较高。多模光纤允许多束光同时传播，纤芯相对较粗，传输速率低、距离短，整体的传输性能差，一般用于建筑物内或地理位置相邻的环境下，其成本也相对较低。

2. 无线传输介质

常用的无线传输介质有无线电波、卫星、红外线等。目前在局域网或广域网的组建过程中，很多有线传输介质无法铺设的场合正在越来越多的使用无线传输介质，以实现数据的传输。

8.3 计算机局域网

局域网是由一组计算机及相关设备通过公用的通信线路或无线连接的方式组合在一起的系统，它们在一个有限的地理范围进行资源共享和信息交换。

8.3.1 局域网的组成、分类和特点

局域网由网络硬件和网络软件两部分组成。网络硬件主要有：服务器、工作站、传输介质和网络连接部件等，相关内容在本章第二节有详细介绍。网络软件包括网络操作系统、控制信息传输的网络协议及相应的协议软件、大量的网络应用软件等。

1. 局域网的分类

（1）拓扑结构。根据局域网采用的拓扑结构，可分为总线型局域网、环型局域网、星型局域网和混合型局域网等。

（2）传输介质。局域网常用的传输介质有同轴电缆、双绞线、光缆等。因此可以将局域网分为同轴电缆局域网、双绞线局域网和光缆局域网。如果采用的是无线电波、微波等无线传输介质，则可称为无线局域网。

（3）访问传输介质的方法。传输介质提供了两台或多台计算机互连并进行信息传输的通道，在局域网上，经常是在一条传输介质上连有多台计算机（如总线型局域网和环型局域网），即大家共享同一传输介质。而一条传输介质在某一时间内只能被一台计算机所使用，那么在某一时刻到底谁能使用或访问传输介质呢？这就需要有一个共同遵守的准则来控制、协调各计算机对传输介质的同时访问。这种准则就是协议或称为媒介访问控制方法。据此可以将局域网分为以太网、令牌环网等。

（4）网络操作系统。正如微机上的 DOS、UNIX、Windows 等不同的操作系统一样，局域网上也有多种网络操作系统。因此，可以将局域网按使用的操作系统进行分类，如 Novell 公司的 Netware 网，3COM 公司的 3+OPEN 网，Microsoft 公司的 Windows server 网，IBM 公司的 LAN Manager 网等。

此外，还可以根据数据的传输速率分为 10Mbit/s 局域网、100Mbit/s 局域网、吉比特局域网甚至十吉比特局域网等；按信息的交换方式可分为交换式局域网、共享式局域网等。

2. 局域网的优点

（1）网络覆盖的地理范围比较小，它可以是一家公司、学校、一幢建筑、甚至是一个房间。

（2）数据传输速率比较高，从最初的 1Mbit/s 到后来的 10Mbit/s、100Mbit/s，近年来已达到 1000Mbit/s、10000Mbit/s。

（3）具有较低的延迟和误码率。

（4）便于安装、维护和扩充，建网成本低、周期短。

（5）能方便地共享昂贵的外部设备、主机以及软件、数据。

（6）便于系统的扩展和逐渐地演变，各设备的位置可灵活调整和改变，提高了系统的可靠性、可用性。

8.3.2 小型局域网的组建和共享

局域网在实际应用中发挥着重要的作用，本节以 Windows 7 系统环境为例，介绍小型局域网的组建和资源共享的方法。

组建一个局域网一般需要以下步骤。

（1）材料准备。

① 双绞线（直连线）若干条。

② 根据接入局域网计算机的数量，选择适用的小型交换机或路由器一台，端口数量一般有 5 口、8 口、16 口等。

（2）将交换机或路由器安装好并接通电源，并用双绞线把每台计算机连接至该设备。

（3）在每台计算机上设置 IP 地址，且在同一个网段，方法如下。

① 在 Windows 7 系统中打开"控制面板"→选择"网络和 Internet"，单击其中的"网络和共享中心"，如图 8.14 所示。

图 8.14　打开网络和共享中心

② 在该界面的左上方单击"更改适配器设置"，在弹出的网络连接窗口找到"本地连接"，如图 8.15 所示。

图 8.15　找到本地连接

③ 在"本地连接"的图标上，单击鼠标右键，选择"属性"，弹出属性对话框，选择"Internet 协议版本 4"，如图 8.16 所示。

④ 在"Internet 协议版本 4（TCP/IP）"上双击，或单击后单击对话框上的"属性"按钮，打开属性设置的对话框，如图 8.17 所示。默认情况下为"自动获得 IP 地址"，选择"使用下面的 IP 地址"，然后键入 IP 地址、子网掩码（会自动填充）。需要注意的是，同一局域网中的主机设置的 IP 地址必须保证在同一个网段，并且不能设置重复。最简单的方法，设置的 IP 地址保证前 3 组数字相同，最后一个数字不同即可满足需求。有关 IP 地址的知识，我们在下一节有详细介绍。

图 8.16　本地连接属性对话框

图 8.17　设置 IP 地址

（4）创建家庭组。

① 在 Windows 7 系统中打开"控制面板"→选择"网络和 Internet"，单击其中的"家庭组"，在界面中可以看到家庭组的设置区域，如图 8.18 所示。

图 8.18　家庭组设置界面

② 如果出现"创建家庭组"的按钮是灰色的情况，如图 8.19 所示。单击"什么是网络位置"会弹出设置网络位置窗口，选择其中的"家庭网络"，将网络位置设置成"家庭网络"。

图 8.19　创建家庭组

③ 选择需要共享的内容后，单击"下一步"按钮，如图 8.20 所示。

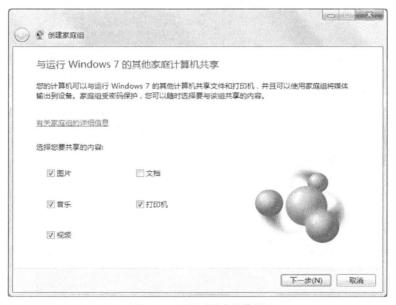

图 8.20　选择要共享的资源

④ 记下随机生成的密码，后面其他计算机加入家庭组时需要身份验证，单击"完成"按钮，如图 8.21 所示。

⑤ 其他主机加入该家庭组，在主机上首先也将网络位置改为"家庭网络"。然后在 Windows 7 系统中打开"控制面板"→选择"网络和 Internet"，单击其中的"家庭组"，单击"立即加入"按钮，如图 8.22 所示。

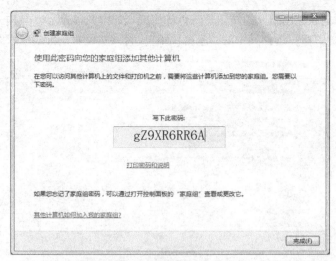

图 8.21　完成家庭组的创建

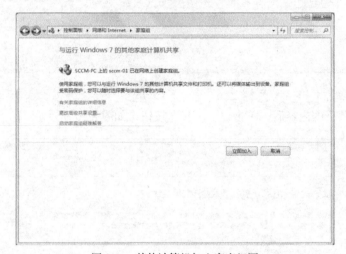

图 8.22　其他计算机加入家庭组图

⑥ 输入随机生成的密码后，单击"下一步"，如图 8.23 所示。

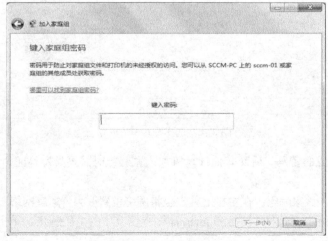

图 8.23　键入密码

⑦ 单击"完成"按钮，如图 8.24 所示。在"计算机"窗口中的导航窗格中单击"家庭组"即可查看家庭组成员，在同一个家庭组的成员即在同一个局域网中。

图 8.24　完成加入家庭组

（5）资源共享。完成以上工作就可以进行局域网软硬件资源的共享了，以共享文件夹为例，可以进行如下操作。

① 选择需要共享的文件夹，单击鼠标右键，选中"共享"→"家庭组"后可以在"家庭组"中看到共享的文件夹。

② 用 IP 地址加用户名、密码的方式实现资源的共享。按下"Windows 键+R"，弹出"运行"对话框，输入"\\"和对方的 IP 地址，单击"确定"，如图 8.25 所示。

③ 弹出"Windows 安全"对话框，在其中输出对方系统管理员的用户名和密码，单击"确定"，如图 8.26 所示。

图 8.25　"运行"中键入相关信息

图 8.26　输入"用户名"和"密码"

④ 身份验证通过后，可以在"网络"窗口下看到对方共享的目录，如图 8.27 所示。

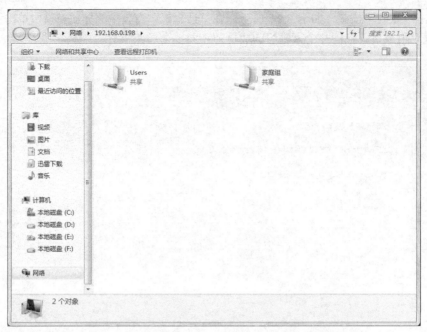

图 8.27 "网络"窗口下对方共享的目录

8.4 Internet 的基本技术与应用

随着 Internet 的迅速发展，接入 Internet 的国家和用户越来越多，它已经深入人们的社会生活中，使人们的生活和工作方式都产生了巨大的变化。

8.4.1 Internet 概述

Internet 起源于美国国防部高级计划研究局的 ARPANET，在 20 世纪 60 年代末，出于军事需要计划建立一个计算机网络，当时在美国 4 个地区进行互联实验，采用 TCP/IP 作为基础协议。从 1969—1983 年是 Internet 形成的第一阶段，这是研究实验阶段，主要是作为网络技术的研究和试验在一部分美国大学和研究部门中运用和使用。从 1983—1994 年是 Internet 的实用阶段。在美国和一部分发达国家的大学和研究部门中得到广泛使用，作为用于教学、科研和通信的学术网络。与此同时，世界上很多国家相继建立本国的主干网，并接入 Internet，成为 Internet 的组成部分。Internet 最初的宗旨是用来支持教育和科研活动。但是随着 Internet 规模的扩大，应用服务的发展，以及市场全球化需求的增长，Internet 开始了商业化服务。在 Internet 引入商业机制后，准许以商业为目的的网络连入 Internet，使 Internet 得到迅速发展，很快便达到了今天的规模。

如今，Internet 对社会的发展产生了巨大的影响。在网上可以从事电子商务、远程教学、远程医疗，可以访问电子图书馆、电子博物馆、电子出版物，可以进行家庭娱乐等，它几乎渗透到人们生活、学习、工作、交往的各个方面，同时促进了电子文化的形成和发展。但是给 Internet 下一个确切的定义又很难，一般都认为，Internet 是多个网络互联而成的网络的集合。从网络技术的观点来看，Internet 是一个以 TCP/IP（传输控制协议/网际协议）连接各个国家、各个部门、各个机构计算机网络的数据通信网。从信息资源的观点来看，Internet 是一个集各个领域、各个学科的各种信息资源为一体，并供上网用户共享的数据资源网。

8.4.2　Internet 的 IP 地址

TCP/IP 给 Internet 上的每台主机都规定了一个唯一的地址，叫做"IP 地址"。IP 地址就像是我们的家庭住址一样，如果你要写信给一个人，你就要知道他（她）的地址，这样邮递员才能把信送到。计算机发送信息就好比是邮递员，它必须知道唯一的"家庭住址"才能不至于把信送错。只不过我们的住址是用文字来表示的，计算机的地址是用数字来表示的，例如 IP 地址 192.168.1.1，就是十进制数的表示形式。由于 Internet 的蓬勃发展，全球的 IP 地址（IPv4）已接近枯竭，下一版本的 IP 地址（IPV6）会逐步完成替代，解决地址资源不足的问题。本教材所提及的 IP 地址，默认为 IPV4 地址。下面介绍一些关于 IP 地址的基本知识。

根据 TCP/IP 规定，IP 地址是由 32 位二进制数（即 4 个字节）组成，例如某台在 Internet 计算机的 IP 地址为：01110011 11101111 11010010 00011011，显然，这些数字对于人来说很难记忆。人们为了方便记忆，就将计算机 IP 地址的 32 位二进制数分成四段，每段 8 位，中间用圆点隔开，然后把每 8 位二进制数转换成十进制数，这样上述计算机的 IP 地址就变成了 115.239.210.27。IP 地址由网络地址和主机地址两部分组成，网络地址就类似于电话号码的区号，主机地址相当于电话的号码。

为了便于寻址和层次化构造网络，IP 地址被分为 A、B、C、D、E 五类，其中 A 类、B 类、C 类为常用基本 IP 地址，如图 8.28 所示。

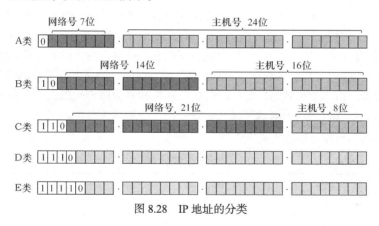

图 8.28　IP 地址的分类

1. A 类地址

A 类 IP 地址的网络地址由前 8 位二进制数表示，并且规定第一位恒为 0，其余 24 位表示主机地址。IP 地址的范围为 1.0.0.0～127.255.255.255，其中以 127 开头的地址为保留地址，用于环回测试，因此 A 类地址允许 126（2^7-2）个网络段，每个网段最多可容纳 2^{24}-2（每个网段都有一个网络地址和广播地址，是不能分配给主机使用的）台主机，适用于规划大规模的网络。

2. B 类地址

B 类 IP 地址的网络地址由前 16 位二进制数表示，并且规定前两位恒为 10，其余 16 位表示主机地址。IP 地址的范围为 128.0.0.0～191.255.255.255，B 类 IP 地址允许有 16384（2^{14}）个网络段，每个网段最多可容纳 2^{16}-2 台主机，适用于规划中型规模的网络。

3. C 类地址

C 类 IP 地址的网络地址由前 24 位二进制数表示，并且规定前三位恒为 110，其余 8 位表示主机地址。IP 地址的范围为 192.0.0.0～223.255.255.255，C 类 IP 地址允许有 2097152（2^{21}）个网络段，每个网段最多可容纳 2^8-2 台主机，适用于规划小型规模的网络。

由于 D 类和 E 类地址均为保留地址，在此仅作为了解内容。

此外，IP 地址还有公有地址和私有地址之分。公有地址由 Inter NIC（Network Information Center，因特网信息中心）负责，分配给注册并向 Inter NIC 提出申请的组织结构，它应用在全球的互联网上。私有地址属于非注册地址，用户可根据网络需求，进行不同规模局域网的规划，它的范围是：10.0.0.0～10.255.255.255，172.16.0.0～172.31.255.255，192.168.0.0～192.168.255.255。

8.4.3　Internet 的域名系统

用 IP 地址来标识网络上的主机对用户而言难以记忆，人们更加习惯用符号化的标识方法来标识一台主机。例如百度站点的某一台服务器 IP 地址为 115.239.210.27，在浏览器中输入该地址可以访问百度站点，但相对于该地址而言，"www.baidu.com" 的标识更容易让人记住。TCP/IP 专门设计了一种字符型的主机命名机制，即以容易为人所识别并记忆的符号，按照一定的规则进行组合，作为网络主机的名称，也就是"域名"。域名地址虽然容易记忆，但在 IP 报文中使用的是数字表示的 IP 地址。在浏览器中输入一个域名地址之后，必须将其转换成 IP 地址才能进行网络通信。完成这个转换工作的设备称作域名系统（DNS），根据域名查找 IP 地址的过程称作域名解析。

域名系统采用层次结构，按地理域或机构域进行分层，书写中采用圆点将各个层次隔开，分成层次字段。在主机的地址表示中，从右向左依次为最高域名段、次高域名段等，最左的一个字段为主机名。例如，在 zb.scmc.edu.cn 中，最高域名为 cn（China 代表中国），次高域 edu（education 代表教育网），最后一个域名为 scmc（Sichuan University of Media and Communications 代表四川传媒学院），主机名为 zb（招生办公室），整个域名就代表中国教育网上的四川传媒学院招生办公室的站点。这种层次结构，使每一级域在内部再进行域的划分，从而保证了域名的唯一性。表 8-1 是最高域名的含义，前八个域名是按组织管理的层次机构划分所产生的组织性最高域名，由三个字母组成。最后一个域名是按国家地理区域划分所产生的地理性最高域名，由两个字母组成，表示世界各国和地区的名称，如表 8-2 所示。

表 8-1　　　　　　　　　　　　　　最高层域名

域名	含义
com	商业组织
edu	教育机构
gov	政府部门
mil	军事部门
net	主要网络支持中心
org	其他组织
arpa	临时 ARPANET（未用）
int	国际组织

表 8-2　　　　　　　　　　　　　　部分地理性最高层域名

地理性最高域名	国家或地区	地理性最高域名	国家或地区
CN	中国	CA	加拿大
US	美国	FR	法国
UK	英国	JP	日本

8.4.4　Internet 提供的服务

人们使用 Internet 实际上就是使用它提供的各种服务，Internet 之所以发展这么迅速，就是它恰好满足了人们对网络信息服务的需求。Internet 提供的服务有电子邮件服务、文件传输服务、远程登录服务、WWW 服务、新闻组服务等。

1．电子邮件服务

电子邮件（E-mail）又称电子信箱，它是一种以电子格式通过 Internet 为世界各地的 Internet 用户提供的一种极为快速、简单和经济的通信和交换信息的方法。使用电子邮件首先要在提供电子邮件服务的网站上申请一个电子邮箱，及电子邮件的地址，格式为：用户名@邮件服务器地址，如 china@163.com。在申请成功之后，就可以通过电子信箱发送和接收电子邮件了。这些电子邮件可以是文字、图像、声音等各种格式。

2．文件传输服务

文件传输协议（File Transfer Protocol，FTP）是 Internet 上一种常用的网络传输协议，其基本功能是实现计算机间的文件传输。Internet 用户可以通过 FTP 连接到远程计算机，并根据需求进行上传和下载文件。使用 FTP 可以传送文本文件、二进制文件、声音文件、图像文件和数据压缩文件等各种类型的文件。

3．远程登录服务

远程登录（Telnet）是 Internet 提供的最基本的信息服务之一。用户首先要有远程服务器认可的账号和密码，通过账号和密码登录远程服务器成功后，才能使用远程服务器提供的软硬件资源。远程登录是用户在自己的计算机上进行操作，在远程服务器上响应，并且将结果返回到自己的计算机上。

4．WWW 服务

WWW 是 World Wide Web（环球信息网）的缩写，也可以简称为 Web，中文名称为"万维网"。WWW 是 Internet 的多媒体信息查询工具，是 Internet 上近年才发展起来的服务，也是发展最快和使用最广泛的服务。

WWW 采用的是 B/S（浏览器/服务器）结构，其作用是整理和存储各种 WWW 资源，并响应客户端软件的请求，把客户所需的资源传递到用户的计算机上。

5．新闻组服务

新闻组（New Group）是 Internet 提供的一项重要服务。Internet 上有很多新闻服务器，分布在世界各地。它能够随时更新消息，任何一条发送到新闻组服务器上的消息，在几分钟后就能传遍全球，最新的资料及动态新闻往往都出自新闻组。

8.5　搜　索　引　擎

随着 Internet 的飞速发展，人们越来越依赖网络来查找他们所需要的信息，由于网上的信息源数不胜数，如何有效地去发现我们所需要的信息，就成为一个关键的问题，为解决这个难题，搜索引擎应运而生。搜索引擎是指根据一定的策略、运用特定的计算机程序搜集互联网上的信息，在对信息进行组织和处理后，为用户提供检索服务的系统。

8.5.1　搜索引擎的工作原理

搜索引擎的工作原理，大致可以分为三个步骤。

（1）搜集信息。搜索引擎的信息搜索基本都是自动的。网络蜘蛛（Spider），是一个很形象的名字，把互联网比喻成一个蜘蛛网，那么 Spider 就是在网上爬来爬去的蜘蛛。网络蜘蛛通过网页的链接地址来寻找网页，从网站某一个页面（通常是首页）开始，读取网页的内容，找到在网页中的其它链接地址，然后通过这些链接地址寻找下一个网页，这样一直循环下去，直到把这个网站所有的网页都抓取完为止。

（2）整理信息。由分析索引系统程序对搜集回来的网页进行分析，提取相关网页所在网址链接、编码类型、页面内容包含的关键词、关键词位置、生成时间、大小、与其他网页的链接关系等信息，根据一定的相关度算法进行大量复杂计算，得到每一个网页针对页面内容中及超链接中每一个关键词的相关度（或重要性），然后用这些相关信息建立网页索引数据库。

（3）接受查询。当用户数据关键词搜索后，由搜索系统程序从网页索引数据库中找到符合该关键词的所有相关网页。因为所有相关网页针对该关键词的相关度早已算好，所以只需按照现成的相关度数值排序，相关度越高，排名越靠前。然后，由页面生成系统将搜索结果的连接地址、页面内容摘要等内容，组织起来返回给用户。网络蜘蛛一般按照各搜索引擎的周期不同，可能是几天、几周或几个月，也可能对不同重要性的网页有不同的更新频率，要定期重新访问所有网页，更新网页索引数据库，已反映出网页内容的更新情况，增加新的网页信息，去除死链接，并根据网页内容和链接关系的变化重新排序。这样，网页的具体内容和变化情况就会以更新的形态，反映到用户搜索查询的结果中。

8.5.2　搜索引擎的分类

搜索引擎按其工作方式主要分为以下几种。

（1）全文索引。全文搜索引擎是名副其实的搜索引擎，国外的代表有 Google，国内则有著名的百度搜索。它们从互联网提取各个网站的信息（以网页文字为主），建立起数据库，并能检索与用户查询条件相匹配的记录，按一定的排列顺序返回结果。

（2）目录索引。目录索引虽然有搜索功能，但严格意义上不能成为真正的搜索引擎，只是按目录分类的网站链接列表而已。用户完全可以按照分类目录找到所需要的信息，不依靠关键词进行查询。目录索引中最具代表性的莫过于 Yahoo。

（3）元搜索引擎。元搜索引擎接受用户查询请求后，同时在多个搜索引擎上搜索，并将结果返回给用户。著名的元搜索引擎有 InfoSpace、Dogpile、Vivisimo 等。

除上述类型的搜索引擎外，还有一些其他的搜索引擎形式，如集合式搜索引擎、门户式搜索引擎、免费链接列表等。

8.5.3　搜索引擎的使用技巧

搜索引擎是用户在 Internet 获取信息的重要途径。随着互联网的发展，网络上的信息越来越多，内容也越来越广泛。在搜索引擎中输入关键词，然后点击"搜索"，系统很快会返回查询结果，这是最简单的查询方法，使用方便，但是查询的结果却不准确，可能包含着许多无用的信息。如果能够运用一些适当的方法，在使用搜索引擎时就能达到事半功倍的效果。下面就以"百度"为例介绍一些使用搜索引擎的方法技巧。

（1）使用双引号进行精确查找：搜索引擎大多数会默认对检索词进行拆词搜索，并会返回大量无关信息。解决方法就是将检索词用双引号（半角）括起来，如图 8.29 所示。

（2）使用多词检索（空格检索）：要获得多而相对准确的检索结果的简单方法就是添加尽可能多的检索词，检索词之间用一个空格隔开。例如：想了解 2014 年世界杯开幕式相关信息，在搜索框中输入"2014 世界杯开幕式"会获得理想的检索结果。

图 8.29　关键字的"双引号"

（3）在指定网站内搜索（使用 site 语法）：其格式为：检索词+空格+site：网址。例如，"世界杯 site:sohu.com"，"巴西世界杯 site:sohu.com"，在 site 前与关键词之间要加空格。

（4）指定文档类型搜索：其格式为：检索词+空格+filetype:格式（检索词也可放后面）。文档格式可以是 DOC、PDF、PPT、XLS、RTF、ALL（全部文档）等类型。例如，"filetype:doc 金融经济学"，如图 8.30 所示。语法中的冒号中英文皆可，但检索词和 filetype 语法之间一定要加一个空格。

图 8.30　指定文档类型搜索

（5）使用"《》"进行精确查找：例如，使用检索式《手机》，可以精确查找到《手机》这部电影的相关信息，而不是手机信息，如图 8.31 所示。

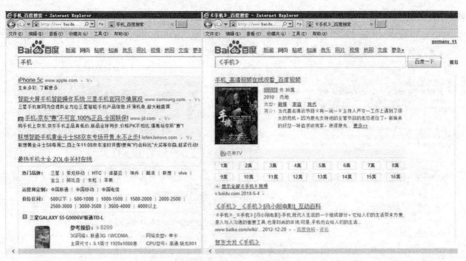

图 8.31 《 》的使用

（6）使用 "-" 去除无关资料：如果检索结果中，有某一类网页是我们不希望看见的，而且这些网页都包含特定的关键词，那么用减号语法，就可以去除所有这些含有特定关键词的网页。如图 8.32 所示，需要注意在减号前要加空格，减号后与关键词之间不需要空格。

图 8.32 减号的使用方法

本章习题

一、判断题

1. 光纤的抗干扰能力比双绞线要强。　　　　　　　　　　　　　　　　（　　　）
2. Internet 网起源于英国。　　　　　　　　　　　　　　　　　　　　（　　　）
3. 域名 org 代表政府部门。　　　　　　　　　　　　　　　　　　　　（　　　）
4. 目前使用的广域网基本都采用网状拓扑结构。　　　　　　　　　　　（　　　）
5. 在 Internet 的二级域名中，"edu"代表教育机构，"net"代表网络机构。（　　　）
6. 发展计算机网络的目的是浏览信息。　　　　　　　　　　　　　　　（　　　）
7. 客户机/服务系统中提供资源的计算机叫客户机，使用资源的计算机叫服务器。（　　　）
8. 通过搜索引擎可以查找自己计算机硬盘上的信息。　　　　　　　　　（　　　）
9. 要给某人发送一封电子邮件，必须要知道他的姓名。　　　　　　　　（　　　）
10. 通过网络搜索可以培养一定的信息素质，但未经训练的盲目搜索效率很低。（　　　）

二、单选题

1. 计算机网络按拓扑结构可分为（　　　）。
   A. 星状、网络状、集中、分散状、环状
   B. 串行、并行、树状、总线状、网状
   C. 星状、树状、总线、环状、网状
   D. 集中、分散状、串行、并行、环状
2. 下列域名是属于政府网是（　　　）。
   A. www.nanj.com.cn　　　　　　　B. www.nanj.edu.cn
   C. www.nanj.gov.cn　　　　　　　D. www.nanj.mil.cn
3. 计算机网络是计算机技术与（　　　）技术相结合的产物。
   A. 电话　　　B. 通信　　　C. 集成电路　　　D. 交通
4. 以下（　　　）是网络互连设备。
   A. TCP/IP　　　B. 交换机　　　C. 网络操作系统　　D. 网络应用软件
5. 在 Internet 域名中，com 通常表示（　　　）。
   A. 商业机构　　　B. 教育机构　　　C. 政府部门　　　D. 军事机构
6. 计算机网络的目标是实现（　　　）。
   A. 数据处理　　　　　　　　　B. 文献检索
   C. 资源共享和信息传递　　　　D. 信息传输
7. 网卡的正式名称为（　　　）。
   A. 集线器　　　B. T 型接头　　　C. 终端匹配器　　　D. 网络适配器
8. 一台计算机使用电话线与 Internet 相连的必要设备是（　　　）。
   A. 调制解调器　　　B. 电话机　　　C. 网卡　　　D. 交换机
9. Internet 的每一台计算机都使用一个唯一的统一的地址，就是规范的（　　　）地址。
   A. TCP　　　B. IP　　　C. WWW　　　D. FTP
10. 域名系统的英文缩写为（　　　）。
   A. DNS　　　B. SMTP　　　C. MINE　　　D. URL

11. 下列四个 IP 地址中，（　　）是错误的。
    A. 60.268.35.128　　　　　　　　B. 204.19.208.10
    C. 162.128.65.234　　　　　　　 D. 112.58.0.39

12. 校园网属于（　　）。
    A. 远程网　　　　B. 局域网　　　　C. 广域网　　　　D. 城域网

13. 在计算机网络中，通常把提供并管理共享资源的计算机称为（　　）。
    A. 服务器　　　B. 工作站　　　C. 网关　　　D. 网桥

14. OSI 参考模型根据网络通信的功能要求，把通信过程分为（　　）层。
    A. 8　　　　　　B. 7　　　　　　C. 6　　　　　　D. 5

15. 下列（　　）不是常用的搜索引擎。
    A. 百度　　　　B. 谷歌　　　　C. 去哪儿　　　　D. 搜搜

16. Internet 使用的协议是（　　）。
    A. HTTP　　　　B. IEEE802.3　　　C. TCP/IP　　　D. OSI

17. 下列网络传输介质中传输速率最高的是（　　）。
    A. 光缆　　　　B. 双绞线　　　　C. 同轴电缆　　　　D. 电话线

18. WAN 是（　　）英文缩写。
    A. 广域网　　　　B. 网络操作系统　C. 局域网　　　D. 城域网

19. 用户的电子邮件信箱是（　　）。
    A、通过邮局申请的个人信箱　　　　B、邮件服务器内存中的一块区域
    C、邮件服务器硬盘上的一块区域　　D、用户计算机硬盘上的一块区域

20. 下面（　　）不是邮件地址的组成部分。
    A. 用户名　　　　　　　　　　B. 邮件服务器名
    C. 口令　　　　　　　　　　　D. @

三、多选题

1. 计算机网络资源共享中的资源包括（　　）。
    A. 硬件　　　　B. 软件　　　C. 数据与信息　　　D. 办公室

2. 以下（　　）是因特网的应用。
    A. 电子邮件　　　　　　　　　B. 全球万维网（WWW）
    C. 文件传输（FTP）　　　　　 D. 远程登录（TELNET）

3. 网络的有线传输介质通常有（　　）。
    A. 红外线　　　　B. 双绞线　　　C. 光纤　　　D. 微波

4. 利用电子邮件可以发送的信息有（　　）。
    A. 文字　　　　B. 图形　　　C. 声音　　　D. 视频

5. 在 Internet 上做商业广告特点有（　　）。
    A. 价格昂贵　　B. 观众可统计性　C. 交互性　　　D. 广域性

6. 以下（　　）是网络互连设备。
    A. 路由器　　　B. 交换机　　　C. 网络操作系统　D. 网络应用软件

7. 以下关于 Internet 互联网的说法中，正确的是（　　）。
    A. Internet 具有网络资源共享的特点　B. Internet 在中国称为因特网
    C. Internet 即国际互联网　　　　　　D. Internet 是局域网的一种

8. 路由器的主要功能包括（　　）。
    A. 价格昂贵　　B. 观众可统计性　C. 交互性　　　D. 广域性

9. 与传统的知识媒介相比（比如书），互联网对人的影响的不同之处（　　）。

    A. 互联网上的信息比书本更加正式

    B. 互联网具有交互性，而书本没有

    C. 互联网上的信息可以共享，而书本不行

    D. 互联网比书本更具有权威性

10. 下列有关因特网能够吸引人的原因的说法正确的是（　　）。

    A. 因特网提供了丰富的信息资源　　　　B. 因特网提供了富有想象力的交流功能

    C. 因特网不具有交互性　　　　　　　　D. 因特网具有及时性反馈的特征

四、填空题

1. IP 地址由（　　）个十进制数组成，每个数的取值范围为（　　）。

2. 电子邮件地址一般由（　　）和主机域名组成。

3. 若某网站的 IP 地址为 61.139.105.132，则属于（　　）类地址。

4. 在 OSI 参考模型中，（　　）处于模型的最底层。

5. 用户要想在网上查询 WWW 信息，必须安装并运行一个被称为（　　）的软件。

第9章
信息安全

9.1　信息安全概述

随着全球信息化和信息技术的不断发展，信息化应用的不断推进，信息安全显得越来越重要，信息安全形势日趋严峻：一方面信息安全事件发生的频率大规模增加，另一方面信息安全事件造成的损失越来越大。另外，信息安全问题日趋多样化，客户需要解决的信息安全问题不断增多，解决这些问题所需要的信息安全手段不断增加。确保计算机信息系统和网络的安全，特别是国家重要基础设施信息系统的安全，已成为信息化建设过程中必须解决的重大问题。正是在这样的背景下，信息安全被提到了空前的高度。国家也从战略层次对信息安全的建设提出了指导要求。

9.1.1　信息安全的概念、特征及内容

信息安全（Information Security），是指信息及信息系统硬件、软件、网络及其系统中的数据受到保护，不受偶然的或者恶意的原因而遭到破坏、更改、泄露，系统连续可靠正常地运行，信息服务不中断。一个安全的信息系统应该具有 5 个特征，如图 9.1 所示。

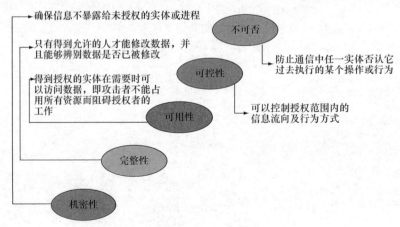

图 9.1　信息安全系统特征

从总体上来说，信息安全包括 4 个方面的内容。

① 实体安全：实体安全是指保护计算机设备、设施（含网络）以及其它媒体免遭地震、水灾、火灾、有害气体和其它环境事故（如电磁污染等）破坏的措施、过程。

② 运行安全：运行安全是指为保障系统功能的安全实现，提供一套安全措施（如风险分析、审计跟踪、备份与恢复、应急措施）来保护信息处理过程的安全。

③ 信息安全：信息安全是指防止信息资源被故意的或偶然的非授权泄露、更改、破坏或使信息被非法系统辨识、控制和否认，即确保信息的完整性、保密性、可用性和可控性。

④ 管理安全：管理安全是指有关的法律法令和规章制度以及安全管理手段，确保系统安全生存和运营。

9.1.2　信息安全的威胁

由于信息安全是个综合性的问题，所以它面临的威胁也是多种多样的，并且随着时间的推移和技术的进步而发生变化，就当前应用状况来看，信息安全所面临的主要威胁有：

① 信息泄露：信息被泄露或透露给某个非授权的实体。

② 拒绝服务：对信息或其它资源的合法访问被无条件阻止。

③ 非授权访问：某一资源被某个非授权的人，或以非授权的方式使用。

④ 窃听：用各种可能的合法或非法的手段窃取系统中的信息资源和敏感信息。

⑤ 业务流分析：通过对系统进行长期监听，利用统计分析方法对信息流进行研究，从中发现有价值的信息和规律。

⑥ 假冒：通过欺骗信息系统（或用户）达到非法用户冒充成为合法用户，或者特权小的用户冒充成为特权大的用户的目的，黑客大多是采用假冒攻击。

⑦ 旁路控制：攻击者利用系统的安全缺陷或安全性上的脆弱之处获得非授权的权利或特权。

⑧ 授权侵犯：被授权以某一目的使用某一系统或资源的某个人，却将此权限用于其他非授权的目的，也称作"内部攻击"。

⑨ 抵赖：用户否认自己的行为，伪造成对方的行为。

⑩ 计算机病毒：一种在计算机系统运行过程中能够实现传染和侵害的功能程序，其中包括特洛伊木马等。

9.2　信息安全技术

随着信息化社会的发展，信息安全问题越来越多的受到人们的关注，其重要性与日俱增，下面简单介绍一些常用的信息安全技术。

9.2.1　数据加密技术

数据加密（Data Encryption）技术是指将一个信息（或称明文，plain text）经过加密钥匙（Encryption key）及加密函数转换，变成无意义的密文（cipher text），而接收方则将此密文经过解密函数、解密钥匙（Decryption key）还原成明文。数据加密技术只有在指定的用户或网络下，才能解除密码而获得原来的数据，这就需要给数据发送方和接受方以一些特殊的信息用于加解密，这就是所谓的密钥，如图 9.2 所示。

数据加密主要用于对动态信息的保护，对动态数据的攻击分为主动攻击和被动攻击。对于主动攻击，虽无法避免，但却可以有效地检测；而对于被动攻击，虽无法检测，但却可以避免，实现这一切的基础就是数据加密。数据加密实质上是对以符号为基础的数据进行移位和置换的变换算法，这种变换是受"密钥"控制的。在传统的加密算法中，加密密钥与解密密钥是相同的，或者可以由其中一个推知另一个，称为"对称密钥算法"，如图 9.3 所示。这样的密钥必须秘密保管，只能为授权用户所知，授权用户既可以用该密钥加密信息，也可以用该密钥解密信息，DES 是对称加密算法中最具代表性的算法。如果加密/解密过程各有不相干的密钥，构成加密/解密的密钥对，则称这种加密算法为"非对称加密算法"或称为"公钥加密算法"，相应的加密/解密密钥分别称为"公钥"和"私钥"，如图 9.4 所示。在公钥加密算法中，公钥是公开的，任何人可以用公钥加密信息，再将密文发送给私钥拥有者。私钥是保密的，用于解密其接收的公钥加密过的信息。典型的公钥加密算法如 RSA 是目前使用比较广泛的加密算法。

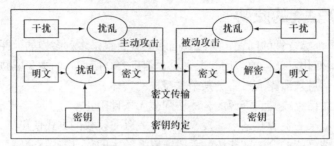

图 9.2　加密系统模型结构图

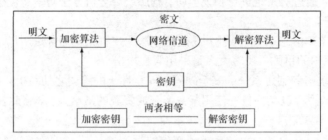

图 9.3　对称密钥加密示意图

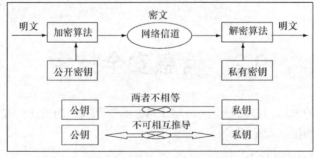

图 9.4　非对称密钥加密示意图

9.2.2　数字证书技术

数字证书就是互联网通讯中标志通讯各方身份信息的一串数字，提供了一种在 Internet 上验证通信实体身份的方式，其作用类似于司机的驾驶执照或日常生活中的身份证。它是由一个由权威公正的第三方机构——CA 机构，又称为证书授权（Certificate Authority）中心发行的，人们可以在网上用它来识别对方的身份。数字证书是一个经证书授权中心数字签名的包含公开密钥拥有者信息以及公开密钥的电子文档，最简单的证书包含一个公开密钥、名称以及证书授权中心的数字签名。数字证书可用于：发送安全电子邮件、访问安全站点、网上交易、网上招标采购、网上保险、网上税务、网上签约和网上银行等安全电子事物处理和安全电子交易活动。

（1）数字证书的工作原理

数字证书存有很多数字和英文，当使用数字证书进行身份认证时，他将随机生成多位的身份码，每份数字证书都能生成相应但每次都不可能相同的数码，从而保证数据传输的保密性，即相当于生成一个复杂的密码。数字证书绑定了公钥及其持有者的真实身份，它类似于现实生活中的居民身份证，所不同的是数字证书不再是纸质的证照，而是一段含有证书持有者身份信息并经过认证中心审核签发的电子数据，可以更加方便灵活地运用在电子商务和电子政务中。

数字证书采用公钥体制，即利用一对互相匹配的密钥进行加密、解密。每个用户自己设定一把特定的仅为本人所知的私有密钥（私钥），用它进行解密和签名；同时设定一把公共密钥（公钥）并由本人公开，为一组用户所共享，用于加密和验证签名。当发送一份保密文件时，发送方使用接收方的公钥对数据加密，而接收方则使用自己的私钥解密，这样信息就可以安全无误地到达目的地了。通过数字的手段保证加密过程是一个不可逆过程，即只有用私有密钥才能解密。在公开密钥密码体制中，常用的一种是 RSA 体制。其数学原理是将一个大数分解成两个质数的乘积，加密和解密用的是两个不同的密钥。即使已知明文、密文和加密密钥（公开密钥），想要推导出解密密钥（私密密钥），在计算上是不可能的。按现在的计算机技术水平，要破解目前采用的 1024 位 RSA 密钥，需要上千年的计算时间。公开密钥技术解决了密钥发布的管理问题，商户可以公开其公开密钥，而保留其私有密钥。购物者可以用人人皆知的公开密钥对发送的信息进行加密，安全地传送给商户，然后由商户用自己的私有密钥进行解密。

此外，用户也可以采用自己的私钥对信息加以处理，由于密钥仅为本人所有，这样就产生了别人无法生成的文件，也就形成了数字签名。采用数字签名，能够确认以下两点：

① 保证信息是由签名者自己发送的，签名者不能否认或难以否认；

② 保证信息自签发后到收到为止未曾作过任何修改，签发的文件是真实的。

（2）数字证书的使用方法

用户在进行需要使用证书的网上操作时，必须准备好装有证书的存储介质。如果用户是在自己的计算机上进行操作，操作前必须先安装 CA 根证书。一般所访问的系统如果需要使用数字证书会自动弹出提示框要求安装根证书，用户直接选择确认即可；当然也可以直接登陆 CA 中心的网站，下载安装根证书。操作时，一般系统会自动提示用户出示数字证书或者插入证书介质（IC 卡或 Key），用户插入证书介质后系统将要求用户输入密码口令，此时用户需要输入申请证书时获得的密码信封中的密码，密码验证正确后系统将自动调用数字证书进行相关操作。使用后，用户应记住取出证书介质，并妥善保管。当然，根据不同系统数字证书会有不同的使用方式，但系统一般会有明确提示，用户使用起来都较为方便。数字证书的应用非常广泛，如大家所熟悉的用于网上银行的 USBkey。

9.2.3　VPN 技术

VPN 即虚拟专用网（Virtual Private Network），是一条穿过复杂的公用网络的安全、稳定的隧道。它是一种"基于公共数据网，给用户一种直接连接到私人局域网感觉的服务"，通过对网络数据的封包和加密传输，在公用网络（通常是因特网）建立一个临时的、安全的连接，形成一种逻辑上的专用网络，从而提高数据传输的安全性。VPN 既是一种组网技术，又是一种安全技术。

VPN 技术的主要目标是节省企业的通信费用，特别是替代已有的专线，并且提高企业网络的可管理性和安全性。它的核心优点主要表现在以下几个方面。

① 安全：在远端用户、驻外机构、合作伙伴、供应商与公司总部之间建立可靠的连接，保证数据传输的安全性。这对于实现电子商务或金融网络与通信网络的融合特别重要；

② 廉价：利用公共网络进行通信，企业可以以更低的成本连接远程办事机构、出差人员和业

务伙伴。此外，VPN 还可以使企业不必投入大量的人力和物力去安装和维护 WAN 设备和远程访问设备；

③ 支持移动业务：支持驻外 VPN 用户在任何时间、任何地点的移动接入，能够满足不断增长的移动业务需求；

④ 服务质量保证：构建具有服务质量保证的 VPN，可为用户提供不同等级的服务质量保证；

⑤ 灵活：通过软件配置就可以增加、删除 VPN 用户，无需改动硬件设施。

⑥ 易扩展：支持多种隧道实现方式，并且网络是动态的，可以随时增减用户，便于集中控制访问权限；

⑦ 兼容性：VPN 的实现支持多种网络层协议，很好的解决了 Internet 公网和专网的兼容性问题。

VPN 技术以其独具特色的优势赢得了众多企业的青睐，它在保证网络信息安全性、可靠性、可管理性的同时提供了更强的扩展性和灵活性，是当今应用较为广泛的信息安全技术之一。

9.2.4 防火墙技术

"防火墙"（Firewall）是在一个受保护的内部网络与互联网之间，执行访问控制策略的一个或一组系统，它在不同网络间执行访问控制策略，以防止发生不可预测的、潜在破坏性的侵入，实现网络的安全保护。它可以是软件、硬件或是它们的结合，如图 9.5 所示。

防火墙安全保障技术主要是为了保护与互联网相连的内部网络或单独节点。它具有简单实用的特点，并且透明度高，可以在不修改原有网络应用系统的情况下达到一定的安全要求。防火墙一方面通过检查、分析、过滤从内部网流出的数据包，尽可能地对外部网络屏蔽被保护网络或节点的信息、结构，另一方面对内屏蔽外部某些危险地址，实现对内部网络的保护。防火墙的基本准则是：一切未被允许的就是禁止的，一切未被禁止的就是允许的。它的主要功能，可总结如下。

① 检查所有从外部网络进入内部网络的数据包。

② 检查所有从内部网络流出道外部网络的数据包。

③ 执行安全策略，限制所有不符合安全策略要求的数据包通过。

④ 具有防攻击能力，保证自身的安全性。

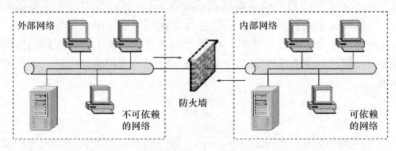

图 9.5 防火墙

9.2.5 入侵检测技术

入侵检测系统（Intrusion Detection System 简称 IDS）是从多种计算机系统及网络系统中收集信息，再通过这此信息分析入侵特征的网络安全系统。IDS 被认为是防火墙之后的第二道安全闸门，它能使在入侵攻击对系统发生危害前，检测到入侵攻击，并利用报警与防护系统驱逐入侵攻击。在入侵攻击过程中，能减少入侵攻击所造成的损失；在被入侵攻击后，收集入侵攻击的相关信息，添加入策略集中，增强系统的防范能力，避免系统再次受到同类型的入侵。入侵检测技是为保证计算机系统的安全而设计与配置的一种能够及时发现并报告系统中未授权或异常现象的技术，是一种用于检测计算机网络中违反安全策略行为的技术。入侵检测的功能，主要有以下几点。

① 监控、分析用户和系统的行为。

② 检查系统的配置和漏洞。

③ 评估重要的系统和数据文件的完整性。

④ 对异常行为的统计分析，识别攻击类型，并向网络管理人员报警。

⑤ 对操作系统进行审计、跟踪管理，识别违反授权的用户活动。

9.2.6　计算机病毒防范技术

计算机病毒是某些人利用计算机软硬件所固有的脆弱性，编制的具有特殊功能的程序，能在计算机系统中生存，通过自我复制来传播，在一定条件下被激活从而给计算机系统造成一定损害甚至严重破坏。这种有破坏性的程序被人们形象地称为"计算机病毒"。1994 年 2 月 18 日，我国正式颁布实施了《中华人民共和国计算机信息系统安全保护条例》，在该条例的第二十八条中明确指出："计算机病毒，是指编制或者在计算机程序中插入的破坏计算机功能或者毁坏数据，影响计算机使用，并能自我复制的一组计算机指令或者程序代码"。

随着计算机技术的飞速发展和计算机应用的日益普及，计算机病毒也在不断地推陈出新。目前，病毒已成为困扰计算机系统安全和网络发展的重要问题，各行各业的管理部门更是要增强计算机病毒的防范意识，最大限度地减少计算机病毒所带来的危害，下面介绍一些有关计算机病毒的知识。

（1）计算机病毒的分类

① 按寄生方式分类：计算机病毒按其寄生方式可分为引导型病毒、文件型病毒和混合型病毒三种。引导型病毒主要是感染磁盘的引导区，系统从包含了病毒的磁盘启动时传播，它一般不对磁盘文件进行感染；文件型病毒一般只传染磁盘上可执行文件（COM、EXE），其特点是附着于正常程序文件，成为程序文件的一个外壳或部件；混合型病毒则兼有以上两种病毒的特点，既感染引导区又感染文件，因此扩大了这种病毒的传播途径；

② 按连接方式分类：计算机病毒按其连接方式可分为源码型病毒、入侵型病毒和操作系统型病毒。其中源码型病毒有主要攻击高级语言编写的源程序，它会将自己插入到系统源程序中，并随源程序一起编译，连接成可执行文件，从而导致刚刚生成的可执行文件直接带毒；入侵型病毒用自身代替部分加入或替代操作系统的部分功能，危害性较大；

③ 按破坏性分类：计算机病毒按其破坏性可分为良性病毒和恶性病毒。良性病毒不包含有对计算机系统产生直接破坏作用的代码，这类病毒为了表现其存在，只是不断地进行传播，并不破坏计算机内部的数据，但它会大量占用系统资源，最终导致系统崩溃；恶性病毒包含有对计算机系统产生损伤和破坏的代码，能直接导致计算机系统数据和程序的丢失、破坏或删除。

（2）计算机病毒的特点

① 寄生性。计算机病毒不是一个单独的程序，它在计算机系统中是寄生在其它可执行程序中，当执行这个程序时，病毒就起破坏作用，而在未启动这个程序之前，它是不易被人发觉的。

② 传染性。计算机病毒不但本身具有破坏性，更有害的是具有传染性，一旦病毒被复制或产生变种，其速度之快令人难以预防。它可以从一个程序传染到另一个程序，从一台计算机传染到另一台计算机，从一个计算机网络传染到另一个计算机网络，不断的传播蔓延。

③ 潜伏性。一个编制精巧的计算机病毒程序，进入系统之后一般不会马上发作，可以在几周或者几个月甚至几年内隐藏在合法文件中，对其它系统进行传染，而不被人发现，潜伏性越好，其在系统中的存在时间就会愈长，病毒的传染范围就会愈大。

④ 隐蔽性。计算机病毒具有很强的隐蔽性，在传播时多数没有外部表现，有的可以通过病毒软件检查出来，有的根本就查不出来，当病毒发作时，多数已经扩散使系统遭到破坏。

⑤ 破坏性。计算机中毒后，可能会破坏文件或数据，干扰系统的正常运行。不同的计算机病毒破坏程度不同，有的影响计算机工作，有的占用系统资源，有的破坏计算机硬件等。

⑥ 可触发性。计算机病毒一般可以有几个触发条件，在一定条件下病毒被激活，对计算机发起攻击。这些条件可能是时间、日期、文件类型或某些特定的数据等。

⑦ 不可预见性。由于新的计算机病毒不断出现，反病毒软件只能应对已有的病毒，不能预测新病毒，具有滞后性。所以病毒对于反病毒软件来说具有不可预见性。

（3）计算机病毒的传播途径

① 通过磁介质进行传染，如软盘、硬盘等。

② 通过光介质进行传染，如光盘等。

③ 通过计算机网络传染。

④ 通过移动存储介质进行传播，如 U 盘、移动硬盘等。

在计算机病毒的各种传播途径中，以网络传播速度最快，传染面最大，产生的破坏也最为巨大。

（4）计算机感染病毒后的表现形式

① 计算机经常无缘无故地死机或重新启动。

② 操作系统无法正常启动。

③ 操作系统运行速度明显变慢。

④ 文件无法正确读取、复制、打开或删除。

⑤ 一些程序不能运行或文件突然丢失。

⑥ 打开某网页后弹出大量对话框。

⑦ 浏览器自动链接到一些陌生的网站。

⑧ 出现异常对话框，要求用户输入密码。

⑨ 鼠标或键盘不受控制。

（5）几类典型的病毒

① 宏病毒。由于微软的 Office 系列办公软件和 Windows 系统占了绝大多数的 PC 软件市场，加上 Windows 和 Office 提供了宏病毒编制和运行所必需的库（以 VB 库为主）支持和传播机会，所以宏病毒是最容易编制和流传的病毒之一，很有代表性。在 Word 打开病毒文档时，宏会接管计算机，然后将自己感染到其他文档，或直接删除文件等。Word 将宏和其他样式储存在模板中，因此病毒总是把文档转换成模板再储存它们的宏。这样的结果是某些 Word 版本会强迫你将感染的文档储存在模板中。宏病毒一般在发作的时候没有特别的迹象，通常是会伪装成其他的对话框让你确认。在感染了宏病毒的机器上，会出现不能打印文件、Office 文档无法保存或另存为等情况。

宏病毒的破坏性：删除硬盘上的文件；将私人文件复制到公开场合；从硬盘上发送文件到指定的 E-mail、FTP 地址等。

防范措施：平时最好不要几个人共用一个 Office 程序，要加载实时的病毒防护功能。病毒的变种可以附带在邮件的附件里，在用户打开邮件或预览邮件的时候执行，应该留意。一般的杀毒软件都可以清除宏病毒。

② CIH 病毒。CIH 是本世纪最著名和最有破坏力的病毒之一，它是第一个能破坏硬件的病毒。它主要是通过篡改主板 BIOS 里的数据，造成电脑开机就黑屏，从而让用户无法进行任何数据抢救和杀毒的操作。CIH 的变种能在网络上通过捆绑其他程序或是邮件附件传播，并且常常删除硬盘上的文件及破坏硬盘的分区表。所以 CIH 发作以后，即使换了主板或其他电脑引导系统，如果没有正确的分区表备份，染毒的硬盘上特别是其 C 分区的数据挽回的机会很少。

防范措施：已经有很多 CIH 免疫程序诞生了，包括病毒制作者本人写的免疫程序。如果已经中毒，但尚未发作，记得先备份硬盘分区表和引导区数据再进行查杀，以免杀毒失败造成硬盘无法自举。

③ 蠕虫病毒。蠕虫病毒以尽量多复制自身（像虫子一样大量繁殖）而得名，多感染电脑和占用系统、网络资源，造成 PC 和服务器负荷过重而死机，并以使系统内数据混乱为主要的破坏方式，比较著名的代表有爱虫病毒和熊猫烧香病毒等。

④ 木马病毒。木马病毒源自古希腊特洛伊战争中著名的"木马计"而得名，顾名思义就是一种伪装潜伏的网络病毒。它大多会捆绑在其它的程序中，可以实现修改操作系统注册表、驻留内存、在系统中安装后门程序等。木马病毒的发作要在用户的机器里运行客户端程序，一旦发作，就可设置后门，定时地发送该用户的隐私到木马程序指定的地址，一般同时内置可进入该用户电脑的端口，并可任意控制此计算机，进行文件删除、拷贝、改密码等非法操作。

（6）防范计算机病毒的措施

① 定期扫描系统漏洞，安装安全补丁。

② 安装杀毒软件和防火墙，并及时更新升级。

③ 使用移动存储介质（如 U 盘）时，先杀毒后再使用。

④ 使用网络下载的文件，先杀毒后再使用。

⑤ 不随意打开可疑的网站链接。

⑥ 不随意打开来历不明的电子邮件。

⑦ 经常备份重要的文件和数据。

9.3　网络道德及相关信息安全法规

在信息技术日新月异发展的今天，人们无时无刻不在享受着信息技术给人们带来的便利与好处。然而，随着信息技术的深入发展和发展应用，网络中已出现许多不容回避的道德与法律的问题。因此，在我们充分利用网络提供的历史机遇的同时，抵御其负面效应，大力进行网络道德建设和加强信息安全法律法规的宣传普及，已变得刻不容缓。

9.3.1　网络道德简介

网络道德是指以善恶为标准，通过社会舆论、内心信念和传统习惯来评价人们的上网行为，调节网络时空中人与人之间以及个人与涉水之间关系的行为规范。网络道德是时代的产物，与信息网络相适应，人类面临新的道德要求和选择，于是网络道德应运而生。网络道德是人与人、人与人群关系的行为法则，它是一定社会背景下人们的行为规范，赋予人们在动机或行为上的是非善恶判断标准。

网络道德作为一种实践精神，是人们对网络持有的意识态度、网上行为规范、评价选择等构成的价值体系，是一种用来正确处理、调节网络社会关系和秩序的准则。网络道德的目的是按照善的法则创造性地完善社会关系和自身，其社会需要除了规范人们的网络行为之外，还有提升和发展自己内在精神的需要。以下是一些公认的违反网络道德的行为。

① 从事危害政治稳定、损坏安定团结、破坏公共秩序的活动，复制、传播相关的消息和文章。

② 任意在网络上张贴对他人进行人身攻击的内容。

③ 任意在网络上散布有关个人、单位甚至政府的谣言。

④ 窃取或泄露他人秘密、隐私或智力成果，侵害他人正当权益。

⑤ 利用网络从事暴力、色情等有伤风化活动。

⑥ 制造病毒并在网上发布、传播具有计算机病毒的信息。

⑦ 冒用他人 IP，从事网上活动，通过扫描、侦听、破解口令、安置木马、远程接管、利用系统缺陷等手段入侵他人计算机。

⑧ 明知自己的计算机感染病毒仍然不采取措施，妨碍网络上其他用户正常使用。

9.3.2 网络道德的原则

网络道德原则指网络社会道德关系的基本行为准则，是网络礼仪和规范的集中概括，也是网络伦理关系的最集中表现。其具体内容表现如下：

（1）网络道德的自由原则

网络社会为其主体提供了相对自由的空间，网络主体的行为的自由程度相对于传统社会而言，已经发生了实质性的变化。网络道德的自由原则，是指在网络空间里，行为主体有根据自己的意愿选择自己的生活方式和行为方式的自由，有充分表达自己意见和观点的自由，任何组织、个人、其他网络主体不得干涉他人的正常的自由行为，压制别人正常的、应有的言论自由。在这里，我们是从一般伦理意义上讲的，把自由作为一种道德原则和要求。事实上，自由也是网络道德行为的主体所应享有的权利。一般来说，网络主体享有自由的权利，但不应以行使自由权利为由，妨碍其他网络主体所应享有的自由，其他主体的自由权利同样要受到应有的尊重。

（2）网络道德的平等原则

网络社会的每一个网络主体在网络社会的正常活动中，都享有平等的社会权利，并平等地履行社会义务，这一点与传统社会的民事主体比较一致。但应注意的是，网络社会的主体结构特征，表现为他们都具有某个特定的网络身份，即用户、网址、口令，网络所提供的一切服务和便利，网络主体均应得到。同时，网络主体应该遵守网络社会成员的所有规范，并履行作为一个网络主体所应履行的义务。在网络社会中，无论网络主体的实际社会地位如何，职务和个人爱好如何，文化背景、民族和宗教如何，在网络上，他都只是一个带网址的普通的"代码"。网络不创造特权，网络同样反对特权，每一个上网者都应持平等的心态，既不要把自己置于高于他人的地位，也不要把自己置于低于他人的地位。

（3）网络道德的公正原则

在网络社会中，网络对每一位网络主体或用户都应该做到一视同仁，不应该为某些人制订特别的规则并给予某些用户特殊的权利。作为网络主体，既然与别人具有同样的权利和义务，那么，也没有理由强求网络社会能给予和别人不一样待遇，或者说享有特权。一个网络主体当打开电脑发出一组信息时，会被计算机系统转化为一组组以 1，0 代码构成的比特（bit），在通讯线路上按通讯协议送到它该去的地方，这一组组比特没有任何可以让网络系统给予特殊照顾的社会标志，计算机只识代码不识人。

（4）网络道德的互惠原则

网络道德的互惠原则表明，任何一个网络主体必须认识到，他既是网络信息和网络服务的使用者和享受者，也是网络信息的生产者和提供者，当他享有网络社会交往的一切权利时，也应承担网络社会对其成员所要求的责任。信息交流和网络服务是双向的，网络主体间的关系是交互式的，你从网络和网络交往对方得到什么利益和便利，也应同时给予网络和对方什么利益和便利。互惠原则集中体现了网络行为的主体的道德权利和义务的统一。享有权利时不应忘记所承担的义务。承担义务时也不应当忘记自己所应享有的权利，不应有只享受权利不承担义务的主体，也不应有只承担义务而不享有权利的主体。

（5）网络道德的兼容原则

网络道德的兼容原则认为，网络主体间的行为方式应符合某种一致的、相互认同的规范和标准，个人的网络行为应该被他人及整个网络社会所接受，最终实现人们网络交往的行为规范化、语言的可理解化和信息交流的无障碍化。其中的核心内容就是要求消除网络社会由于各种原因造成的网络行为主体间的交流障碍。网络兼容问题的提出直接起源于计算机网络技术本身，但不仅仅是一种经济和技术问题。事实上，网络技术、经济问题本身就蕴含着道德伦理等社会意义。网络道德的兼容原则，要求网络主体间行为方式的相互认同；要求网络主体在参与网络社会时，所采取的行为要么被对象一方所接受，要么彼此间遵守共同的规范而放弃某些别人不接受或共同规范不认同的行为方式，求得行为方式的兼容；要求整个网络社会道德原则和规范的一致，确立共同的道德标准。为网络主体所一致接受；要求网络交往语言的可理解性。兼容原则作为网络道德的基本原则之一，具体应当体现出宽容原则、开放原则。

（6）网络道德的自主原则

自主原则是全民原则中的自由原则、平等原则和公正原则在个体道德原则中的体现。按照全民原则，假如网络主体能够获得意志自由、社会权利和义务上的平等，具有消除不平等的权利，则对于网络社会的个体而言，必定要表现为自主，也就是他自己作为目的而不是作为手段而存在。以此为出发点，必然要求一个人要想成为真正意义的人，就应该不受约束地自主决定他可以决定的最佳利益。如果某个主体的自主权被剥夺，就说明该主体并没有被作为应该受到尊重的人来对待，就不具有自主性，这就是自主原则的主要内容所在。

（7）网络道德的承认原则

承认原则是自主原则在处理社会或他人对自己应有的尊重关系时所应遵循的一个重要原则。它要求不论网络社会如何技术化、虚拟化，网络的真正的主体是人而不是机器、设备。这种尊重，首先就表现为对自己的重视。就表现为某人对某事自愿表示意见一致，即所谓的"承认""同意""认可"。而要使承认有意义，就必须使某人对某事有比较清楚的了解，能及时作出是非判断；某人在承认时，应当选择正确的评价标准，并从网络社会的整体利益出发，而不是仅仅凭个人的好恶来决定。

（8）网络道德的无害原则

无害原则要求任何网络行为对他人、对网络环境。以致对网络社会至少是无害的，人们不应该利用计算机和网络技术对其他网络主体和网络空间造成直接的或间接的伤害。毫无疑问，这是最低的道德标准，是网络伦理的底线，是评价网络行为的最初的道德检验。网络主体的行为是否有害，行为人应有基本的判断标准和评价能力。对网络或其他主体造成损害或破坏，行为人应是故意的行为，即明知其行为会造成危害和破坏的结果还从事了相应的行为。如果是因为过失或无过错造成损害或破坏的后果，则不应认为是违反了此项道德原则，不应承担道德责任。

为了维护信息安全，作为网络的使用者都应切实遵守网络道德的要求，自觉规范个人的网络行为。

9.3.3 信息安全法律法规

在信息社会中，由于不同的人出于不同的目的，在各自的活动过程中常常会伴随着各种各样问题的出现，仅仅从道德的范畴无法完全约束人们的行为。有些行为不能简单的定义为违反道德的行为，而是必须通过法律规定将其强制制定性为网络犯罪行为。为尽快制订适应和保障我国信息化发展的计算机信息系统安全总体策略，全面提高安全水平，规范安全管理，国务院、公安部等有关单位从 1994 年起制定发布了一系列信息系统安全方面的法规，这些法规是指导我们进行信息安全工作的依据。

国内主要的信息安全相关法律法规如下：

（1）《信息网络传播权保护条例》

（2）《2006-2020 年国家信息化发展战略》

（3）《网络信息安全等级保护制度》

（4）《信息安全等级保护管理办法（试行）》

（5）《互联网信息服务管理办法》

（6）《中华人民共和国电信条例》

（7）《中华人民共和国计算机信息系统安全保护条例》

（8）《公用电信网间互联管理规定》

（9）《联网单位安全员管理办法（试行）》

（10）《文化部关于加强网络文化市场管理的通知》

（11）《证券期货业信息安全保障管理暂行办法》

（12）《中国互联网络域名管理办法》

（13）《科学技术保密规定》

（14）《计算机信息系统国际联网保密管理规定》

（15）《计算机软件保护条例》

（16）《国家信息化领导小组关于我国电子政务建设指导意见》

（17）《电子认证服务密码管理办法》

（18）《互联网 IP 地址备案管理办法》

（19）《计算机病毒防治管理办法》

（20）《中华人民共和国电子签名法》

（21）《认证咨询机构管理办法》

（22）《中华人民共和国认证认可条例》

（23）《认证培训机构管理办法》

（24）《中华人民共和国产品质量法》

（25）《中华人民共和国产品质量认证管理条例》

（26）《商用密码管理条例》

（27）《网上证券委托暂行管理办法》

（28）《信息安全产品测评认证管理办法》

（29）《产品质量认证收费管理办法》

（30）《计算机信息系统保密管理暂行规定》

（31）《中华人民共和国保守国家秘密法》

（32）《商用密码管理条例》

（33）《电子认证服务管理办法》

（34）《计算机病毒防治管理办法》

（35）《计算机信息网络国际联网安全保护管理办法》

（36）《计算机信息系统安全专用产品检测和销售许可证管理办法》

（37）《金融机构计算机信息安全保护工作暂行规定》

（38）《刑法》第 285、286、287 条

9.4　网络舆情分析

网络舆情是指在互联网上流行的对社会问题不同看法的网络舆论，是社会舆论的一种表现形

式，是通过互联网传播的公众对现实生活中某些热点、焦点问题所持的有较强影响力、倾向性的言论和观点。网络舆情形成迅速，对社会影响巨大，随着因特网在全球范围内的飞速发展，网络媒体已被公认为是继报纸、广播、电视之后的"第四媒体"，网络成为反映社会舆情的主要载体之一。

网络舆情其表现方式主要为：新闻评论、BBS 论坛、博客、播客、聚合新闻（RSS）、新闻跟帖及转帖等。

近年来，网络舆情对政治生活秩序和社会稳定的影响与日俱增，一些重大的网络舆情事件使人们开始认识到网络对社会监督起到的巨大作用。同时，网络舆情突发事件如果处理不当，极有可能诱发民众的不良情绪，引发群众的违规和过激行为，进而对社会稳定形成严重威胁。教育系统关系青少年的健康成长，本身热点问题很多，历来是敌对势力渗透和破坏的重点，因此，分析网络舆情的应对策略，建立监测预警机制，必将对网络文化的健康发展起到重要作用。

9.4.1　网络舆情的特点

网络舆情表达快捷、信息多元，方式互动。网络的开放性和虚拟性，决定了网络舆情具有以下特点。

（1）直接性

网民可以随意发表言论，不受任何约束。网络舆情不同于传统媒体的另一特点是缺乏媒体"审核人"的角色。在网络上，任何一个人都能不经过审核直接发布信息。网民在网上或隐匿身份、或现身说法，纵谈国事，嬉怒笑骂，交流思想，关注民生，多元化的交流为民众提供了宣泄的空间，也为搜集真实舆情提供了素材。

（2）突发性

网络舆论的形成往往非常迅速，一个热点事件的存在加上一种情绪化的意见，就可以成为点燃一片舆论的导火索。

（3）隐蔽性

互联网是一个虚拟的世界，由于发言者身份隐蔽，并且缺少规则限制和有效监督，网络自然成为一些网民发泄情绪的空间。在现实生活中遇到挫折，对社会问题片面认识等，都会利用网络得以宣泄。因此在网络上更容易出现庸俗、灰色的言论。

（4）偏差性

互联网舆情是社情民意中最活跃、最尖锐的一部分，但网络舆情还不能等同于全民立场。随着互联网的普及，新闻跟帖、论坛、博客的出现，中国网民们有了空前的话语权，可以较为自由地表达自己的观点与感受。但由于网络空间中法律道德的约束较弱，如果网民缺乏自律，就会导致某些不负责任的言论，比如热衷于揭人隐私、谣言惑众，反社会倾向，偏激和非理性，群体盲从与冲动等。

9.4.2　网络舆情监测技术

近几年，中国着力于利用技术手段实现对海量的网络舆情信息进行深度挖掘与分析，以快速汇总成舆情信息，从而代替人工阅读和分析网络舆情信息的繁复工作。网络舆情相关的关键性技术归结为：单体化技术与系统化技术两类。

网络舆情相关的单体化技术主要包含以下 4 个。

（1）网络舆情采集与提取技术

网络舆情主要通过新闻、论坛/BBS、博客、即时通信软件等渠道形成和传播，这些通道的承载体主要为动态网页，它们承载着松散的结构化信息，使得舆情信息的有效抽取很有难度。

（2）话题发现与追踪技术

网民讨论的话题繁多，涵盖社会方方面面，如何从海量信息中找到热点、敏感话题，并对其趋势变化进行追踪成为研究热点。早期的研究思路是基于文本聚类，即文本的关键词作为文本的特征。这种方法虽然能将一个大类话题下的文本进行聚合，但没有保证话题的可读性与准确性。后有专家实现了话题发现与追踪：即将文本聚类问题转换为话题特征聚类问题，并依据事件对语言文本信息流进行重新组织与利用。

（3）倾向性分析技术

通过倾向性分析可以明确网络传播者所蕴涵的感情、态度、观点、立场、意图等主观反映。比如新浪网的"新闻心情排行"将用户阅读新闻评论时的心情划分为八个层次。对舆情文本进行倾向性分析，实际上就是试图用计算机实现根据文本的内容提炼出文本作者的情感方向的目标。

（4）多文档自动文摘技术

新闻、帖子、博文等页面都包含着垃圾信息，多文档自动摘要技术能对页面内容进行过滤，并提炼成概要信息，便于查询和检索。

通过中国网络舆情相关领域的单体化技术研究综述可以看出：从网络舆情信息的采集与提取，到话题的发现与追踪、到态度倾向性分析，再到多文档自动摘要的生成，为中国网络舆情安全评估的研究提供了有效的舆情信息获取和分析方法。

9.4.3 网络舆情应对策略

在这个信息爆炸的时代，信息传播与意见交互空前快捷，网络舆论的表达诉求也日益多元。如果引导不善，负面的网络舆情将对社会公共安全形成较大威胁。对相关政府部门来说，如何加强对网络舆情的及时监测、有效引导，以及对网络舆情危机的积极化解，对维护社会稳定、促进国家发展具有重要的现实意义，也是创建和谐社会的应有内涵。

（1）建立组织保障机制

网络舆情和网络信息安全工作一样，都应实行属地管理和一把手负责制，采取"谁运营谁负责、谁主管谁负责、谁使用谁负责"的办法实行责任追究制。要在进一步提高认识的基础上，把网络舆情信息工作纳入宣传思想工作总体安排，精心部署，狠抓落实。要制定各种规章制度规范网络行为。要明确一位领导同志具体分管网络舆情信息工作，同时确定一名同志为舆情信息员负责网络舆情的日常监测，每天或每周按部门对网络舆情进行分类整理，针对各部门的情况，提供简单的舆情监测分析报告，及时向各职能部门进行反馈。

（2）建立技术保障机制

网络技术手段是实现网络舆论管理的一个有效措施，常用的网络技术手段包括对 IP 地址的监测、跟踪、封杀；网管的全天候值班监测，对负面消息进行及时清除；运用智能型软件进行敏感词组的自动过滤；对论坛发帖的延时审查及发布；对国外敏感网站浏览限制；论坛、博客、播客实行实名认证制度等。各个网站和互联网运营商都要严格按照国家有关互联网信息安全的相关法律法规建立技术保障措施，确保网络信息安全。

（3）建立日常工作机制

① 网络信息发布：互联网让每一个人都变成了信息的发布者，而且可以不经过审查。正是如此，网站一定要严把信息发布关，要建立网络信息发布的审核制度，规范信息审核流程，实行专人负责。网站开办的 BBS 论坛、博客、播客等交互栏目，必须实行"实名注册"并落实专人管理，严格执行先审后贴制度；

② 网络舆情引导：网络舆情引导就是对监测到的网络舆情动向，通过网络信息评论员进行网络舆论导向，发挥"舆论领袖"的积极作用，对日常舆情进行引导。一方面可以开展即时性评论，

及时跟帖批驳反面声音；另一方面可以通过发帖、跟帖发表引导性评论，发布正面观点。根据传播学规律，"舆论领袖"在影响受众的态度方面作用明显，尤其当网络出现海量信息时，网民往往会无所适从，这时候他们更需要权威的"舆论领袖"的声音作为自身决策的依据。

在正面引导的同时，各版主还要严格审核有关信息，对恶意信息立即删除，对情绪偏激的帖子作缓冲处理。在把关中，切忌简单粗暴地删帖，要注重运用动之以情、晓之以理的引导艺术，使网民产生理性和情感上的认同与共鸣，从而形成网上正面言论强势。

本章习题

一、判断题

1. 一个有效的计算机病毒清除软件，在带病毒的环境中正好施展其威力。　　　　（　　）

2. 在目前的计算机系统中，大多使用口令方式来验证用户身份的合法性。　　　（　　）

3. 计算机犯罪需要高超的计算机技术，普通人不可能造成特别大的危害。　　　（　　）

4. 所谓计算机安全就是特指计算机系统本身的实体安全。　　　　　　　　　　（　　）

5. 如果收到一封来历不明的电子邮件，避免感染病毒的最好方法就是立即删除它。

（　　）

6. 突发的停电或者偶然的错误，会在计算机内部产生一些乱码或随机指令，这些无序的代码叫计算机病毒。　　　　　　　　　　　　　　　　　　　　　　　　（　　）

7. 防火墙有许多形式，有以软件形式运行在普通计算机上的，也有以固件形式设计在路由器上的。　　　　　　　　　　　　　　　　　　　　　　　　　　　　　（　　）

8. 经常做好重要文件与数据的备份，可以减少病毒入侵的损失。　　　　　　　（　　）

9. 设置计算机密码时应当以简单、易记为原则。　　　　　　　　　　　　　　（　　）

10. 有人说"因特网犹如虚拟社会"，网民互相交往不必遵守现实生活的道德准则。

（　　）

二、单选题

1. 人为编写，能够干扰计算机系统正常工作，浪费或破坏计算机系统资源，并能自我复制的计算机程序称为（　　）。

　　A. 病毒　　　　　　B. 文件　　　　　　C. 文档　　　　　　D. 黑客

2. 下列关于口令的安全扫描中错误的是（　　）。

　　A. 口令要定期更换　　　　　　　B. 口令越长越安全

　　C. 容易记忆的口令不安全　　　　D. 口令中使用的字符越多越不容易被猜中

3. 下列计算机系统的安全措施中，最佳安全措施是：（　　）。

　　A. 使用最好的杀毒软件　　　　　B. 使用最佳的防火墙

　　C. 使用最好的入侵检测系统　　　D. 对数据及时作好备份

4. 密码学的目的是（　　）。

　　A. 研究数据加密　　　　　　　　B. 研究数据解密

　　C. 研究数据保密　　　　　　　　D. 研究信息安全

5. 信息安全的基本属性是（　　）。

　　A. 机密性　　　　B. 可用性　　　　C. 完整性　　　　D. 上面三项都是

6. CA 指的是：（　　）

　　A. 证书授权　　　B. 加密认证　　　C. 虚拟专用网　　　D. 安全套接层

7. 计算机病毒造成的危害是（　　　）。

    A. 磁盘被彻底划坏　　　　　　　　　B. 磁盘不能使用

    C. 破坏程序和数据　　　　　　　　　D. 缩短计算机使用寿命

8. 以下关于病毒的描述中，不正确的说法是（　　　）。

    A. 对于病毒，最好的方法是采取"预防为主"的方针

    B. 恶意传播计算机病毒可能会是犯罪

    C. 杀毒软件可以抵御或清除所有病毒

    D. 计算机病毒都是人为制造的

9. 可能造成计算机系统安全问题的原因是（　　　）。

    A. 人为恶意破坏　　　　　　　　　　B. 人为无意过失

    C. 纯粹的自然灾害　　　　　　　　　D. 以上三种都是

10. 计算机病毒传播的渠道不可能是（　　　）。

    A. 软盘　　　　　　B. 键盘　　　　　　C. MP3　　　　　　D. U盘

三、多选题

1. 下列关于防火墙的描述，正确的是（　　　）。

    A. 是针对计算机房采取的防火措施

    B. 主要解决使用计算机的用户的人身安全

    C. 是Internet王和内部网络之间采取的一种安全措施

    D. 安装个人防火墙可以抵御黑客的袭击

2. 使用计算机口令的良好习惯是（　　　）。

    A. 在输入口令时不要让别人看见

    B. 在不同的系统中使用不同的口令

    C. 不要再明显的地方写下自己的口令

    D. 定期更换口令

3. 以下关于"计算机安全"的说法中，正确的是（　　　）。

    A. 计算机安全既包括信息安全也包括实体安全

    B. 计算机犯罪全是高技术犯罪，普通人无法实施

    C. 普通用户不需要维护计算机安全

    D. 计算机安全问题有可能是人为过失造成的

4. 下列（　　　）方式可以有效预防计算机病毒。

    A. 不要运行来历不明的软件

    B. 可以打开来历不明的电子邮件

    C. 做好重要数据的备份

    D. 使用正版软件

5. 下面哪些属于计算机病毒特征？（　　　）

    A. 传染性　　　　　B. 破坏性　　　　　C. 触发性　　　　　D. 潜伏性

四、填空题

1. 一个安全的信息系统应该具有（　　　）、（　　　）、（　　　）、（　　　）和（　　　）等五个特征。

2. 信息安全包括（　　　）、（　　　）、（　　　）、（　　　）等四个方面的内容。

3. （　　　）技术即虚拟专用网（Virtual Private Network），是一条穿过复杂的功用网络的安全、稳定的隧道。

4. （　　　）是在一个受保护的内部网络与互联网之间，执行访问控制策略的一个或一组系统，

它在不同网络间执行访问控制策略，以防止发生不可预测的、潜在破坏性的侵入，实现网络的安全保护。

5.（　　　）是在硬件、软件、协议的具体实现或系统安全策略上存在的缺陷，从而可以使攻击者能够在未授权的情况下访问或破坏系统。

第 10 章
互联网应用技术

10.1　移动互联网技术基础

移动互联网（Mobile Internet, MI）是一种通过智能移动终端，采用移动无线通信方式获取业务和服务的新兴业务，其本质就是将移动通信和互联网二者结合起来，成为一体。移动互联网包含终端、软件和应用三个层面。终端层包括智能手机、平板电脑、智能电视等；软件包括操作系统、中间件、数据库等；应用层包括商务办公类、工具媒体类、休闲娱乐类等不同应用与服务。

10.1.1　移动互联网智能终端简介

智能终端是指具有独立操作系统，可以安装和运行第三方软件，并具备移动通信能力的设备。智能终端可以归纳为以下三类。

手持及穿戴设备：包括手机、平板电脑、智能手表、智能手环、电子书、智能眼镜等，如图10-1 所示。

家庭类设备：包括智能电视、智能路由器以及其他智能家居。

办公类设备：包括企业及私人云存储终端等。

1.　手持式智能终端设备

在手机发明初期，很长一段时间内，都是没有智能操作系统的，所有的软件都是由手机生产商在设计时定制的。但是随着通信网络的不断改善，由早期的模拟通信网络（1G 网络），发展到广为使用的数字通信网络（2G 网络），再到能方便访问互联网的第三代通信网络（3G 网络），到现在正在使用的 4G 通信网络、5G 通信网络，以至于现在的手机已经不再像最早的手机只满足基本的通话、短信功能，而是开始逐步变为一个移动的终端，从而它也拥有了独立的操作系统。

2.　穿戴式智能终端设备

穿戴式智能设备是应用穿戴式技术对日常穿戴进行智能化设计，开发出可以穿戴的设备的总称，如手表、手环、眼镜、服饰等，如图 10-2 所示。

穿戴式智能设备时代的来临意味着人的智能化延伸，通过这些设备，人可以更好地感知外部与自身的信息，能够在计算机、网络甚至其他人的辅助下更为高效率地处理信息，能够实现更为无缝的交流。应用领域可以分为两大类，即自我量化与体外进化。

在自我量化领域，最为常见的为两大应用细分领域，一是运动健身户外领域，另一个即是医疗保健领域。

在前者，主要的参与厂商是专业运动户外厂商及一些新创公司，以轻量化的手表、手环、配饰为主要形式，实现运动或户外数据如心率、步频、气压、潜水深度、海拔等指标的监测、分析与服务。而后者，主要的参与厂商是医疗便携设备厂商，以专业化方案提供血压、心率等医疗体征的检测与处理，形式较为多样，包括医疗背心、腰带、植入式芯片等。

在体外进化领域，这类可穿戴式智能设备能够协助用户实现信息感知与处理能力的提升，其应用领域极为广阔，从休闲娱乐、信息交流到行业应用，用户均能通过拥有多样化的传感、处理、连接、显示功能的可穿戴式设备来实现自身技能的增强或创新。主要的参与者为高科技厂商中的创新者以及学术机构，产品形态以全功能的智能手表、眼镜等形态为主，不用依赖于智能手机或其他外部设备即可实现与用户的交互。

图 10-1　手持智能终端设备　　　　　　　图 10-2　可佩戴式智能终端设备

3. 家庭智能终端设备

家庭智能终端是利用电子、通信等技术与传统家电相结合，通过网络系统交互信息的创新产品，让家电的功能更加强大，使用更简单、更加方便和实用，为家庭生活创造更高品质的生活环境，常见的家庭智能终端包括数字智能电视、智能路由器等，如图 10-3 所示。

图 10-3　家庭智能终端

10.1.2　移动互联网终端软件简介

1. 操作系统

目前，智能终端的操作系统主要有 Android、iOS、Windows Mobile、Windows Phone、BlackBerry和 Symbian 等，各操作系统占据的市场份额如图 10-4 所示。

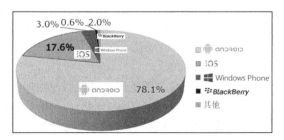

图 10-4　各手机操作系统的市场份额

● Android 是 Google（谷歌）公司发布的基于 Linux 内核的专门为移动设备开发的平台，其中包含了操作系统、中间件和核心应用等。Android 是一个完全免费的手机平台，使用它不需要授权费，可以完全定制。由于 Android 的底层使用开源的 Linux 操作系统，同时开放了应用程序开发工具，这使所有程序开发人员都在统一的、开放的平台上进行开发，从而保证了 Android 应用程序的可移植性。Android 使用 Java 作为程序开发语言，所以不少 Java 开发人员加入到此开发阵营，这无疑加快了 Android 队伍的发展速度。在短短几年时间里，Android 应用程序的数量已经超过了 100 万款，增长非常迅速。

● iOS 操作系统是苹果公司开发的移动操作系统，主要应用在 iPhone、iPad、iPod touch 以及 Apple TV 等产品上。iOS 设备的屏幕是用户体验的核心，用户不仅可以在上面浏览优美的文字、图片和视频，也可和多点触摸屏进行交互。另外，iOS 允许系统界面根据屏幕的方向而改变方向，用户体验效果非常好。iOS 使用 Objective-C 作为程序开发语言，苹果公司还提供了 SDK，为 iOS 应用程序开发、测试、运行和调试提供工具。iOS 应用程序的数量也已经超过了 100 万款。

● Windows Mobile 操作系统是微软公司推出的移动设备操作系统。由于其界面类似于计算机中使用的 Windows 操作系统，所以用户操作起来比较容易上手。它捆绑了一系列针对移动设备而开发的应用软件，并且还预安装了 Office 和 IE 等常用软件，还有很强的媒体播放能力。但是由于其对硬件要求较高，并且系统会经常出现死机，所以限制了该操作系统的发展。

● Windows Phone 也是微软公司推出的移动设备操作系统。之前，微软公司的移动设备操作名称为 Windows Mobile，2010 年 10 月微软推出了新一代移动操作系统，称之为 Windows Phone。该系统与 Windows Mobile 有很大不同，它具有独特的"方格子"用户界面，并且增加了多点触控和动力感应功能，同时还集成了 Xbox Live 游戏和 Zune 音乐功能。

● BlackBerry（黑莓）操作系统是由加拿大的 RIM 公司推出的与黑莓手机配套使用的系统，它提供了手提电脑、文字短信、互联网传真、网页浏览，以及其他无线信息服务功能。其中，最主要的特色就是它支持电子邮件推送功能，邮件服务器主动将收到的邮件推送到用户的手持设备上，用户不必频繁地连接网络查看是否有新邮件。黑莓系统主要针对商务应用，因此具有很高的安全性和可靠性。

● Symbian（塞班）操作系统是一个实时性、多任务的纯 32 位操作系统。它最初是由塞班公司开发的，后来被诺基亚收购。智能手机就是由诺基亚率先开发的，并且使用的就是塞班操作系统。该操作系统具有功耗低、内存占用少等优点。另外，它还具有灵活的应用界面框架，并提供公开的 API 文档，不但可以使开发人员快速地掌握关键技术，还可以让手机制造商推出不同界面的产品。但是由于 Symbian 系统早期只对手机制造商和其他合作伙伴开放核心代码，这就大大制约了它的发展。后来随着 Android 和 iOS 的迅速发展，Symbian 系统最终被诺基亚放弃。

2. 中间件

移动中间件是连接不同的移动应用、程序和系统的一种软件。移动中间件实际上隐藏了多种复杂性：在移动环境下工作的复杂性，允许设备对设备流畅交互的复杂性，移动设备与计算机集成的复杂性和移动应用开发的复杂性。和其他的中间件一样，移动中间件也是通过提供信息服务来使不同的应用之间进行通话的一个典型。随着多样化的平台和设备进入到移动空间，移动中间件已经变得越来越重要。

3. 数据库

移动数据库是能够支持移动式计算环境的数据库，其数据在物理上分散而逻辑上集中。它涉及数据库技术、分布式计算技术、移动通信技术等多个学科，与传统的数据库相比，移动数据库具有移动性、位置相关性、频繁的断接性、网络通信的非对称性等特征。

10.1.3　移动互联网应用层 App 简介

移动互联网可以说和我们日常生活密切相关，也随之诞生出各种 App（Application 的缩写，主要是指安装在智能终端上的软件），包含了社交、购物、电子商务、办公、学习、娱乐、媒体工具等方方面面。

1. 移动 OA 系统

移动 OA 系统也称无纸化办公或 3A 办公，即办公人员可在任何时间（Anytime）、任何地点（Anywhere）处理与业务相关的任何事情（Anything）。

其特点如下。

- 移动 OA 系统不受空间限制，拓展企业办公空间、提高办公效率。
- 办公处理不再受到时间和空间的限制，轻松实现商务快速响应。
- 关键的时刻、关键的地点，移动 OA 系统帮助及时获得最精准的信息去应对复杂的商业需求和变化。
- 完备的保障措施、规避商业数据安全风险。移动 OA 系统采取数据加密，多重认证等全面的安全措施，有效保障企业的商业数据不被泄露、修改、丢失。

2. 移动多媒体工具

手机作为现代人随身携带的通信工具，同时也成为了最便捷的拍摄工具，能让人们用一种更平和、更细腻、更朴实的心态来观察并记录生活中的点点滴滴。随着手机摄像头硬件的日渐成熟，以及计算机视觉算法和人工智能日趋完善，手机摄影日益普及，流行化的手机摄影必将成为新型摄影的重要部分。

不仅如此，手机还可以下载与媒体处理相关的 App，将拍摄的照片、视频素材进行后期加工处理（修图、剪辑、配音、配乐、特效、字幕等），让后期制作不再是计算机的专属。

3. 移动电子商务

移动电子商务是基于移动通信网络，通过手机、掌上电脑等智能终端所进行的电子商务活动。相对于传统的电子商务而言，移动电子商务可以真正使任何人在任何时间、任何地点得到整个网络的信息和服务。

移动电子商务的主要优势是灵活、简单、方便。它完全根据消费者的个性化需求和喜好订制，设备的选择以及提供服务与信息的方式完全由用户自己控制。通过移动电子商务，用户可随时随地获取所需的服务、应用、信息和娱乐，可以使用移动终端查找、选择及购买商品和服务。

移动电子商务主要提供以下核心业务。

- 银行业务：移动电子商务使用户能够随时随地在智能终端上进行个人财务管理、支付等，进一步完善了网上银行体系，如图 10-5 所示。

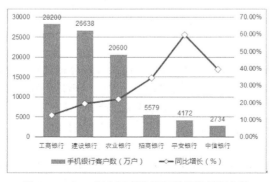

图 10-5　2017 年中国商业银行手机银行客户数

- 交易业务：移动电子商务具有即时性，因此适用于即时性非常高的交易业务，如证券交易。
- 出行业务：移动电子商务根据智能终端定位服务可随时随地打车、订票、订房等。
- 购物业务：购物是网络人群爱好之一，即兴购物成为一大增长点。据中国移动互联网数据库显示，2018 年 3 月移动购物行业用户规模达到 7.53 亿，同比增长 15.2%。在渠道下沉、内容构建和社交裂变等方式的拉动下，购物类典型 App 活跃用户规模均呈现不同程度增长，如图 10- 6 所示。

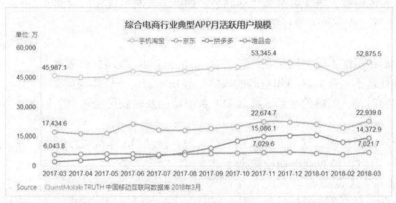

图 10-6　综合电商行业典型 APP 月活跃用户规模

10.1.4　智能终端 App 开发简介

近几年，随着智能终端的迅速普及，用户海量增长，APP 开发的市场需求与发展前景一片繁荣，各类 App 都有着广阔的市场需求。

目前 App 开发一般分为以下三类：Native App（原生开发）、Web App（Web 开发）、Hybrid App（混合开发），其纵向对比如图 10- 7 所示。

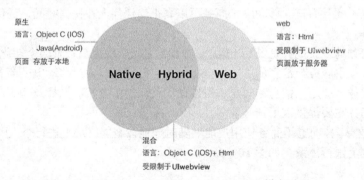

图 10-7　Web App、Hybrid App、Native App 纵向对比

1. Native App

Native App 指的是原生程序，一般依托于操作系统，有很强的交互性，是一个完整的 App，可拓展性强，需要用户下载安装使用。（简单来说，原生应用是特别为某种操作系统开发的，比如 iOS、Android、黑莓等，它们是在各自的移动设备上运行的）

该模式通常是由"云服务器数据+App 应用客户端"两部分构成，App 应用所有的 UI 元素、数据内容、逻辑框架均安装在手机终端上。

原生应用程序是某一个移动平台（比如 iOS 或安卓）所特有的，使用相应平台支持的开发工具和语言（比如 iOS 平台支持 Xcode 和 Objective-C，安卓平台支持 Eclipse 和 Java）。原生应用程序看起来（外观）和运行起来（性能）是最佳的。

优点：

- 能够访问移动硬件设备或底层功能，比如个人信息，摄像头以及重力加速器等
- 可访问手机的所有功能（GPS、摄像头）
- 速度更快、性能高、整体用户体验不错
- 可线下使用
- 支持大量图形和动画
- 容易发现（在 App Store 里面和应用商店里面）和重新发现（应用图标会一直在主页上），

对于苹果而言，应用下载能创造盈利（当然 App Store 抽取 20%-30% 的营收）

- 比移动 Web App 运行快
- 一些商店与卖场会帮助用户寻找原生 App
- 官方卖场的应用审核流程会保证让用户得到高质量以及安全的 App
- 官方会发布很多开发工具或者人工支持来帮助开发
- 页面存放于本地

缺点：

- 开发成本高，尤其是当需要多种移动设备来测试时
- 因为是不同的开发语言，所以开发、维护成本也高
- 由于用户使用的 App 版本不同，所以维护起来很困难
- 支持设备非常有限（一般是哪个系统就在哪个平台专属设备上使用）
- 官方卖场审核流程复杂且慢，会严重影响你的发布进程
- 上线时间不确定（App Store 审核过程不一）
- 内容限制（App Store 限制）
- 获得新版本时需重新下载应用更新（需提示用户下载更新，用户体验差）

2. Web App

Web App 指采用 HTML5 语言开发的 App，不需要下载安装。类似于现在所说的轻应用，是存储在浏览器中的应用，基本上可以说是触屏版的网页应用。（Web 应用本质上是为移动浏览器设计的基于 Web 的应用，它们是用普通 Web 开发语言开发的，可以在各种智能手机浏览器上运行）

Web App 开发即是一种框架型 App 开发模式（HTML5 App 框架开发模式），该开发具有跨平台的优势，该模式通常由 "HTML5 云网站+App 应用客户端" 两部分构成，App 应用客户端只需安装应用的框架部分，而应用的数据则是每次打开 App 的时候，去云端取数据呈现给手机用户。

HTML5 应用程序使用标准的 Web 技术，通常是 HTML5、JavaScript 和 CSS。这种只编写一次、可到处运行的移动开发方法构建的跨平台移动应用程序可以在多个设备上运行。虽然开发人员仅使用 HTML5 和 JavaScript 就能构建功能复杂的应用程序，但仍然存在一些重大的局限性，具体包括会话管理、安全离线存储以及访问原生设备功能（摄像头、日历和地理位置等）。

优点：

- 跨平台开发，开发速度快
- 任何时候都可以发布 App，不需要官方卖场的审核
- 纯 H5 开发，与很多 App 开发方式不同的是，可以实现图文混合的排版（这些复杂多变的 CSS 样式虽然消耗了性能，但是带来了排版的多样性，能够细致到每一个字宽行高和风格的像素级处理，这是 H5 的优异之处）
- 支持设备广泛

- 较低的开发成本
- 无内容限制
- 用户可以直接使用最新版本（自动更新，不需用户手动更新）
- 如果已经有了一个 Web App，可以使用 Responsive Web Design 来辅助改进
- 页面存放于 Web 服务器（受限于 Uiwebview，减少了内存，但是会增加服务器的压力）

缺点：

- 只能使用有限的移动硬件设备功能，无法使用很多移动硬件设备的独特功能
- 要同时支持多种移动设备的浏览器让开发维护的成本也不低（也要适配不同的浏览器），如果用户使用更多的新型浏览器，那问题就更不好处理了
- 对于用户来说，这种 App 很难被用户发现
- 这里的数据获取都是在资源页面上异步完成的，因为只有这样才能让这些资源页面完成预加载或者渲染。（异步的话都涉及到耗时的问题）
- 表现差（对联网的要求比较大）
- 用户体验没那么炫
- 图片和动画支持性不高
- 没法在 App Store 中下载、无法通过应用下载获得盈利机会
- 对手机特点有限制（摄像头、GPS 等）
- 无法体会包括会话管理、安全离线存储以及访问原生设备功能（摄像头、日历和地理位置等）
- 页面跳转更加费力，不稳定感更强
- 更小的页面空间（由于浏览器的导航本身占用一部分屏幕空间），更大的信息记忆负担
- 导航不明显，原有底部导航消失，有效的导航遇到挑战
- 交互动态效果收到限制，影响一些页面场景、逻辑的理解。比如登录注册流程的弹出、完成及异常退出，做好文字提示。

3. Hybrid App

Hybrid App 指的是半原生半 Web 的混合类 App。需要下载安装，看上去类似 Native App，但只有很少的 UIWebView，访问的内容是 Web。

混合应用程序让开发人员可以把 HTML5 应用程序嵌入到一个细薄的原生容器里面，集原生应用程序和 HTML5 应用程序的优点（及缺点）于一体。

混合应用大家都知道是原生应用和 Web 应用的结合体，采用了原生应用的一部分、Web 应用的一部分，所以必须部分在设备上运行、部分在 Web 上运行。不过混合应用中比例很自由，比如 Web 占 90%，原生占 10%；或者各占 50%。

有些应用最开始就是有个原生客户端的壳，其实里面是 HTML5 的网页，后来才推出真正的原生应用。比较知名的 App，比如手机百度和淘宝客户端 Android 版，走的也是 Hybrid App 的路线，不过手机百度里面封装的不是 WebView，而是自己的浏览内核，所以体验上更像客户端，更高效。

优点：是最稳定的 App 开发方式，交互层的效率由 Native 解决，架构上基本就是在 App 内写网页，连 App Store 都是采用了该种方案。

缺点：要权衡好多少界面采用 Web 来渲染，毕竟 WebView 的效率会相对降低。

三者的技术特性如图 10-8 所示。

	Native	Html5	Hybrid
APP 特性			
图像渲染	本地API渲染	Htrrl, Canvas, CSS	混合
性能	快	慢	慢
原生界面	原生	模仿	模仿
发布	App Store	Web	App store
本机设备访问			
照相机	支持	不支持	支持
系统通知	支持	不支持	支持
定位	支持	支持	支持
网络要求			
网络要求	支持离线	大部分依赖网络	大部分依赖网络

图 10-8　Web App、Hybrid App、Native App 技术特性

10.2　信息检索基础

10.2.1　信息检索及其特性

1. 信息检索的内涵

信息检索起源于图书馆的参考咨询和文摘索引工作。但信息检索作为一个学科来发展，则始于 1949 年，莫尔斯（Calvin N. Mooers）在《把信息检索看作是时间性的通信》一文中，首次提出"信息检索（information retrieval）"的概念。其后，随着信息检索理论和实践的更新发展，人们对信息检索的认识也在不断深入。对于信息检索的概念，目前学术界尚无公认一致的定义，国内外专家从不同角度有不同的解释。

从实际检索工作的角度出发，信息检索是指将信息按照一定的方式组织和存储起来，并根据信息用户的需求查找出相关信息的过程。信息检索有广义和狭义双重含义。广义上说，信息检索包含信息存储（information storage）和信息查询（information search）两个过程。信息存储是对信息进行收集、标引、描述和组织，并进行有序化编排，形成信息检索系统的过程；信息查询是指通过查询机制从各种检索系统中查找出用户所需的特定信息的过程。信息的存储与检索存在着相辅相成、相互依存的辩证关系。存储是为了检索，没有存储就无法实现检索。狭义地讲，信息检索仅仅指信息查询的过程。信息检索的实质就是将用户的检索提问标识与存储在信息检索系统中的信息特征标识进行比较、匹配，两者一致或者信息特征标识包含着检索提问标识。

2. 信息检索的特性

无论是哪一种检索类型，信息检索都满足如下特性。

（1）信息检索的相关性

苏联情报学家切尔内认为：所谓相关性，是指信息检索时规定的一篇正文与表示信息提问的另一篇正文的符合程度。"集合论"认为：将信息检索过程看作是两个集合，即系统中存储的文献与用户信息需求中两个实体之间的相关性匹配关系，如文献表达与检索表达式之间的相关性，文献与查询请求之间的相关性，用户查询到的信息与信息需求之间的相关性等。

（2）信息检索的不确定性

信息检索系统并没有直接处理原始信息和原始用户需求，它提供的只是信息表达和提问表达之间的关系，这就涉及标引和检索词选用的准确度问题。而实际上，在标引词和检索词的选用中都存在不确定性。标引的不确定性是指不同标引员在给同一篇信息对象进行标引时会选用不同的标引词，即标引词选用的不一致性。选用的不确定性是指候选检索词集不只一个，而是多个，检

索过程具有试探性，系统依次选用词集进行检索，直到检出或在失败中放弃查找。上述两种不确定性作用于检索系统，使得信息检索具有不确定性。

（3）信息检索的逻辑性

信息检索作为信息管理的核心，具有非常强的逻辑性。在检索语言方面，检索词表作为检索语言的典据性文本，其自身编排具有很强的逻辑性。在检索策略的研究方面逻辑性表现得更为明显。所谓检索策略是指处理信息检索提问的逻辑与查找步骤的科学安排。正确的检索策略优化了检索过程，有助于取得最佳的检索效果，获得具有高相关度的文献。但是如前分析的，检索过程具有不确定性，这一点决定了检索不是一蹴而就的过程。在检索过程中能否根据实际情况进行动态的反馈和调整以尽量减少检索失误，直接影响到检索的成败。其中系统与用户之间交互的接口功能与检索策略的逻辑性甚是关键。

10.2.2　信息检索的类型

按照不同的标准，信息检索可划分为不同的类型，其特点也各自不同。

1. 按检索内容划分

（1）文献信息检索（Document Retrieval）

文献信息检索是指以文献为检索对象的信息检索，即利用一定的方法和技术，在存储文献的检索系统或数据库中，查找用户所需某一主题文献的线索的过程。

凡是利用目录、题录、文摘或索引等二次信息查找某一主题、某一学科、某一著者、某一地域、某一机构、某一事物的有关信息以及这些信息的出处和收藏单位等，都属于文献信息检索范畴。其检索的结果是文献信息。例如"利用图书馆公共书目查询系统检索所需大学四、六级英语考试方面的图书""设计人行天桥的参考文献有哪些"等便属于该类命题。

（2）数据信息检索（Data Retrieval）

数据信息检索是指将经过选择、整理、鉴定的数值数据存入数据库中，根据需要查处可回答某一问题的数据的检索。

凡是利用参考工具书、数据库等检索工具检索包含在文献中的某一数据、参数、公式或化学分子式等，统称为数据信息检索。其检索结果为数据信息。例如，包括物理性能常数、统计数据国民生产总值、外汇收支等就属于数据检索。

（3）事实信息检索（Fact Retrieval）

事实信息检索是以事实为检索对象的检索，将存储于检索系统中关于某一事件发生的时间、地点、原因、结果等事实信息查找出来的信息检索。查找某一事物的基本情况、历史变迁等，文献信息用户获取的是关于某一事物的具体答案。

凡是利用参考工具书、辞典、百科全书、年鉴等检索工具从存储事实的信息系统中查找出特定事实的过程称为事实信息检索。其检索结果是基本事实。例如，"世界上最长的跨海大桥是哪座？该桥长度是多少公里？何时建成？"等。

文献信息检索属于相关性检索，检索的结果是文献线索，还必须进一步查找才能检索到有关的一次信息；数据与事实信息检索是一种确定性检索，检索的结果是可供用户直接利用的信息。一般情况下，文献信息检索通过二次信息来实现，而数据与事实信息检索则通过三次信息来完成。

2. 按信息组织方式划分

（1）全文检索（Full Text Retrieval）

全文检索是指将存储在数据库中的整本书、整篇文章中的任意内容信息查找出来的检索。可以根据需要获得全文中的有关章、节、段、句、词等的信息，也可进行各种统计和分析。

（2）超文本检索（Hyper Text Retrieval ）

超文本检索是指对每个节点中所存的信息以及信息链构成的网络中信息的检索。它通过网上各知识节点的链接将相关知识信息有机结合在网状结构中，强调中心节点之间的语义连接结构，靠系统提供的工具进行图示穿行和节点展示，用户能够从一个节点沿不同角度进行检索或进行浏览式查询。

（3）超媒体检索（Hyper Media Retrieval ）

超媒体检索是对存储的文本、图像、声音、视频等多种媒体信息的检索。它是利用超媒体技术将文字、图像、声音、视频等信息集成交互在网络结构内，它是多维存储结构，有向的链接，与超文本检索一样，可提供浏览式查询和进行检索。

3. 按信息存储和检索的方式和技术划分

（1）手工检索（Manual Retrieval）

手工检索简称"手检"，是指人们通过手工的方式来存储和检索信息。其使用的检索工具主要是二次文献形式的书本型的检索工具，即目录、题录、文摘和索引的各类工具。检索过程是由人脑和手工操作相配合完成，匹配是人脑的思考、比较和选择。

（2）计算机检索（Computer-based Retrieval）

计算机检索简称"机检"，是指人们利用数据库、计算机软件技术、计算机网络以及通信系统进行的信息存储和检索，其检索过程是在人机的协同作用下完成的。计算机会从其存储的大量数据中自动分拣出与用户提问相匹配的信息，而用户则是整个检索方案的设计者和操纵者。其检索的本质没有发生变化，发生变化的只是信息的载体形式、检索手段、存储方式和匹配方法。

10.2.3　信息检索方法及原则

1. 信息检索的方法

信息检索常用的检索方法主要有 4 种：工具法、引文法、直检法和循环法。

（1）工具法

工具法又称常用法，就是利用文摘或题录等各种信息检索工具查找信息的方法。工具法是信息检索的主要方法，它又可分为顺查法、倒查法和抽查法。

① 顺查法。顺查法是利用信息检索工具按照时间顺序由远及近的查找信息的方法。查找前要确定该课题研究的历史背景，要以课题研究的起始年代为出发点，利用选定的检索工具如书目、索引、文摘由远及近地逐年查找。顺查法适合于较大课题的系统文献信息的检索。通过这种检索方法所查的信息系统全面，能够保证对检索课题的过去、现状及发展趋势作比较全面的了解，查准率和查全率高，但工作量大。一般在撰写学科发展动态、综述、述评、申请专利时使用此种方法。

② 倒查法。倒查法是利用信息检索工具由近及远地逆着时间顺序查找信息的方法，从最近发表的文献开始，直到设定终止的年代或查到所需资料为止。一般将重心放在查找近期文献上。因为近期文献不仅反映了现在的研究水平，而且一般都引用、论证和概述了早期的文献资料。用这种方法检索信息，只需查到基本上掌握所需的信息即可。它多用于新课题、新观点、新理论、新技术的检索，适合于新课题以及某些关键技术问题的解决时的检索。使用该法节省时间，可以检索到比较新的信息，但是容易漏检，查全率不高。

③ 抽查法。抽查法是利用信息检索工具针对课题的研究处于某一学科专业发展的一定阶段，抽出一段时间范围进行逐年查找信息的检索方法。抽查法是基于这样一个规律来查文献的，即任何一门学科的专题研究大体都像波浪起伏般地发展，时而高潮，时而低潮。由于兴旺时期发表的文献量大，各种学术观点较为集中，如果针对课题研究处于兴旺时期的若干年查找，则付出较少的时间可获得较为满意的检索结果。该法可用较少的时间查到较多的信息，检索效率

高。但检索者必须知道课题研究的高峰时期，必须熟悉学科或研究专题发展的历史背景，否则容易误检和漏检。

（2）引文法

引文法又称追溯法。引文法是利用原始文献后面所附的参考文献进行追溯查找文献信息的方法。追溯法又分为由近及远追溯法和由远及近追溯法两种。由近及远追溯法是根据已经发表的文献后面所附的参考文献（即引文）为线索，由近及远，进行逐一追溯的查找方法，这种方法所查的信息越查越旧。这种方法简单易行，工作量大，以较少的文献引出较多的相关文献，适合于历史研究或对背景资料的查询，其缺点是越查材料越旧，追溯到的文献与目前研究专题越来越疏远。所以这种方法一般是在检索工具不齐全或者是在没有检索工具的时候才使用的。因此，最好是选择综述、评论和质量较高的专著作为起点，它们所附的参考文献筛选严格，有时还附有评论。利用引文法高效率地查找文献的最有用的工具是利用引文索引。引文法的一个主要缺点是作者个人收集文献数量有限，不可能列出有关专题的全部文献，这一不足可用常规法来弥补。这类检索工具著名的有美国的《科学引文索引》《社会科学引文索引》《艺术和人文科学索引》，中国的《中国科学引文索引》《中国社会科学引文索引》。

（3）直检法

直检法即直接检索信息的方法，它是从查阅原始文献信息中直接获取所需文献信息的方法。这种方法多用于查找一些内容概念较稳定较成熟、有定论可依的指示性问题的答案。即可解决事实性的检索和数据性的检索。一般是在没有信息检索工具而只有一次文献信息源的情况下使用的信息检索方法。使用该方法检索信息，费时、费工，查全率和查准率都低。

（4）循环法

循环法又称分段法或交替法。该法实际上是工具法与引文追溯法的综合检索方法，即在信息检索时，先利用信息检索工具查出一批相关信息，然后通过筛选，选择出与课题关系特别密切的文献信息，再按其后所附的参考文献进行追溯查找，分期分段地交替进行，从而查出大量的相关文献信息。

2. 选择信息检索方法的原则

（1）有检索工具时用工具法或循环法。

（2）检索工具缺乏，而原始文献收藏丰富宜用追溯法（引文法）。

（3）要解决某一课题的关键性技术，涉及新兴学科或知识更新快的学科课题，不要求全面，只要能解决这个关键问题就行，要快、准，针对性强，宜用倒查法。

（4）要求收集某一课题的系统资料，要求全面，不能有重大遗漏，最好用顺查法。

（5）已经掌握课题发展的规律、特点，用抽查法。

10.2.4 信息检索途径

信息检索途径与信息检索系统（信息检索工具）的组织编排方法相对应，并受其制约。文献信息检索时，主要就是利用信息检索系统提供的检索途径来检索文献信息。根据信息的外部特征和信息的内容特征，信息检索途径一般分为四大类型。

1. 以信息的外部特征为检索途径

信息的外部特征，是从信息检索对象的外表特征，如题名（刊名、书名、篇名）、责任者（如作者、编者、译者、专利权人等）、号码（如专利号、标准号、报告号等）。

（1）题名途径。以书、刊、论文题名编成的索引的一种检索途径。即通过书名、刊名、篇名作为检索入口，或者利用书（刊）名目录、篇名索引等形成的检索工具进行检索。题名途径多用于检索图书、期刊、单篇文献。

（2）责任者途径。从已知的文献信息的责任者名称去获取信息目标的检索途径。文献信息的责任者包括个人作者、团体作者、专利发明人、专利权人等。利用作者索引、作者目录、团体作者索引、专利权人索引等。责任者途径一般适用于专业研究人员，特别是某些领域的专家学者，他们发表的学术成果具有该领域方向性特点。通过作者线索，往往可以系统研究或跟踪该领域发展热点和发展前沿。

（3）号码途径。根据文献信息出版物编排的号码标识来检索信息的途径。特定号码如专利说明书的专利号、技术标准的标准号、科技报告的报告号等，都可以作为检索入口。

2. 以信息的内容特征为检索途径

（1）分类途径

分类途径为目次表（或目录）—起始页码—检索工具正文—文献出处—馆藏目录—原始文献。

分类途径是按照文献信息内容所属学科分类体系检索文献信息的途径。它是文献信息检索的常用途径之一。分类检索途径是利用分类号为检索标识，以学科概念的上下左右关系反映事物的派生、隶属、平行和等级关系，能够较好地体现学科的系统性，有利于从学科专业的角度来查找文献信息，能够满足族性检索的要求。利用分类途径检索，关键在于掌握分类法。目前我国出版的许多信息检索工具的正文部分都是按照学科分类编排的。检索时，分析研究课题，确定课题所属类目或者分类号，利用"目次表"查找到被检课题所在的相关类目及起始页码，然后按照起始页码在正文中逐条浏览，选择所需文献线索，根据文献线索查馆藏获取原始文献。

（2）主题途径

主题途径为主题词—主题索引—顺序号—检索工具正文—文献出处—馆藏目录—原始文献。

主题途径是按照文献信息的主题内容进行信息检索的一种途径。它是检索文献信息的主要途径，也是人们常用的一种信息检索途径。使用主题途径检索文献信息时，关键是确定主题词（或者关键词）。主题词是用来表述文章主题内容的规范化词，主题词是用来表述文章主题内容的非规范化词。检索时，首先分析研究课题，选择确定主题词或者关键词，查主题索引获得顺序号，根据顺序号在正文中查找文献题录（或者文摘）得文献线索，再根据文献线索查馆藏获取原始文献。主题途径检索文献快速、准确、检索效果好，特别适合单篇文献信息的特性检索。

在进行信息检索时，利用频率比较高的信息源主要有计算机数据库信息源和 Internet 网络信息源。

对于现代信息检索工具而言，一般来说，常用的检索方式主要有关键词检索、浏览数据库记录、索引检索、词典检索和分类检索。Internet 网络信息检索的途径主要有漫游法、网络地址法和搜索引擎法。下面分别加以简单介绍。

3. 数据库系统的检索方式

（1）命令检索。命令检索是使用一些特定的操作命令来实现信息检索的方法。不同的系统一般有不同的检索命令表达方式，各个命令的综合应用可以精确地表达检索提问式，灵活地进行各种检索策略的比较，简洁快速地得到比较理想的检索效果。一些大型的信息检索系统都提供命令检索方式检索信息。

（2）菜单检索。菜单检索是一种方便、易掌握的检索方式。普通用户只需要根据菜单的指引，通过确定适当的选项和功能键便能够完成信息检索。大多数数据库都提供菜单方式检索。这种方式的缺点是操作步骤繁多，检索时间长，检索费用高，检索功能不如命令检索好。

（3）分类检索。检索工具按照事物的某一属性将所收集的文献信息进行分类组织，为用户提供分类途径供用户检索数据库。

（4）关键词检索。几乎所有的计算机数据库信息检索系统的数据库检索都提供有这种方法。用户可以根据检索课题需要，选择检索词，制订检索式（检索策略），检索者直接输入检索式进行信息检索。如 CABCD-ROM 数据库的"Search"方式检索、万方数据库的"自由词检索"、网络搜索引擎的关键词方式检索等均属于此类。

（5）索引检索。大多数数据库的机读版本均同时带有各种索引，为用户提供索引方式的检索信息。不同的数据库提供的索引种类不相同，用户可以根据检索课题的已知信息利用数据库提供的相应索引进行检索。如 CABCD-ROM 数据库提供了 9 种索引。

（6）词典检索。用户从数据库词表中选择检索词进行检索的方式。词典检索是指数据库提供词表，供用户从数据库词表中选择检索词进行检索的方式。尤其是对于使用叙词语言的数据库信息检索系统，利用词典检索是比较好的。它可以帮助用户排除非规范化的检索词，提高检索的查准率。如 CABCD-ROM 数据库提供的"Thesaurus"检索就属于此类检索。

（7）浏览数据库。不需输入检索词，直接通过选择数据库记录范围的方式浏览数据库中的文献记录。

4．Internet 网络信息检索的途径

（1）漫游法。在网上通过网络浏览器，从某一个网页上通过感兴趣的条目链接到另一网页上，在整个 Internet 上无固定目的进行浏览。

（2）网络地址法。用户已知要查信息可能存在的地址信息，利用网络浏览器直接连到该网址的主页上进行浏览查找。

（3）搜索引擎法。Internet 网络上的信息检索系统。搜索引擎一般都提供有分类途径和关键词途径检索。

（4）其他方法。如 FTP 文件传输、Telnet 远程登录、E-Mail 电子邮件、Internet Meeting 网络会议等。

10.2.5　信息检索策略

信息检索策略是为实现检索目标而制订的计划和方案，是对整个检索过程的谋划和指导。检索策略就是在分析课题内容的基础上，确定检索系统、检索项、选定检索范围和检索方法，运用逻辑算符拟定检索表达式，并科学安排检索。

1．分析检索课题

利用计算机信息检索系统获取文献信息的用户，一般分为直接用户和间接用户两种类型。直接用户是指最终使用获得的信息进行工作的用户（如科研人员，管理者，决策者等）；间接用户是指专门从事计算机检索服务的检索人员。检索人员在接到用户的检索课题时应首先分析研究课题，全面了解课题的内容以及用户对检索的各种要求，从而有助于正确选择检索系统及数据库，制订合理的检索策略等。分析检索课题时应从以下几方面进行。

（1）弄清用户信息需求的目的和意图。不同的用户其信息需求的目的和意图是不相同的。有的是想系统查检一下某一课题是否已经有人做过，若已有人对其进行了科学研究，目前的研究程度如何，取得了什么成果，即进行立项查新检索，以便自己进行选题；有的是为了解决某个技术难题，看看别人对这个问题或相关问题的研究取得了哪些成果，能否在自己的技术攻关过程中借鉴利用；有的是查找与自己研究的课题相关的文献资料，以便帮助自己开展课题研究或在撰写学术论文的过程中引以为据；有的是查检本课题最新的研究动态，了解最新进展。

（2）分析课题涉及的学科范围、主题要求。弄清学科性质的目的是要明确检索的学科范围，学科范围越具体、越明确，越有利于检索。分析课题学科属性、专业范围及相关内容首先要明白是单一学科还是涉及多学科或交叉学科，要分别列出多学科或交叉学科的相关部分。当课题涉及多学科时，应以主学科为检索重点，次要学科为补充，全面系统地查出所需文献。

（3）课题所需信息的内容及其特征。内容分析主要涉及主题概念的分析。弄清主题概念有助

于科学地选用主题词。内容分析的质量同分析深度与广度有关—以整个咨询课题为一个单元进行概括式分析（浅分析）还是对问题的某一个方面、某一个层次进行微观分析（深分析）。如果仅用一个简单的概念笼统地指出是什么事物，则检索时只要选用较为宽泛的简单主题词或上位主题词就可涵盖整个需求的内容；如果是用复杂概念来表达（具体指出事物的特征，或它的某一方面、某一部分的问题）则检索时需要的检索标识数量较多，检索途径因此而增加，获得所需信息的可能性也增加。要注意需求中有的概念是明确的，有的可能是隐含的，要弄清这些概念之间的关系—是并列关系，主从关系，还是交叉关系？要确定哪些是主要概念，哪些是次要概念，大胆舍去那些无关概念，使分析出的概念少而精。这对于机检时构造一个检索式是非常有用的。

（4）课题所需信息的类型，包括文献类型、出版类型、年代范围、语种、著者、机构等。弄清楚检索课题是文献类检索课题还是事实数据类检索课题。文献类检索课题即以图书、期刊、专利、学位论文等信息类型为检索对象；事实数据类检索课题主要是以在学习、科研中遇到的具体疑难问题为检索对象。事实检索如查人名、地名、名词术语、事件发生的时间、地点、过程等，这是一种确定性检索。数据检索直接查找数值型数据，如各种统计数据、参数、市场行情、财政信息、科技常数、公式等。

（5）课题对查新、查准、查全的指标要求。根据用户对查新、查准和查全方面的具体要求，若要了解某学科理论、课题、工艺过程等最新进展和动态，则要检索最近的文献信息，强调"新"字；若要解决研究中的某具体问题，找出技术方案，则要检索有针对性、能解决实际问题的文献信息，强调"准"字；若要撰写综述、述评或专著等，要了解课题、事件的前因后果、历史和发展，则要检索详尽、全面而系统的文献信息。

2．选择检索工具

在全面分析检索课题的基础上，根据用户要求得到的信息类型、时间范围、课题检索经费支持等因素综合考虑后，选择检索工具或数据库。由于检索工具都是针对一定的问题而设计的，正确选择检索工具，是保证检索成功的基础。选择时必须从以下几个方面考虑。

（1）要查找某一特定的文献，或与某一主题、学科内容相关的文献，这就要考虑文献检索类数据库（二次文献）。例如，要查找投资分析文章，就要用索引、文摘；要找图书，要用书目、馆藏目录，以及访问电子书刊网站、网上书店、电子图书馆、网上图书销售中心等。

（2）要查找具体的事实，如统计数据、人名、地址、机构概况、法律条文、术语等，这就要考虑专为解决这些类型的问题而设计的三次文献类检索工具，如统计年鉴、传记工具书、机构名录、手册、字典、百科全书，以及包括这类检索工具的参考工具类网站。

3．确定检索策略

（1）确定检索词

检索词是表达文献信息需求的基本元素，也是计算机检索系统中进行匹配的基本单元。检索词选择正确与否，直接影响着检索结果。在全面了解检索课题的相关问题后，提炼主要概念与隐含概念，排除次要概念，以便确定检索词。检索词的确定，一般有以下几种方法。

● 先选用主题词和索引词。其一，当所选的数据库具有规范化系统词表时，应优先选用该系统词表中与检索课题相关的规范化主题词，从而可获得最佳的检索效果；其二，当所选检索系统具有索引词表时，应利用其索引词表选择与课题相关的索引词作为检索词。

● 选用数据库规定的代码。许多数据库的文档中使用各种代码来表示各种主题范畴，有很高的匹配性。例如，世界专利文摘数据库中的分类代码，化学文摘数据库中的化学物质登记号。

● 选用常用的专业术语。在数据库没有专用的词表或词表中没有可选的词时，可以从一些已有的相关专业文献中选用常用的专业术语作为检索词。

● 选用同义词与相关词。同义词、近义词、相关词、缩写词、词形变化等应尽量选全，以提高查全率。

● 字段选择限定检索。检索词出现在哪一个字段关系到检索文献的相关度。一般认为检索词出现在重要字段检索出文献的相关度就高，出现在非重要字段检索出文献的相关度就低。在一般数据库中，题名字段、关键词字段（主题词字段）、文摘字段被视为信息记录的重要字段。但有些读者检索信息时根本不考虑字段的选取，而大部分数据库特别是外文数据库往往默认在全字段检索。如果不做相应选择，检索的准确率就会极大地降低，许多不相关的信息充斥在检索结果中，筛选起来非常吃力。检索者会有找不到相关信息的感觉。有效地利用字段限定就可以把大量不相关的信息排斥在外，检索者可以花少量时间浏览最相关的信息。

（2）构建检索提问式

检索提问式是计算机信息检索中用来表达用户检索提问的逻辑表达式，由检索字段、检索词和各种布尔逻辑算符、位置算符、截词符以及系统规定的其他组配连接符号组成。检索提问式构建得是否合理，将直接影响查全率和查准率。构建检索提问式时，应正确运用逻辑组配运算符。

● 使用逻辑"与"算符可以缩小命中范围，起到缩检的作用，得到的检索结果专指性强，查准率也就高。

● 使用逻辑"或"算符可以扩大命中范围，得到更多的检索结果，起到扩检的作用，查全率也就高。

● 使用"非"算符可以缩小命中范围，得到更切题的检索效果，也可以提高查准率，但是使用时要慎重，以免把一些相关信息漏掉。另外，在构建检索提问式时，还要注意位置算符、截词符等的使用方法，及各个检索项的限定要求及其组配关系等。

4. 调整检索策略

构建完检索提问式后，就可以上机检索了。检索时，应及时分析检索结果是否与检索要求一致，根据检索结果对检索提问式做相应的修改和调整，直至得到比较满意的结果。

（1）检索结果信息量过多

产生检索结果信息量过多的原因可能有以下两点：一是主题词本身的多义性导致误检；二是对所选的检索词的截词截得太短。在这种情况下，就要考虑缩小检索范围，提高检索结果的查准率。调整检索策略的方法如下。

● 减少同义词与同族相关词；
● 增加限制概念，采用逻辑"与"连接检索词；
● 使用字段限定，将检索词限定在某个或某些字段范围；
● 使用逻辑"非"算符，排除无关概念；
● 调整位置算符，由松变严，（F）（W）。

（2）检索结果信息量过少

造成检索结果信息量少的原因有以下几点：首先，选用了不规范的主题词或某些产品的俗称和商品名称作为检索词；其二，同义词、相关词、近义词没有运用全；其三，上位概念或下位概念没有完整运用。针对这种情况，就要考虑扩大检索范围，提高检索结果的查全率。

调整检索策略的方法如下。

● 选全同义词与相关词并用逻辑"或"将它们连接起来，增加网罗度；
● 减少逻辑"与"的运算，丢掉一些次要的或者太专指的概念；
● 去除某些字段限制；
● 调整位置算符，由严变松，（W）（F）。

5. 获取原始文献

● 因特网上的原文搜寻；

- 利用保障系统、全文数据库；
- 利用图书馆馆藏目录系统；
- 利用联合目录；
- 委托图书馆馆际互借服务（图书部分页）；
- 委托图书馆文献传递（原文传递）。

10.2.6　信息检索效果的评价

1. 信息检索效果的理解

信息检索效果是利用检索系统进行检索所产生的有效结果。

检索效果评价是根据一定评价指标对实施信息检索活动所取得的成果进行客观科学评价，以进一步完善检索工作的过程。

常用的评价指标有收录范围、查全率、查准率、响应时间、用户负担和输出形式。其中最主要的指标是查全率和查准率。

2. 检索效果指标

在实际检索工作中，衡量检索效果的指标一般包括查全率、查准率、相关性和适用性。

（1）查全率（recall ratio）。是对所需文献信息被检出程度的量度，是衡量检索系统所能够满足用户需求的完备程度。

（2）查准率（precision ratio）。是对检出文献准确程度的量度，是衡量检索系统拒绝非相关文献的能力。

与上述两指标有关的数据如表 10-1 所示。

表 10-1　　　　　　　　　　　　　　查全率与查准率

用户系统	相关文献	不相关文献	总计
被检出文献	a	b	$a+b$
未检出文献	c	d	$c+d$
合计	$a+c$	$b+d$	$a+b+c+d$

查全率与查准率可分别用下列公式表示：查全率（Recall ratio）$R=[a/(a+c)]\times100\%$

检出的相关文献数与系统内的相关文献总数之比（W·佩里和 A·肯特，1956）。查准率（Precision ratio）$P=[a/(a+b)]\times100\%$

检出的相关文献数与检出的文献总数之比，它是衡量一个检索系统的信号噪声比，测度检索系统拒绝非相关文献能力大小的一项指标（佩里和肯特，1956）。

漏检率$=[c/(a+c)]\times100\%$。

未检出的相关文献数／文献库内相关文献总数 $\times100\%$。误检率（Noise ratio）$=[b/(a+b)]\times100\%$

系统检出的非相关文献数与检出的文献总数的比率为误检率（Noise ratio），其值为 $b/a+b\times100\%$，它是查准率的补数。

检索者的理想是要求查全率和查准率都是 100%，但这是不可能的。

实验表明：查全率和查准率之间存在反变关系（互逆关系），即提高查全率会降低查准率，反之亦然。在同一个检索系统中当查全率与查准率达到一定阈值（即查全率 60%～70%，查准率 40%～50%）后，二者呈互逆关系，即查全率提高，查准率就会降低，反之亦然。因此，检索的最佳状态就是查全率为 60%～70%，且查准率为 40%～50%时。

影响查全率和查准率的主要因素如下。

① 客观原因（针对检索系统）。系统内文献不全；收录遗漏严重；索引词汇缺乏控制；词表结构不完善；标引缺乏详尽性，没有网罗应有的内容；文献分类专指度缺乏深度，不能精确地描述文献主题；组配规则不严密。

② 主观原因（针对检索者）。检索课题要求不明确；检索工具选择不恰当；检索途径和方法过少；检索词缺乏专指性；检索词选择不当；组配错误等。

（3）相关性。是用户判断文献信息与实际信息需求之间关系的标准。

现实的信息系统，不是回答用户提问本身（即用户真实需求），而是回答用检索式表达后的信息提问，虽然检出的是与信息提问相关的信息，但不一定是真正切题（符合用户真实需求）的信息，用户只有在阅读文献信息后才能对其切题性做出判断。

（4）适用性。是反映特定时间内文献信息满足用户需求的价值。强调能够对用户的实际需要的满足程度或能够给用户带来的效果和产生的效益。

（5）其他评价指标。

① 新颖率。从检索系统中检出来的对用户而言含有新颖信息的文献件数与文档中总相关文献数、检出的总文献数或检出的总相关文献数之比。

② 错检率。从检索系统中检出来的无关文献量与系统中无关文献总数之比，它与专指度存在互补关系。

③ 覆盖率。在某一特定时间里，从某一检索系统中检索到的涉及特定主题领域的所有文献数与该主题领域相关的实有文献总数之比。这一指标反映某一文献库提供专门主题文献的范围大小，覆盖率越高，文献库包含的信息量越大，漏检的可能性也就越小。

（6）提高检索效率的措施

① 提高检索工具的质量。

② 提高文献库的编辑质量，使其收录范围更全面、更切合相应学科或专业的需要，著录的内容更详细准确。

③ 提高用户利用检索工具的能力。

④ 制订优化的检索策略。

10.2.7　国内外综合性检索工具

1. 全国报刊索引

（1）概述

《全国报刊索引》综合数据库是由上海图书馆下属的《全国报刊索引》编辑部编辑并出版的综合型索引数据库。该数据库原名《中文社科报刊篇名数据库》，是国家文化部立项，上海图书馆承建的重大科技项目。《全国报刊索引》编辑部自 1993 年起开始研制和编辑该数据库，1995 年完成并通过国家文化部部级鉴定，1996 年获国家文化部科技进步二等奖、上海市文化局科技进步一等奖。2000 年《中文社科报刊篇名数据库》改名为《全国报刊索引数据库：社科版》，同年推出《全国报刊索引数据库：科技版》。目前，《全国报刊索引》综合数据库累计数据总量已超过 3000 万条，时间跨度从 1833 年至今达一个半世纪，年新增数据达 350 万条。《全国报刊索引》数据库分为目次库、篇名库、会议库、西文库 4 个字库。

篇名库浓缩了国内出版发行的各类报刊（包括港台地区）中的精华篇目信息，并由专业人员根据《中国图书馆分类法（第四版）》编辑而成。数据库格式严格按照国家有关标准，其著录字段包括顺序号、分类号、题名、著者、著者单位、报刊名、年卷期、所在页码、主题词、摘要等十余项。具有学科齐全、种类繁多、信息海量、检索方便、界面友好、速度快捷等特点。目前该数据库数据已回溯至 1833 年，年更新量在 50 万条左右，是目前国内唯一揭示中文报刊资源时间跨度最大，报道报刊品种最多（1.6 万余种）的报刊数据库产品。

目次库是《全国报刊索引》在原《全国报刊索引数据库》基础上通过流程整合，与 2004 年推出的新产品，该目次数据库与原有的《全国报刊索引数据库》相比，具有文献信息量多 4 倍，收录报刊种类近 1 万种等优势，几乎包括了国内（包括港澳台地区）所有的中文报刊资源。

会议库收录了自 1978 年至今国内一、二级学会组织召开的 9000 多个专业会议，约 76 万余篇会议论文，内容涉及社会科学、自然科学、工程技术、交通运输、航空航天、环境科学等学科领域。数据库年更新数据量近 6 万条。

西文库制作于 2003 年，收录了西文期刊 3000 余种，每年报道信息量 60 万条，该数据库提供题名、作者、刊名、卷期号、年份等检索途径，并可进行逻辑组配检索。通过《全国报刊索引数据库——西文库》，读者可以很方便地检索西文期刊信息。

（2）数据库检索

数据库有 8 个可检索字段，它们分别是分类、题名、著者、单位、刊名、年份、主题和文摘，选中相应的字段，直接在检索式中输入检索词检索即可。同时，数据库支持布尔逻辑检索，在检索框中输入设计好的检索式，即可实现复合检索，如图 10-9 所示。

在检索结果页面，右上部分用于显示检索结果的简要信息，右下部分显示检索结果的详细信息。如图 10-10 所示。

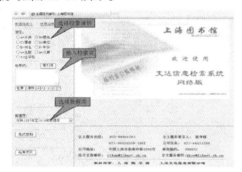
图 10-9　全国报刊索引主页

图 10-10　全国报刊索引显示结果页面

2. 中国科学引文索引

（1）概述

中国科学引文数据库（Chinese Science Citation Database，CSCD）是由中国科学院文献信息中心编辑出版的一款引文索引数据库。该数据库创建于 1989 年，收录我国数学、物理、化学、天文学、地学、生物学、农林科学、医药卫生、工程技术、环境科学和管理科学等领域出版的中英文科技核心期刊和优秀期刊千余种，目前已积累从 1989 年到现在的论文记录 300 万条，引文记录近 1700 万条。

中国科学引文数据库系统除具备一般数据库的各类检索功能外，还提供新型的索引关系——引文索引，使用该功能，用户可迅速从数百万条引文中查询到某篇科技文献被引用的详细情况，还可以从一篇早期的重要文献或著者姓名入手，检索到一批近期发表的相关文献，对交叉学科和新学科的发展研究具有十分重要的参考价值。

中国科学引文数据库是我国第一个引文数据库。1995 年 CSCD 出版了我国的第一本印刷版《中国科学引文索引》，1998 年出版了我国第一张中国科学引文数据库检索光盘，1999 年出版了基于 CSCD 和 SCI 数据，利用文献计量学原理制作的《中国科学计量指标：论文与引文统计》，2003 年 CSCD，推出了网络版，2005 年 CSCD 出版了《中国科学计量指标：期刊引证报告》。2007 年中国科学引文数据库与美国 Thomson-Reuters Scientific 合作,中国科学引文数据库将以 ISI Web of

Knowledge 为平台，实现与 Web of Science 的跨库检索，中国科学引文数据库是 ISI Web of Knowledge 平台上第一个非英文语种的数据库。

中国科学引文数据库分为核心库和扩展库，数据库的来源期刊每两年进行评选一次。核心库的来源期刊经过严格的评选，是各学科领域中具有权威性和代表性的核心期刊。扩展库的来源期刊经过大范围的遴选，是我国各学科领域优秀的期刊。中国科学引文数据库 2011 共遴选了 1124 种期刊，其中英文刊 110 种，中文刊 1014 种，核心库期刊 751 种（以 C 为标记），扩展库期刊 373 种（以 E 为标记）。

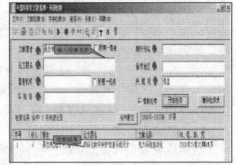

（2）数据库检索

CSCD 提供著者、关键词、机构、文献名称等检索点，满足作者论著被引，专题文献被引，期刊、专著等文献被引，机构论著被引，个人、机构发表论文等情况的检索。具体如图 10-11、图 10-12、图 10-13 所示。

图 10-11　检索图

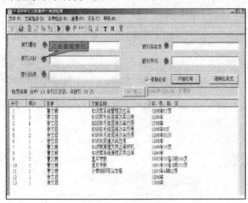

图 10-12　被引用情况

图 10-13　被引用详细情况

字典式检索方式和命令检索方式为用户留出了灵活使用数据库，满足特殊检索需求的空间。系统除具备一般的检索功能外，还提供新型的索引关系——引文索引，使用该功能，用户可迅速从数百万条引文中查询到某篇科技文献被引用的详细情况，还可以从一篇早期的重要文献或著者姓名入手，检索到一批近期发表的相关文献，对交叉学科和新学科的发展研究具有十分重要的参考价值。CSCD 除提供文献检索功能外，其派生出来的中国科学计量指标数据库等产品，也成为我国科学文献计量和引文分析研究的强大工具。

3. 美国《科学引文索引》及其检索

（1）概述

1955 年，美国学者 Dr. Garfield 在 Science 上发表论文，提出将引文索引作为一种新的文献检索与分类工具，将一篇文献作为检索字段从而跟踪一个 Idea 的发展过程。1963 年，美国费城科学情报研究所（The Institute for Scientific Information, ISI）根据这一思想创刊了《科学引文索引》（Science Citation Index，SCI）。目前，SCI 已成为世界著名的 3 大科技文献检索系统之一，是国际公认的进行科学统计与科学评价的检索工具。人们通常将科研机构被 SCI 收录的论文总量，作为评价整个机构的科研水平的重要指标；将个人的论文被 SCI 收录的数量及被引用次数，作为评价其研究能力与学术水平的重要指标。

SCI 早期出版形式包括印刷版期刊和光盘版及联机数据库，目前主要通过在线网络访问。

（2）SCI 检索平台及收录内容

SCI 目前以 ISI Web of Knowledge 作为检索平台，该平台可集成检索 Web of Science、Derwent Innovations Index 等汤姆森科技信息集团多款数据库产品。Web of Science 主要包括以下 3 个引文索引。

Science Citation Index Expanded（科学引文索引，SCIE）：约 8200 种核心期刊，可回溯到 1900 年。

Social Science Citation Index（社会科学引文索引，SSCI）：约 2600 种核心期刊，可回溯到 1900 年。

Arts & Humanities Citation Index（艺术与人文索引，A&HCI）：约 1400 种核心期刊，可回溯到 1975 年。

SCI 目前包含的学科超过 170 个，收录了 40 多个国家、50 多种文字的自然科学和工程领域内的 8000 多种高质量学术期刊近百年的数据内容。

（3）SCI 的检索规则

大写字母。不区分大小写，可以使用大写、小写或混合大小写。

检索运算符。在各个检索字段中，检索运算符（AND、OR、NOT、NEAR 和 SAME）的使用会有所变化。例如：

在"主题"字段中，可以使用 AND，但在"出版物名称"字段中却不能使用。

可以在多数字段中使用 NEAR，但不要在"出版年"字段中使用。

在"地址"字段中可以使用 SAME，但不能在其他字段中使用。

注意：不能在 Derwent Innovations Index 产品的任何检索字段中使用 NEAR 运算符。

通配符。在大多数检索式中都可以使用通配符（＊$？），但是，通配符的使用规则随着字段的不同而不尽相同。

短语检索。若要精确查找短语，请用引号括住短语。例如，检索式"energy conservation"将检索包含精确短语 energy conservation 的记录。这仅适用于"主题"和"标题"检索。

如果输入不带引号的短语，则检索引擎将检索包含您所输入的所有单词的记录。这些单词可能连在一起出现，也可能不连在一起出现。例如，energy conservation 将查找包含精确短语 energy conservation 的记录，还会查找到包含短语 conservation of energy 的记录。

如果输入以连字号、句号或逗号分隔的两个单词，则词语将视为精确短语。例如，检索词 waste-water 将查找包含精确短语 waste-water 或短语 waste water 的记录，而不会查找包含 water、waste、waste in drinking water 或 water extracted from waste 的记录。

括号。括号用于将合成布尔运算符进行分组。例如（Antibiotic OR Antiviral）AND（Alga* OR Seaweed）和（Pagets OR Paget's）AND（cell* AND tumor*）。

撇号。撇号被视为空格，是不可检索字符。请确保检索不带撇号的不同拼写形式。例如，Paget's OR Pagets 可查找包含 Paget's 和 Pagets 的记录。

连字号。输入带连字号或不带连字号的检索词可以检索用连字号连接的单词和短语。例如，speech-impairment 可查找包含 speech-impairment 和 speech impairment 的记录。

（4）检索方法

第一步：选择检索范围、输入关键词，选择出版时间、数据库、检索结果设置等限定条件，如图 10-14 所示。

第二步：通过学科类别、作者、作者团体、来源出版物等项目对检索结果进行精炼，如图 10-15 所示。

第三步：对精炼后的文献进行排序，快速锁定那些具有高影响力的论文。

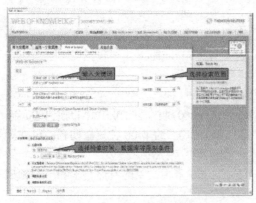

图 10-14　输入限定条件图

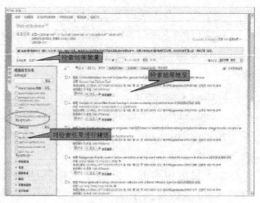

图 10-15　对检索结果进行精炼

图 10-16　快速锁定高影响力的论文

第四步：以不同方式获得原文。

全文链接。目前，Web of Science 与全球多家出版社 4000 多种期刊建立了全文链接，如读者所在图书馆已购买该数据库，则可通过 Web of Science 提供的全文链接直接获取原文。

文献传递服务。通过 ISI Document Solution 可以直接在网上订购全文。

馆藏链接。目前，Web of Science 已经实现了为中国用户所使用的 INSPEC、HORIZON、SIRSI、南京汇文等多种 OPAC 系统的链接。授权用户只需单击在 Web of Science、Current Contents Connect 等数据库中文献记录中的"Holdings"按钮，即可链接到该机构的 OPAC 系统中，找到该篇文献所在期刊的馆藏记录。

作者 E-mail 地址。Current Contents Connect 提供作者 E-mail 地址，用户只需单击该地址，即可发送电子邮件向作者索取全文。

互联网免费全文：通过严格的筛选和评估，ISI 将大量的学术性文献按照 Funding、Pre-Print、Research Activities 分类并提供给读者。

4. 美国《工程索引》及其检索

（1）概述

《工程索引》（The Engineering Index，EI）创刊于 1884 年，是美国工程信息公司（Engineering information Inc.）出版的著名工程技术类综合性检索工具，EI Compendex 是 EngineeringIndex 的网络版，它是目前全球最全面的工程领域二次文献数据库。

（2）收录内容

EI Compendex 收录文献几乎涉及工程技术各个领域，如动力、电工、电子、自动控制、矿冶、金属工艺、机械制造、土建、水利等。它具有综合性强、资料来源广、地理覆盖面广、报道量大、报道质量高、权威性强等特点。在我国学术界，EI 除被用来作为检索工具以外，被 EI 收录论文的数量还被用于作为评价科研机构或科研人员学术成就的一项客观指标。

Compendex 目前可检索到 1969 年以来的超过 1130 多万条文摘或题录信息，这些信息来自于 5000 多种期刊、会议和科技报告，每年新增数据 50 万条，数据每周更新。

（3）检索方法

Compendex 数据库目前被整合于 Engineering Village 检索平台中，该平台通过集成和链接形式将不同数据库和网上的免费资源整合在一起。主页如图 10-17 和图 10-18 所示。

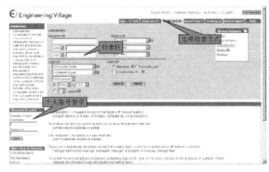
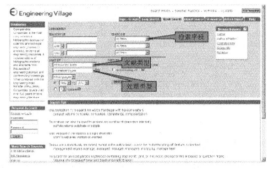

图 10-17　检索界面图　　　　　　　　图 10-18　填写检索信息

Engineering Village 平台提供简单检索、快速检索、专业检索等检索方式。默认界面为快速检索，其界面允许用户通过下拉菜单选择检索字段。检出结果可通过限定时间、排序方式等限制条件来控制。

● 快速检索

① 主要检索字段说明（Search Fields）

All fields：指 EI 数据库全部著录字段。

Subject/Title/Abstract：在主题、标题、文摘等字段进行检索。

Author：作者，作者名后可以使用截词符。

Author affiliation：作者机构，20 世纪 70 年代以前机构名称用全称表示，20 世纪 80 年代使用缩写加全称，20 世纪 90 年代用缩写。

Publisher：出版者。

Serial title：连续出版物题名，包括期刊、专著、会议录、会议文集的名称。

Title：文章的标题。

EI controlled term：EI 受控词，来自 Ei 叙词表，它从专业的角度将同一概念的主题进行归类，因此使用受控词检索比较准确。

EI Classification code：EI 分类号。

② 文献类型说明（Document Types）

期刊论文 Journal Article

会议论文 Conference Article

会议论文集 Conference Proceedings

专题论文 Monograph Chaper

专题综述 Monograph Review

报告 Report Chaper

报告综述 Report Review

学位论文 Dissertation

专利 Patents（before 1970）

新闻报道 Article in Press

③ 处理类型说明（Treatment Type）

应用 Applications

传记 Biographical

经济 Economic

实验 Experimental

一般性综述 General Review

历史 Historical

文献综述 Literature Review

管理 Management Aspects

数值 Numerical

理论 Theoretical

● 专业检索

专业检索能够为读者提供更强大的检索功能，与快速检索相比，用户可以使用复杂的布尔逻辑构建检索式，可以实现快速检索无法实现的检索要求。使用专业检索时，应在检索词后加入字段说明，否则系统默认在全字段检索。专业检索输入格式为待检内容 wn 字段代码

（4）检索结果输出与管理

检索结果页面分为左上、左下和右侧 3 个区域。如图 10-19 所示。左上为检索结果管理，用户可以选择检索结果的格式和导出方式；左下为检索结果概览区，用户可以选择文章进行细览；右侧为检索结果精炼区，用户可以分别以作者、作者单位、学科、国家、文献类型、语言、发表时间等对检索结果聚类并做进一步精炼。

（5）个性化服务功能

通过注册个人账号，EI 可以为用户提供一系列的个性化服务功能。用户可单击页面左侧"Personal Account"处"Register"进行注册，下次可直接输入用户名和密码然后单击"Login"登录，如图 10-20 所示。注册过的用户可以获得以下个性化服务。

设置并保存检索式：用户可保存多个检索式。

设置推送和提醒服务：推送数据库中符合所设置检索要求的新信息，并发 E-mail 提醒。

建立个人文件夹：保存检索结果到文件夹。

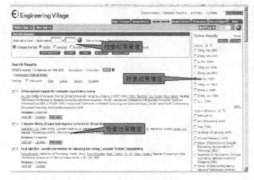

图 10-19　检索结果页面

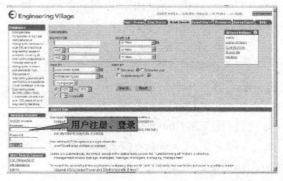

图 10-20　个性化服务

5. 美国《会议录引文索引》及其检索

（1）概述

《会议录引文索引》（Conference Proceedings Citation Index，CPCI）是美国科学情报研究所编辑出版的会议录引文索引数据库，是世界 3 大检索工具之一。该数据库是内容最全面、覆盖学科最广泛的学术会议数据库。收录了 1990 年以来超过 11 万个重要的国际会议，内容覆盖 256 个学科，内容涵盖生命科学、物理、化学、农业、环境科学、临床医学、工程技术和应用科学等各个领域。

CPCI 分为两个版本：Science & Technology 科学与技术，即 CPCI-S（原 ISTP），以及 Social Sciences & Humanities 社会科学与人文，即 CPCI-SSH（原 ISSHP）。文献来源包括专著、期刊、报告、学会协会或出版商的系列出版物以及预印本等。

（2）CPCI 检索平台

CPCI 所用检索平台与 SCI 一样同为 ISI Web of Knowledge。该平台各个数据库的基本检索界面、检索方法与检索规则基本相同。

（3）检索方法

检索方法如图 10-21、图 10-22、图 10-23、图 10-24、图 10-25、图 10-26 所示。

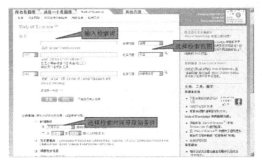

图 10-21　检索方法 1

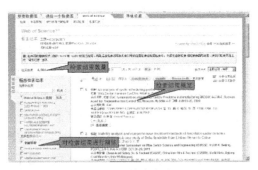

图 10-22　检索方法 2

图 10-23　检索方法 3

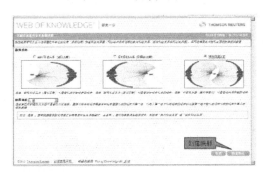

图 10-24　检索方法 4

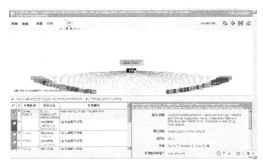

图 10-25　检索方法 5

图 10-26　检索方法 6

参考文献

［1］李俊生等. 大学计算机基础［M］. 北京：地质出版社，2008.

［2］董德春等. 大学计算机基础［M］. 北京：高等教育出版社，2009.

［3］李俊生等. 大学计算机基础上机实验指导与习题解答［M］. 北京：高等教育出版社，2009.

［4］杨振山等. 大学计算机基础简明教程试验指导与测试［M］. 北京：高等教育出版社，2006.

［5］汪明霓. 新编大学计算机文化基础实践教程. 北京：科学出版社，2003.

［6］孙践知. 计算机基础案例教程［M］北京：清华大学出版社，2006.

［7］傅锦伟等. 大学计算机应用基础［M］. 北京：北京师范大学出版社，2010.

［8］鄂大伟等. 信息技术导论［M］. 北京：高等教育出版社，2007.

［9］全国高校网络教育考试委员会办公室，计算机应用基础［M］. 北京：清华大学出版社，2007.

［10］赵宁霞. 计算机工具软件［M］. 北京：中国水利水电出版社，2006.

［11］甘勇等. 大学计算机基础（第2版）. 北京：人民邮电出版社，2012.

［12］谢招犇，谢静如. 计算机应用基础教程. 北京：中国铁道出版社，2009.

［13］刘文平. 大学计算机基础（Windows 7+Office 2010）. 北京：中国铁道出版社，2012.

［14］夏耘，赵威. 大学计算机应用基础教程. 北京：中国铁道出版社，2011.

［15］徐宇. Windows 7宝典. 北京：电子工业出版社，2010.

［16］徐小青，王淳灏. Word 2010中文版入门与实例教程. 北京：电子工业出版社，2011.

［17］林登奎. Windows 7从入门到精通. 北京：中国铁道出版社，2011.

［18］叶婷鹃等. Word/Excel 2010中文版办公专家从入门到精通. 北京：中国青年出版社，2010.

［19］谢希仁. 计算机网络（第5版）. 北京：电子工业出版社，2008.

［20］马华东. 多媒体技术原理及应用（第2版）. 北京：清华大学出版社，2008.

［21］匡松，孙耀邦. 计算机常用工具软件教程. 北京：清华大学出版社，2008.

［22］王珊，萨师煊. 数据库系统概论（第4版）. 北京：高等教育出版社，2006.

［23］谢柏青. 大学计算机应用基础. 北京：北京大学出版社，2008.

［24］蒋加伏. 大学计算机基础. 北京：北京邮电大学出版社，2007.

［25］柴欣，史巧硕. 大学计算机基础教程. 北京：中国铁道出版社，2008.